水利工程建设与项目管理

韩 国　王扩军　王晓斌 ◎主编

吉林科学技术出版社

图书在版编目（CIP）数据

水利工程建设与项目管理 / 韩国，王扩军，王晓斌
主编． -- 长春 ：吉林科学技术出版社，2023.6
ISBN 978-7-5744-0672-8

Ⅰ．①水… Ⅱ．①韩… ②王… ③王… Ⅲ．①水利建
设②水利工程管理 Ⅳ．①TV

中国版本图书馆CIP数据核字(2023)第136466号

水利工程建设与项目管理

主　　编　韩　国　王扩军　王晓斌
出 版 人　宛　霞
责任编辑　袁　芳
封面设计　长春美印图文设计有限公司
制　　版　长春美印图文设计有限公司
幅面尺寸　185mm×260mm
开　　本　16
字　　数　320千字
印　　张　14.75
印　　数　1–1500册
版　　次　2023年6月第1版
印　　次　2024年2月第1次印刷

出　　版　吉林科学技术出版社
发　　行　吉林科学技术出版社
地　　址　长春市福祉大路5788号
邮　　编　130118
发行部电话/传真　0431-81629529 81629530 81629531
　　　　　　　　　　81629532 81629533 81629534
储运部电话　0431-86059116
编辑部电话　0431-81629518
印　　刷　三河市嵩川印刷有限公司

书　　号　ISBN 978-7-5744-0672-8
定　　价　100.00元

前　言

　　随着我国建筑业管理体制改革的不断深化，以工程项目管理为核心的水利水电施工企业的经营管理体制，也发生了很大的变化。这就要求企业必须对施工项目进行规范的、科学的管理，特别是加强对工程质量、进度、成本、安全的管理控制。水利工程建设项目管理是一项复杂的工作，项目经理除了要加强工程施工管理及有关知识的学习外，还要加强自身修养，严格按规定办事，善于协调各方面的关系，保证各项措施真正得到落实。在市场经济不断发展的今天，施工单位只有不断提高管理水平，增强自身实力，提高服务质量，才能不断拓展市场，在竞争中立于不败之地。因此，建设一支技术全面、精通管理、运作规范的专业化施工队伍，既是时代的要求，更是一种责任。

　　本书就是一本水利工程建设与项目管理管理方向的书籍，主要研究工程建设与项目管理创新，本书从水利工程建设项目类别介绍入手，针对施工导流、爆破工程施工技术进行了分析研究；另外对水利建设项目造价管理、水利工程项目进度与质量监督管理、水利工程建设项目投资管理、水利工程建设合同管理做了一定的介绍；还对水利工程建设项目信息管理应用以及水利工程建设项目管理创新提出了一些建议；旨在摸索出一条适合水利工程建设与项目管理的科学道路，帮助其工作者在应用中少走弯路，运用科学方法，提高效率。对水利工程建设与项目管理的应用创新有一定的借鉴意义。

　　本书参考了大量的相关文献资料，借鉴、引用了诸多专家、学者和教师的研究成果，写作过程中还得到很多领导与同事的支持帮助，在此深表谢意。由于能力有限，时间仓促，虽极力丰富本书内容，力求著作的完美无瑕，虽经多次修改，仍难免有不妥与遗漏之处，恳请专家和读者指正。

目 录

第一章 水利工程建设项目类别

第一节 水利工程规划设计

一、水利勘测

（一）水利勘测内容

1.水利工程测量

包括平面高程控制测量、地形测量（含水下地形测量）、纵横断面测量，定线、放线测量和变形观测等。

2.水利工程地质勘察

包括地质测绘、开挖作业、遥感、钻探、水利工程地球物理勘探、岩土试验和观测监测等。用以查明：区域构造稳定性、水库地震；水库渗漏、浸没、塌岸、渠道渗漏等环境地质问题；水工建筑物地基的稳定和沉陷；洞室围岩的稳定；天然边坡和开挖边坡的稳定，以及天然建筑材料状况等。随着实践经验的丰富和勘测新技术的发展，环境地质、系统工程地质、工程地质监测和数值分析等，均有较大进展。

3.地下水资源勘察

已由单纯的地下水调查、打井开发，向全面评价、合理开发利用地下水发展，如渠灌井灌结合、盐碱地改良、动态监测预报、防治水质污染等。此外，对环境水文地质和资源量计算参数的研究，也有较大提高。

4.灌区土壤调查

包括自然环境、农业生产条件对土壤属性的影响，土壤剖面观测，土壤物理性质测定，土壤化学性质分析，土壤水分常数测定以及土壤水盐动态观测。通过调查，研究土壤形成、分布和性状，掌握在灌溉、排水、耕作过程中土壤水、盐、肥力变化的规律。除上述内容外，水文测验、调查和实验也是水利勘测的重要组成部分。

水利勘测也是水利建设的一项综合性基础工作。世界各国在兴修水利工程中，由于勘测工作不够全面、深入，曾相继发生过不少事故，带来了严重灾害。

水利勘测要密切配合水利工程建设程序，按阶段要求逐步深入进行；工程运行期间，还要开展各项观测、监测工作，以策安全。勘测中，既要注意区域自然条件的调查研究，又要着重水工建筑物与自然环境相互作用的勘探试验，使水利设施起到利用自然和改造自然的作用。

（二）水利勘测特点

1.实践性

即着重现场调查、勘探试验及长期观测、监测等一系列实践工作，以积累资料、掌握规律，为水利建设提供可靠依据。

2.区域性

即针对开发地区的具体情况，运用相应的有效勘测方法，阐明不同地区的各自特征。如山区、丘陵与平原等地形地质条件不同的地区，其水利勘测的任务要求与工作方法，往往大不相同，不能千篇一律。

3.综合性

即充分考虑各种自然因素之间及其与人类活动相互作用的错综复杂关系，掌握开发地区的全貌及其可能出现的主要问题，为采取较优的水利设施方案提供依据。因此，水利勘测兼有水利科学与地学（测量学、地质学与土壤学等）以及各种勘测、试验技术相互渗透、融合的特色。但通常以地学或地质学为学科基础，以测绘制图和勘探试验成果的综合分析作为基本研究途径，是一门综合性的学科。

二、水利工程规划设计的基本原则

（一）确保水利工程规划的经济性和安全性

就水利工程自身而言，其所包含的要素众多，是一项较为复杂与庞大的工程，不仅包括防止洪涝灾害、便于农田灌溉、支持公民的饮用水等要素，也包括保障电力供应、物资运输等方面的要素，因此对于水利工程的规划设计应该从总体层面入手。在科学的指引下，水利工程规划除了要发挥出其最大的效应，也需要将水利科学及工程科学的安全性要求融入到规划当中，从而保障所修建的水利工程项目具有足够的安全性保障，在抗击洪涝灾害、干旱、风沙等方面都具有较为可靠的效果。对于河流水利工程而言，由于涉及到河流侵蚀、泥沙堆积等方面的问题，水利工程就更需进行必要的安全性措施。除了安全性的要求之外，水利工程的规划设计也要考虑到建设成本的问题，这就要求水利工程构建组织对于成本管理、风险控制、安全管理等都具有十分清晰的了解，从而将这些要素进行整合，得到一个较为完善的经济成本控制方法，使得水利工程的建设资金能够投放到最需要的地方，杜绝浪费资金的状况出现。

（二）保护河流水利工程的空间异质的原则

河流水利工程的建设也需要将河流的生物群体进行考虑，而对于生物群体的保护也就构成了河流水利工程规划的空间异质原则。所谓的生物群体也就是指在水利工程所涉及到的河流空间范围内所具有的各类生物，其彼此之间的互相影响，并在同外在环境形成默契的情况下进行生活，最终构成了较为稳定的生物群体。河流作为外在的环境，实际上其存在也必须与内在的生物群体的存在相融合，具有系统性的体现，只有维护好这一系统，水利工程项目的建设才能够达到其有效性。作为一种人类的主观性的活动，水利工程建设将不可避免的会对整个生态环境造成一定的影响，使得河流出现非连续性，最终可能带来不必要的破坏。因此，在进行水利工程规划的时候，有必要对空间异质加以关注。尽管多数水利工程建设并非聚焦于生态目标，而是为了催进经济社会的发展，但在建设当中同样要注意对于生态环境的保护，从而确保所构建的水利工程符合可持续发展的道路。当然，这种对于异质空间保护的思考，有必要对河流的特征及地理面貌等状况进行详细的调查，从而确保所指定的具体水利工程规划能够切实满足当地的需要。

（三）水利工程规划要注重自然力量的自我调节原则

就传统意义上的水利工程而言，对于自然在水利工程中的作用力的关注是极大的，很多项目的开展得益于自然力量，而并非人力。伴随着现代化机械设备的使用，不少水利项目的建设都寄希望于使用先进的机器设备来对整个工程进行控制，但效果往往并非很好。因此，在具体的水利工程建设中，必须将自然的力量结合到具体的工程规划当中，从而在最大限度的维护原有地理、生态面貌的基础上，进行水利工程建设。当然，对于自然力量的运用也需要进行大量的研究，不仅需要对当地的生态面貌等状况进行较为彻底的研究，而且也要在建设过程中竭力维护好当地的生态情况，并且防止外来物种对原有生态进行入侵。事实上，大自然都有自我恢复功能，而水利工程作为一项人为的工程项目，其对于当地的地理面貌进行的改善也必然会通过大自然的力量进行维护，这就要求所建设的水利工程必须将自身的一系列特质与自然进化要求相融合，从而在长期的自然演化过程中，将自身也逐步融合成为大自然的一部分，有利于水利项目可以长期为当地的经济社会发展服务。

（四）对地域景观进行必要的维护与建设

地域景观的维护与建设也是水利工程规划的重要组成部分，而这也要求所进行的设计必须从长期性角度入手，将水利工程的实用性与美观性加以结合。事实上，在建设过程中，不可避免的会对原有景观进行一定的破坏，这在注意破坏的度的同时，也需要将水利工程的后期完善策略相结合，也即在工程建设后期或使用和过程中，对原有的景观进行必要的恢复。当然，整个水利工程的建设应该以尽可能的不破坏原有景观的基础之上进行开展，但不可避免的破坏也要将其写入建设规划当中。另外，水利工程建设本身就要可能具有较好的美观性，而这也能够为地域景观提供一定的补充。总的来说，对于经管的维护应该尽可能从较小的角度入手，这样既能保障所建设的水利工程具备详尽性的特征，而且也可以确保每一项小的工程获得很好的完工。值得一提的是，整个水利工程所涉及到的景观维护与补充问题都需要进行严格的评价，从而确保所提供的景观不会对原有的生态、地理面貌发生破坏，而这种评估工作也需要涵盖着整个水利工程范围，并有必要向外进行拓展，确保评价的完备性。

（五）水利工程规划应遵循一定的反馈原则

水利工程设计主要是模仿成熟的河流水利工程系统的结构，力求最终形成一个健康、可持续的河流水利系统。在河流水利工程项目执行以后，就开始了一个自然生态演替的动态过程。这个过程并不一定按照设计预期的目标发展，可能出现多种可能性。针对具体一项生态修复工程实施以后，一种理想的可能是监测到的各变量是现有科学水平可能达到的最优值，表示水利工程能够获得较为理想的使用与演进效果；另一种差的情况是，监测到的各生态变量是人们可接受的最低值。在这两种极端状态之间，形成了一个包络图。

三、水利工程规划设计的发展与需求

目前在对城市水利工程建设当中，把改善水域环境和生态系统作为主要建设目标，同时也是水利现代化建设的重要内容，所以按照现代城市的功能来对流经市区的河流进行归类大致有两类要求：

对河中水流的要求是：水质清洁、生物多样性、生机盎然和优美的水面规划。

对滨河带的要求是：其规划不仅要使滨河带能充分反映当地的风俗习惯和文化底蕴，同时还要有一定的人工景观，供人们休闲、娱乐和活动，另外在规划上还要注意文化氛围的渲染，所形成的景观不仅要有现代的气息，同时还要注意与周围环境的协调性，达到自然环境、山水、人的和谐统一。

这些要求充分体现在经济快速发展的带动下社会的明显进步，这也是水利工程建设发展的必然趋势。这就对水利建设者提出了更高的要求，水利建设者在满足人们的要求的同时，还要在设计、施工和规划方面进行更好的调整和完善，从而使水利工程建设具有更多的人文、艺术和科学气息，使工程不仅起到美化环境的作用，同时还具有一定的欣赏价值。

水利工程不仅实现了人工对山河的改造，同时也起到了防洪抗涝，实现了对水资源的合理保护和利用，从而使之更好的服务于人类。水利工程对周围的自然环境和社会环境起到了明显的改善。现在人们越来越重视到环境的重要性，所以对环境保护的力度不断的提高，对资源开发、环境保护和生态保护协调发展加大了重视的力度，在这种大背景下，水利工程设计时在强调美学价值的同时，则更注重生态功能的发挥。

四、水利工程设计中对环境因素的影响

（一）水利工程与环境保护

水利工程有助于改善和保护自然环境。水利工程建设主要以水资源的开发利用和防止水害，其基本功能是改善自然环境，如除涝、防洪，为人们的日常生活提供水资源，保障社会经济健康有序的发展，同时还可以减少大气污染。另外，水利工程项目可以调节水库，改善下游水质等优点。水利工程建设将有助于改善水资源分配，满足经济发展和人类社会的需求，同时，水资源也是维持自然生态环境的主要因素。如果在水资源分配过程中，忽视自然环境对水资源的需求，将会引发环境问题。水利工程对环境工程的影响主要表现在对水资源方面的影响，如河道断流、土地退化、下游绿洲消失、湖泊萎缩等生态环境问题，甚至会导致下游环境恶化。工程的施工同样会给当地环境带来影响。若这些问题不能及时解决，将会限制社会经济的发展。

水利工程既能改善自然环境又能对环境产生负面效应，因此在实际开发建设过程中，要最大限度的保护环境、改善水质，维持生态平衡，将工程效益发挥到最大。要对环境的纳入实际规划设计工作中去，并实现可持续发展。

（二）水利工程建设的环境需求

从环境需求的角度分析建设水利工程项目的可行性和合理性，具体表现在如下几个方面：

1.防洪的需要

兴建防洪工程为人类生存提供基本的保障，这是构建水利工程项目的主要目的。从环境的角度分析，洪水是湿地生态环境的基本保障，如河流下游的河谷生态、新疆的荒漠生态的等，它都需要定期的洪水泛滥以保持生态平衡。因此，在兴建水利工程时必须要考虑防洪工程对当地生态环境造成的影响。

2.水资源的开发

水利工程的另一功能是开发利用水资源。水资源不仅是维持生命的基本元素，也是推动社会经济发展的基本保障。水资源的超负荷利用，会造成一系列的生态环境问题。因此在水资源开发过程中强调水资源的合理利用。

（三）开发土地资源

土地资源是人类赖以生存的保障，通过开发土地，以提高其使用率。针对土地开发利用根据需求和提法的不同分为移民专业和规划专业。移民专业主要是从环境容量、土地的承受能力以及解决的社会问题方面进行考虑。而规划专业的重点则是从开发技术的可行性角度进行分析。改变土地的利用方式多种多样，在前期规划设计阶段要充分考虑环境问题，并制订多种可行性方案，择优进行。

第二节　水利枢纽

一、水利枢纽概述

（一）类型

水利枢纽按承担任务的不同，可分为防洪枢纽、灌溉（或供水）枢纽、水力发电枢纽和航运枢纽等。多数水利枢纽承担多项任务，称为综合性水利枢纽。影响水利枢纽功能的主要因素是选定合理的位置和最优的布置方案。水利枢纽工程的位置一般通过河流流域规划或地区水利规划确定。具体位置须充分考虑地形、地质条件、使各个水工建筑物都能布置在安全可靠的地基上，并能满足建筑物的尺度和布置要求，以及施工的必需条件。水利枢纽工程的布置，一般通过可行性研究和初步设计确定。枢纽布置必须使各个不同功能的建筑物在位置上各得其所，在运用中相互协调，充分有效地完成所承担的任务；各个水工建筑物单独使用或联合使用时水流条件良好，上下游的水流和冲淤变化不影响或少影响枢纽的正常运行，总之技术上要安全可靠；在满足基本要求的前提下，要力求建筑物布置紧凑，一个建筑物能发挥多种作用，减少工程量和工程占地，以减小投资；同时要充分考虑管理运行的要求和施工便利，工期短。一个大型水利枢纽工程的总体布置是一项复杂的系统工程，需要按系统工程的分析研究方法进行论证确定。

（二）枢纽组成

1.挡水建筑物

在取水枢纽和蓄水枢纽中，为拦截水流、抬高水位和调蓄水量而设的跨河道建筑物，分为溢流坝（闸）和非溢流坝两类。溢流坝（闸）兼做泄水建筑物。

2.泄水建筑物

为宣泄洪水和放空水库而设。其形式有岸边溢洪道、溢流坝（闸）、泄水隧洞、闸身泄水孔或坝下涵管等。

3.取水建筑物

为灌溉、发电、供水和专门用途的取水而设。其形式有进水闸、引水隧洞和引水涵管等。

4.专门性建筑物

为发电的厂房、调压室，为扬水的泵房、流道，为通航、过木、过鱼的船闸、升船机、筏道、鱼道等。

（三）枢纽位置选择

在流域规划或地区规划中，某一水利枢纽所在河流中的大体位置已基本确定，但其具体位置还需在此范围内通过不同方案的技术经济比较来进行比选。水利枢纽的位置常以其主体——坝（挡水建筑物）的位置为代表。因此，水利枢纽位置的选择常称为坝址选择。有的水利枢纽，只需在较狭的范围内进行坝址选择；有的水利枢纽，则需要现在较宽的范围内选择坝段，然后在坝段内选择坝址。

（四）水利枢纽工程

（1）挡水工程。包括挡水的各类坝（闸）工程。

（2）泄洪工程。包括溢洪道、泄洪洞、冲砂孔（洞）、放空洞等工程。

（3）引水工程。包括发电引水明渠、进水口、隧洞、调压井、高压管道等工程。

（4）发电厂工程。包括地面、地下各类发电厂工程。

（5）升压变电站工程。包括升压变电站、开关站等工程。

（6）航运工程。包括上下游引航道、船闸、升船机等工程。

（7）鱼道工程。根据枢纽建筑物布置情况，可独立列项。与拦河坝相结合的，也可作为拦河坝工程的组成部分。

（8）交通工程。包括上坝、进厂、对外等场内外永久公路、桥涵、铁路、码头等交通工程。

（9）房屋建筑工程。包括为生产运行服务的永久性辅助生产建筑、仓库、办公、生活及文化福利等房屋建筑和室外工程。

（10）其他建筑工程。包括内外部观测工程，动力线路（厂坝区），照明线路，通信线路，厂坝区及生活区供水、供热、排水等公用设施工程，厂坝区环境建设工程，水情自动测报工程及其他。

二、拦河坝水利枢纽布置

（一）坝址及坝型选择

1.坝址选择

（1）地质条件

地质条件是建库建坝的基本条件，是衡量坝址优劣的重要条件之一，在某种程度上决定着兴建枢纽工程的难易。工程地质和水文地质条件是影响坝址、坝型选择的重要因素，且往往起决定性作用。

选择坝址，首先要清楚有关区域的地质情况。坚硬完整、无构造缺陷的岩基是最理想的坝基；但如此理想的地质条件很少见，天然地基总会存在这样或那样的地质缺陷，要看能否通过合宜的地基处理措施使其达到筑坝的要求。在该方面必须注意的是：不能疏漏重大地质问题，对重大地质问题要有正确的定性判断，以便决定坝址的取舍或定出防护处理的措施。对存在破碎带、断层、裂隙、喀斯特溶洞、软弱夹层等坝基条件较差的，还有地震地区，应作充分的论证和可靠的技术措施。坝址选择还必须对区域地质稳定性和地质构造复杂性以及水库区的渗漏、库岸塌滑、岸坡及山体稳定等地质条件做出评价和论证。各种坝型及坝高对地质条件有不同的要求。如拱坝对两岸坝基的要求很高，支墩坝对地基要求也高，次之为重力坝，土石坝要求最低。一般较高的混凝土坝多要求建在岩基上。

（2）地形条件

坝址地形条件必须满足开发任务对枢纽组成建筑物的布置要求。通常，河谷两岸有适宜的高度和必需的挡水前缘宽度时，则对枢纽布置有利。一般来说，坝址河谷狭窄，坝轴线较短，坝体工程量较小，但河谷太窄则不利于泄水建筑物、发电建筑物、施工导流及施工场地的布置，有时反不如河谷稍宽处有利。除考虑坝轴线较短外，对坝址选择还应结合泄水建筑物、施工场地的布置和施工导流方案等综合考虑。枢纽上游最好有开阔的河谷，使在淹没损失尽量小的情况下，能获得较大的库容。

坝址地形条件还必须与坝型相互适应，拱坝要求河谷窄狭；土石坝适应河谷宽阔、岸坡平缓、坝址附近或库区内有高程合适的天然垭口，并且方便归河，以便布置河岸式溢洪道。岸坡过陡，会使坝体与岸坡接合处削坡量过大。对于通航河道，还应注意通航建筑的布置、上河及下河的条件是否有利。对有暗礁、浅滩或陡坡、急流的通航河流，坝轴线宜选在浅滩稍下游或急流终点处，以改善通航条件。有瀑布的不通航河流，坝轴线宜选在瀑布稍上游处以节省大坝工程量。对于多泥沙河流及有漂木要求的河道，应注意坝址位段对取水防沙及漂木是否有利。

（3）建筑材料

在选择坝址、坝型时，当地材料的种类、数量及分布往往起决定性影响。对土石坝，坝址附近应有数量足够、质量能符合要求的土石料场；如为混凝土坝，则要求坝址附近有良好级配的砂石骨料。料场应便于开采、运输，且施工期间料场不会因淹没而影响施工。所以对建筑材料的开采条件、经济成本等，应进行认真的调查和分析。

（4）施工条件

从施工角度来看，坝址下游应有较开阔的滩地，以便布置施工场地、场内交通和进行导流。应对外交通方便，附近有廉价的电力供应，以满足照明及动力的需要。从长远利益来看，施工的安排应考虑今后运用、管理的方便。

（5）综合效益

坝址选择要综合考虑防洪、灌溉、发电、通航、过木、城市和工业用水、渔业以及旅游等各部门的经济效益，还应考虑上游淹没损失以及蓄水枢纽对上、下游生态环境的各方面的影响。兴建蓄水枢纽将形成水库，使大片原来的陆相地表和河流型水域变为湖泊型水域，改变了地区自然景观，对自然生态和社会经济产生多方面的环境影响。其有利影响是发展了水电、灌溉、供水、养殖、旅游等水利事业和解除洪水灾害、改善气候条件等，但是，也会给人类带来诸如淹没损失、浸没损失、土壤盐碱化或沼泽化、水库淤积、库区塌岸或滑坡、诱发地震、使水温、水质及卫生条件恶化、生态平衡受到破坏以及造成下游冲刷，河床演变等不利影响。虽然水库对环境的不利影响与水库带给人类的社会经济效益相比，一般说来居次要地位，但处理不当也能造成严重的危害，故在进行水利规划和坝址选择时，必须对生态环境影响问题进行认真研究，并作为方案比较的因素之一加以考虑。不同的坝址、坝型对防洪、灌溉、发电、给水、航运等要求也不相同。至于是否经济，要根据枢纽总造价来衡量。

归纳上述条件，优良的坝址应是：地质条件好、地形有利、位置适宜、方便施工造价低、效益好。所以应全面考虑、综合分析，进行多种方案比较，合理解决矛盾，选取最优成果。

2.坝型选择

（1）土石坝

在筑坝地区，若交通不便或缺乏三材，而当地又有充足实用的土石料，地质方面无大的缺陷，又有合宜的布置河岸式溢洪道的有利地形时，则可就地取材，优先选用土石坝。随着设计理论、施工技术和施工机械方面的发展，近年来土石坝比重修建的数量已有明显的增长，而且其施工期较短，造价远低于混凝土坝。我国在中小型工程中，土石坝占有很大的比重。目前，土石坝是世界坝工建设中应用最为广泛和发展最快的一种坝型。

（2）重力坝

有较好的地质条件，当地有大量的砂石骨料可以以利用，交通又比较方便时，一般多考虑修筑混凝土重力坝。可直接由坝顶溢洪，而不需另建河岸溢洪道，抗震性能也较好。我国目前已建成的三峡大坝是世界上最大的混凝土浇筑实体重力坝。

（3）拱坝

当坝址地形为V形或U形狭窄河谷，且两岸坝肩岩基良好时，则可考虑选用拱坝。它工程量小，比重力坝节省混凝土量1/2～2/3，造价较低，工期短，也可从坝顶或坝体内开孔泄洪，因而也是近年来发展较快的一种坝型。另外，我国西南地区还修建了大量的浆砌石拱坝。

（二）枢纽的工程布置

拦河筑坝以形成水库是拦河蓄水枢纽的主要特征。其组成建筑物除拦河坝和泄水建筑物外，根据枢纽任务还可能包括输水建筑物、水电站建筑物和过坝建筑物等。枢纽布置主要是研究和确定枢纽中各个水工建筑物的相互位置。该项工作涉及泄洪、发电、通航、导流等各项任务，并与坝址、坝型密切相关，需统筹兼顾，全面安排，认真分析，全面论证，最后通过综合比较，从若干个比较方案中选出最优的枢纽布置方案。

1.枢纽布置的原则

进行枢纽布置时，一般可遵循下述原则。

（1）为使枢纽能发挥最大的经济效益，进行枢纽布置时，应综合考虑防洪、灌溉、发电、航运、渔业、林业、交通、生态及环境等各方面的要求。应确保枢纽中各主要建筑物，在任何工作条件下都能协调地、无干扰地进行正常工作。

（2）为方便施工、缩短工期和能使工程提前发挥效益，枢纽布置应同时考虑便是选择施工导流的方式、程序和标准便是选择主要建筑物的施工方法，与施工进度计划等进行综合分析研究。工程实践证明，统筹行当不仅能方便施工，还能使部分建筑物提前发挥效益。

枢纽布置应做到在满足安全和运用管理要求的前提下，尽量降低枢纽总造价和年运行费用；如有可能，应考虑使一个建筑物能发挥多种作用。例如，使一条陪同做到灌溉和发电相结合；施工导流与泄洪、排沙、放空水库相结合等。

（3）在不过多增加工程投资的前提下，枢纽布置应与周围自然环境相协调，应注意建筑艺术、力求造型美观，加强绿化环保，因地制宜地将人工环境和自然环境有机地结合起来，创造出一个完美的、多功能的宜人环境。

2.枢纽布置方案的选定

（1）主要工程量

如土石方、混凝土和钢筋混凝土、砌石、金属结构、机电安装、帷幕和固结灌浆等工程量。

（2）主要建筑材料数量

如木材、水泥、钢筋、钢材、砂石和炸药等用量。

（3）施工条件

如施工工期、发电日期、施工难易程度、所需劳动力和施工机械化水平等一

（4）运行管理条件

如泄洪、发电、通航是否相互干扰、建筑物及设备的运用操作和检修是否方便，对外交通是否便利等。

（5）经济指标

指总投资、总造价、年运行费用、电站单位千瓦投资、发电成本、单位灌溉面积投资、通航能力、防洪以及供水等综合利用效益等。

（6）其他

根据枢纽具体情况，需专门进行比较的项目。如在多泥沙河流上兴建水利枢纽时，应注重泄水和取水建筑物的布置对水库淤积、水电站引水防沙和对不游河床冲刷的影响等。

上述项目有些可定量计算，有些则难以定量计算，这就给枢纽布置方案的选定增加了复杂性，因而，必须以国家研究制订的技术政策为指导，在充分掌握基本资料的基础上，以科学的态度，实事求是地全面论证，通过综合分析和技术经济比较选出最优方案。

3.枢纽建筑物的布置

（1）挡水建筑物的布置

为了减少拦河坝的体积，除拱坝外，其他坝型的坝轴线最好短而直，但根据实际情况，有时为了利用高程较高的地形以减少工程量，或为避开不利的地址条件，或为便于施工，也可采用较长的直线或折线或部分曲线。

当挡水建筑物兼有连通两岸交通干线的任务时，坝轴线与两岸的连接在转弯半径与坡度方面应满足交通上的要求。

对于用来封闭挡水高程不足的山垭口的副坝，不应片面追求工程量小，而将坝轴线布置在垭口的山脊上。这样的坝坡可能产生局部滑动，容易使坝体产生裂缝。在这种情况下，一般将副坝的轴线布置在山脊略上游处，避免下游出现贴坡式填土坝坡；如下游山坡过陡，还应适当削坡以满足稳定要求。

（2）泄水及取水建筑物的布置

泄水及取水建筑物的类型和布置，常决定于挡水建筑物所采用的坝型和坝址附近的地质条件。

土坝枢纽：土坝枢纽一般均采用河岸溢洪道作为主要的泄水建筑物，而取水建筑物及辅助的泄水建筑物，则采用开凿于两岸山体中的隧洞或埋于坝下的涵管。若两岸地势陡峭，但有高程合适的马鞍形垭口，或两岸地势平缓且有马鞍形山脊，以及需要修建副坝挡水的地方，其后又有便于洪水归河的通道，则是布置河岸溢洪道的良好位置。如果在这些位置上布置溢洪道进口，但其后的泄洪线路是通向另一河道的，只要经济合理且对另一河道的防洪问题能做妥善处理的，也是比较好的方案。对于上述利用有利条件布置溢洪道的土坝枢纽，枢纽中其他建筑物的布置一般容易满足各自的要求，干扰性也较小。当坝址附近或其上游较远的地方均无上述有利条件时，则常采用坝肩溢洪道的布置形式。

重力坝枢纽：对于混凝土或浆砌石重力坝枢纽，通常采用河床式溢洪道（溢流坝段）作为主要泄水建筑物，而取水建筑物及辅助的泄水建筑物采用设置于坝体内的孔道或开凿于两岸山体中的隧洞。泄水建筑物的布置应使下泄水流方向尽量与原河流轴线方向一致，以利于下游河床的稳定。沿坝轴线上地质情况不同时，溢流坝应布置在比较坚实的基础上。在含沙量大的河流上修建水利枢纽时，泄水及取水建筑物的布置应考虑水库淤积和对

下游河床冲刷的影响，一般在多泥沙河流上的枢纽中，常设置大孔径的底孔或隧洞，汛期用来泄洪并排沙，以延长水库寿命；如汛期洪水中带有大量悬移质的细微颗粒时，应研究采用分层取水结构并利用泄水排沙孔来解决浊水长期化问题，减轻对环境的不利影响。

（3）电站、航运及过木等专门建筑物的布置

对于水电站、船闸、过木等专门建筑物的布置，最重要的是保证它们具有良好的运用条件，并便于管理。关键是进、出口的水流条件。布置时，须选择好这些建筑物本身及其进、出口的位置，并处理好它们与泄水建筑物及其进、出口之间的关系。

电站建筑物的布置应使通向上、下游的水道尽量短、水流平顺，水头损失小，进水口应不致被淤积或受到冰块等的冲击；尾水渠应有足够的深度和宽度，平面弯曲度不大，且深度逐渐变化，并与自然河道或渠道平顺连接；泄水建筑物的出口水流或消能设施，应尽量避免抬高电站尾水位。此外，电站厂房应布置在好的地基上，以简化地基处理，同时还应考虑尾水管的高程，避免石方开挖过大；厂房位置还应争取布置在可以先施工的地方，以便早日投入运转。电站最好靠近临交通线的河岸，密切与公路或铁路的联系，便于设备的运输；变电站应有合理的位置，应尽量靠近电站。航运设施的上游进口及下游出口处应有必要的水深，方向顺直并与原河道平顺连接，而且没有或仅有较小的横向水流，以保证船只、木筏不被冲入溢流孔口，船闸和码头或筏道及其停泊处通常布置在同一侧，不宜横穿溢流坝前缘，并使船闸和码头或筏道及其停泊处之间的航道尽量地短，以便在库区内风浪较大时仍能顺利通航。

船闸和电站最好分别布置于两岸，以免施工和运用期间的干扰。如必须布置在同一岸时，则水电站厂房最好布置在靠河一侧，船闸则靠河岸或切入河岸中布置，这样易于布置

引航道。筏道最好布置在电站的另一岸。筏道上游常需设停泊处，以便重新绑扎木或竹筏。在水利枢纽中，通航、过木以及过鱼等建筑物的布置均应与其形式和特点相适应，以满足正常的运用要求。

第三节　水库施工

一、水库施工的要点

（一）做好前期设计工作

水库工程设计单位必须明确设计的权利和责任，对于设计规范，由设计单位在设计过程中实施质量管理。设计的流程和设计文件的审核，设计标准和设计文件的保存和发布等一系列都必须依靠工程设计质量控制体系。在设计交接时，由设计单位派出设计代表，做好技术交接和技术服务工作。在交接过程中，要根据现场施工的情况，对设计进行优化，进行必要的调整和变更。对于项目建设过程中确有需要的重大设计变更、子项目调整、建设标准调整、概算调整等，必须组织开展充分的技术论证，由业主委员会提出编制相应文件，报上级部门审查，并报请项目原复核、审批单位履行相应手续；一般设计变更，项目主管部门和项目法人等也应及时履行相应审批程序。由监理审查后报总工批准。对设计单位提交的设计文件，先由业主总工审核后交监理审查，不经监理工程师审查批准的图纸，不能交付施工。坚决杜绝以"优化设计"为名，人为擅自降低工程标准、减少建设内容，造成安全隐患。若出现对大坝设计比较大的变更时。

（二）强化施工现场管理

严格进行工程建设管理，认真落实项目法人责任制、招标投标制、建设监理制和合同管理制，确保工程建设质量、进度和安全。业主与施工单位签订的施工承包合同条款中的质量控制、质量保证、要求与说明，承包商根据监理指示，必须遵照执行。承包商在施工过程中必须坚持"三检制"的质量原则，在工序结束时必须经业主现场管理人员或监理工程师值班人员检查、认可，未经认可不得进入下道工序施工，对关键的施工工序，均建立有完整的验收程序和签证制度，甚至监理人员跟班作业。施工现场值班人员采用旁站形式跟班监督承包商按合同要求进行施工，把握住项目的每一道工序，坚持做到"五个不准"。为了掌握和控制工程质量，及时了解工程质量情况，对施工过程的要素进行核查，并作出施工现场记录，换班时经双方人员签字，值班人员对记录的完整性和真实性负责。

（三）加强管理人员协商

为了协调施工各方关系，业主驻现场工程处每日召开工程现场管理人员碰头会，检查每日工程进度情况、施工中存在的问题，提出改进工作的意见。监理部每月五日、二十五日召开施工单位生产协调会议，由总监主持，重点解决急需解决的施工干扰问题，会议形成纪要文件，结束承包商按工程师的决定执行。根据《工程质量管理实施细则》，施工质量责任按"谁施工谁负责"的原则，承包商加强自检工作，并对施工质量终身负责，坚决执行"质量一票否决权"制度，出现质量事故严格按照事故处理"三不放过"的原则严肃处理。

（四）构建质量监督体系

水库工程质量监督可通过查、看、问、核的方式实施工程质量的监督。查，即抽查；通过严格地对参建各方有关资料的抽查，如，抽查监理单位的监理实施细则，监理日志；抽查施工单位的施工组织设计，施工日志、监测试验资料等。看，即查看工程实物：通过对工程实物质量的查看，可以判断有关技术规范、规程的执行情况。一旦发现问题，应及时提出整改意见。问，即查问：参建对象，通过对不同参建对象的查问，了解相关方的法律、法规及合同的执行情况，一旦发现问题，及时处理。核，即核实工程质量，工程质量评定报告体现了质量监督的权威性，同时对参建各方的行为也起到监督作用。

（五）选取泄水建筑物

水库工程泄水建筑物类型有两种，表面溢洪道和深式泄水洞，其主要作用是输砂和泄洪。不管属于哪种类型，其底板高程的确定是重点，具体有两方面要求应考虑：

根据国家防洪标准的要求，我国现阶段防洪标准与30年前相比，有所降低。在调洪演算过程中，若以原底板高程为准确定的坝顶高程，低于现状坝顶高程，会造成现状坝高的严重浪费。因此在满足原库区淹没线前提下，除险加固底板高程应适当抬高，同时对底板抬高前后进行经济和技术对比，确保现状坝高充分利用。

对泄水建筑物进口地形的测量应作到精确无误，并根据实测资料分析泄洪洞进口淤积程度，有无阻死进口现象，是否会影响水库泄洪，对抬高底板的多少应进行经济分析，同时分析下游河道泄流能力。

（六）合理确定限制水位

通常一些水库防洪标准是否应降低须根据坝高以及水头高度而定。若15m以下坝高土坝且水头小于10m，应采用平原区标准，此类情况水库防洪标准响应降低，调洪时保证起调水位合理性应分析考虑两点：第一，若原水库设计中无汛期限制水位，仅存在正常蓄水位时，在调洪时应以正常蓄水位作为起调水位。第二，若原计划中存在汛期限制水位，则应该以原汛期限制水位当作参考依据，同时对水库汛期后蓄水情况应做相应的调查，分析水库管理积累的蓄水资料，总结汛末规律，径流资料从水库建成至今，汛末至第二年灌溉用水止，若蓄至正常蓄水位年份占水库运行年限比例应小于20%，应利用水库多年的来水量进行适当插补延长，重新确定汛期限制水位，对水位进行起调。若蓄至正常蓄水位的年份占水库运行年限的比例大于20%，应采用原汛期限制水位为起调水位。

（七）精细计算坝顶高程

近年来我国防洪标准有所降低，若采用起调水位进行调洪，坝顶高程与原坝顶高程会在计算过程中产生较大误差，因此确定坝顶高程因利用现有水利资源，以现有坝顶高程为准进行调洪，直至计算坝顶高程接近现状坝顶高程为止。这种做法的优点是利用现有水利资源，相对提高了水库的防洪能力。

二、水库帷幕灌浆施工

（一）钻孔

灌浆孔测量定位后，钻孔采用100型或150型回转式地质钻机，直径91mm金刚石或硬质合金钻头。设计孔深17.5～48.9m，按单排2m孔距沿坝轴线布孔，分3个序次逐渐加密灌浆。钻孔具体要求如下：

（1）所有灌浆孔按照技施图认真统一编号，精确测量放线并报监理复核，复核认可后方可开钻。开孔位置与技施图偏差＞2cm，最后终孔深度应符合设计规定。若需要增加孔深，必须取得监理及设计人员的同意。

（2）施工中高度重视机械操作及用电安全，钻机安装要平正牢固，立轴铅直。开孔钻进采用较长粗径钻具，并适当控制钻进速度及压力。井口管理设好后，选用较小口径钻具继续钻孔。若孔壁坍塌，应考虑跟管钻进。

（3）钻孔过程中应进行孔斜测量，每个灌段（即5m左右）测斜一次。各孔必须保证铅直，孔斜率≤1%。测斜结束，将测斜值记录汇总，如发现偏斜超过要求，确认对帷幕灌浆质量有影响，应及时纠正或采取补救措施。

（4）对设计和监理工程师要求的取芯钻孔，应对岩层、岩性以及孔内各种情况进行详细记录，统一编号，填牌装箱，采用数码摄像，进行岩芯描述并绘制钻孔柱状图。

（5）如钻孔出现塌孔或掉块难以钻进时，应先采取措施进行处理，再继续钻进。如发现集中漏水，应立即停钻，查明漏水部位、漏水量及原因，处理后再进行钻进。

（6）钻孔结束等待灌浆或灌浆结束等待钻进时，孔口应堵盖，妥善加于保护，防止杂物掉入而影响下一道工序的实施和灌浆质量。

（二）洗孔

（1）灌浆孔在灌浆前应进行钻孔冲洗，孔底沉积厚度不得超过20cm。洗孔宜采用清洁的压力水进行裂隙冲洗，直至回水清净为止。冲洗压力为灌浆压力的80%，该值若＞1MPa时，采用1MPa。

（2）帷幕灌浆孔（段）因故中断时间间隔超过24h的应在灌浆前重新进行冲洗。

（三）灌前压水试验

施工中按自上而下分段卡塞进行压水试验。所有工序灌浆孔按简易压水（单点法）进行，检查孔采用五点法进行压水试验。工序灌浆孔压水试验的压力值，按灌浆压力的0.6倍使用，但最大压力不能超过设计水头的1.5倍。压水试验前，必须先测量孔内安定水位，检查止水效果，效果良好时，才能进行压水试验。压水设备、压力表、流量表（水表）的安装及规格、质量必须符合规范要求，具体按《水利水电工程钻孔压水试验规程》执行。压水试验稳定标准：压力调到规定数值，持续观察，待压力波动幅度很小，基本保持稳定后，开始读数，每5min测读一次压入流量，当压入流量读数符合下列标准之一时，压水即可结束，并以最有代表性流量读数作为计算值。压水试验完成后，应及时做好资料整理工作。

（四）灌浆过程中特殊情况处理

冒浆、漏浆、串浆处理：灌浆过程中，应加强巡查，发现岸坡或井口冒浆、漏浆现象，可立即停灌，及时分析找准原因后采取嵌缝、表面封堵、低压、浓浆、限流、限量、间歇灌浆等具体方法处理。相邻两孔发生串浆时，如被串孔具备灌浆条件，可采用串通的两个孔同时灌浆，即同时两台泵分别灌两个孔。另一种方法是先将被串孔用木塞塞住，继续灌浆，待串浆孔灌浆结束，再对被串孔重新扫孔、洗孔、灌浆和钻进。

（五）灌浆质量控制

首先是灌浆前质量控制，灌浆前对孔位、孔深、孔斜率、孔内止水等各道工序进行检查验收，坚持执行质量一票否决制，上一道工序未经检验合格，不得进行下道工序的施工。其次是灌浆过程中质量控制，应严格按照设计要求和施工技术规范严格控制灌浆压力、水灰比、变浆标准等，并严把灌浆结束标准关，使灌浆主要技术参数均满足设计和规范要求。灌浆全过程质量控制先在施工单位内部实行3检制，3检结束报监理工程师最后检查验收、质量评定。为保证中间产品及成品质量，监理单位质检员必须坚守工作岗位，实时掌控施工进度，严格控制各个施工环节，做到多跑、多看、多问，发现问题及时解决。施工中应认真做好原始记录，资料档案汇总整理及时归档。因灌浆系地下隐蔽工程，其质量效果判断主要手段之一是依靠各种记录统计资料，没有完整、客观、详细的施工原始记录资料就无法对灌浆质量进行科学合理的评定。最后是灌浆结束质量检验，所有灌浆生产孔结束14d后，按单元工程划分布设检查孔获取资料对灌浆质量进行评定。

三、水库工程大坝施工

（一）施工工艺流程

1. 上游平台以下施工工艺流程

浆砌石坡脚砌筑和坝坡处理→粗砂铺筑→土工布铺设→筛余卵砾石铺筑和碾压→碎石垫层铺筑→砼砌块护坡砌筑→砼锚固梁浇筑→工作面清理

2. 上游平台施工工艺流程

平台面处理→粗砂铺筑→天然沙砾料铺筑和碾压→平台砼锚固梁浇筑→砌筑十字波浪砖→工作面清理

3. 上游平台以上施工工艺流程

坝坡处理→粗砂铺筑→天然沙砾料铺筑碾压→筛余卵砾石铺筑和碾压→碎石垫层铺筑→砼预制砌块护坡砌筑→砼锚固梁及坝顶砼封顶浇注→工作面清理

4. 下游坝脚排水体处施工工艺流程

浆砌石排水沟砌筑和坝坡处理→土工布铺设→筛余卵砾石分层铺筑和碾压→碎石垫层铺筑→水工砖护坡砌筑工作面清理

5. 下游坝脚排水体以上施工工艺流程

坝坡处理→天然沙砾料铺筑和碾压→砼预制砌块护坡砌筑→工作面清理

（二）施工方法

1. 坝体削坡

根据坝体填筑高度拟按2～2.5m削坡一次。测量人员放样后，采用1部1.0m³反铲挖掘机削坡，预留20cm保护层待填筑反滤料之前，由人工自上而下削除。

2. 上游浆砌石坡脚及下游浆砌石排水沟砌筑

严格按照图纸施工，基础开挖完成并经验收合格后，方可开始砌筑。浆砌石采用铺浆法砌筑，依照搭设的样架，逐层挂线，同一层要大致水平塞垫稳固。块石大面向下，安放平稳，错缝卧砌，石块间的砂浆插捣密实。并做到砌筑表面平整美观。

3. 底层粗砂铺设

底层粗砂沿坝轴方向每150m为一段，分段摊铺碾压。具体施工方法为：自卸车运送粗砂至坝面后，从平台及坝顶向坡面到料，人工摊铺、平整，平板振捣器拉三遍振实；平台部位粗砂垫层人工摊铺平整后采用光面震动碾顺坝轴线方向碾压压实。

4.土工布铺设

土工布由人工铺设，铺设过程中，作业人员不得穿硬底鞋及带钉的鞋。土工布铺设要平整，与坡面相贴，呈自然松弛状态，以适应变形。接头采用手提式缝纫机缝合3道，缝合宽度为10cm，以保证接缝施工质量要求；土工布铺设完成后，必须妥善保护，以防受损。

为减少土工布的暴晒，摊铺后7日内必须完成上部的筛余卵砾石层铺筑。

（1）上游土工布

土工布与上游坡脚浆砌石的锚固方法为：压在浆砌石底的土工布向上游伸出30cm，包在浆砌石上游面上，土工布与土槽之间的空隙用M10砂浆填实；与107.4平台的锚固方法为：在107.4平台坡肩50cm处挖30×30cm的土槽，土工布压入土槽后用土压实，以防止土工布下滑。

（2）下游土工布

下部压入排水沟浆砌石底部1m、上部范围为高出透水砖铅直方向0.75m并用扒钉在顶部固定。

5.反滤层铺设

（1）天然沙砾料

自卸车运送天然沙砾料至坝面后从平台及坝顶卸料，推土机机械摊铺，人工辅助平整，然后采用山推160推土机沿坡面上下行驶、碾压，碾压遍数为8遍；平台处天然沙砾料推土机机械摊铺人工辅助平整后，碾压机械顺坝轴线方向碾压6遍。由于2+700～3+300坝段平台处天然沙砾料为70cm厚，故应分两层摊铺、碾压。天然沙砾料设计压实标准为相对密度不低于0.75。

（2）筛余卵砾石

自卸车运送筛余卵砾料至坝面后从平台及坝顶向坡面到料，推土机机械摊铺，人工辅助平整，然后采用山推160推土机沿坡面上下行驶、碾压。上游筛余卵砾料应分层碾压，铺筑厚度不超过60cm，碾压遍数为8遍；下游坝脚排水体处护坡筛余料按设计分为两层，底层为50cm厚筛余料，上层为40cm厚>20mm的筛余料，故应根据设计要求分别铺筑、碾压。筛余卵砾石设计压实标准为孔隙率不大于25%。

6.混凝土砌块砌筑

（1）施工技术要求

①混凝土砌块自下而上砌筑，砌块的长度方向水平铺设，下沿第一行砌块与浆砌石护脚用现浇C25混凝土锚固，锚固混凝土与浆砌石护脚应结合良好。

②从左（或右）下角铺设其他混凝土砌块，应水平方向分层铺设，不得垂直护脚

方向铺设。铺设时，应固定两头，均衡上升，以防止产生累计误差，影响铺设质量。

③为增强混凝土砌块护坡的整体性，拟每间隔150块顺坝坡垂直坝轴方向设混凝土锚固梁一道。锚固梁采用现浇C25混凝土，梁宽40cm，梁高40cm，锚固梁两侧半块空缺部分用现浇混凝土充填，和锚固梁同时浇筑。

④将连锁砌块铺设至上游107.4高程和坝顶部位时，应在平台变坡部位和坝顶部位设现浇混凝土锚固连接砌块，上述部位连锁砌块必须与现浇混凝土锚固。

⑤护坡砌筑至坝顶后，应在防浪墙底座施工完成后浇筑护坡砌块的顶部与防浪墙底座之间的锚固混凝土。

⑥如需进行连锁砌块面层色彩处理时，应清除连锁砌块表面浮灰及其他杂物，如需水洗时，可用水冲洗，待水干后即可进行色彩处理。

⑦根据图纸和设计要求，用砂或天然沙砾料（筛余2cm以上颗粒）填充砌块开孔和接缝。

⑧下游水工连锁砌块和不开孔砌块分界部位可采用切割或C25混凝土现浇连接。水工连锁砌块和坡脚浆砌石排水沟之间的连接采用C25混凝土现浇连接。

（2）砌块砌筑施工方法

①首先确定数条砌体水平缝的高程，各坝段均以此为基准。然后由测量组把水平基线和垂直坝轴线方向分块线定好，并用水泥沙浆固定基线控制桩，以防止基线的变动造成误差。

②运输预制块，首先用运载车辆把预制块从生产区运到施工区，由人工抬运到护坡面上来。

③用瓦刀把预制块多余的灰渣清除干净，再用特制抬预制块的工具（抬耙）把预制块放到指定位置，与前面已就位的预制块咬合相连锁，咬合式预制块的尺寸46cm×34cm；具体施工时，需用几种专用工具包括：抬的工具，类似于钉耙，我们临时称为抬耙；瓦刀和80cm左右长的撬杠，用来调节预制块的间距和平整度；木棒（或木锤）用来撞击未放进的预制块；常用的铝合金靠尺和水平尺，用来校核预制块的平整度。施工工艺可用五个字来概括：抬，敲，放，调，平。抬指把预制块放到预定位置；敲指用瓦刀把灰渣敲打干净，以便预制快顺利组装；放置二人用专用抬的工具把预制块放到指定位置；调指用专用撬杠调节预制块的间距和高低；平指用水平尺、靠尺和木锤（木棒）来校核预制块的平整度。

7. 锚固梁浇筑

在大坝上游坝脚处设以小型搅拌机。按照设计要求混凝土锚固梁高40cm，故先由人工开挖至设计深度，人工用胶轮车转运混凝土入仓并振捣密实，人工抹面收光。

四、水库除险加固

（一）为了病险水库的治理，提高质量，从下面的几个方面入手

继续加强病险水库除险加固建设进度必须半月报制度，按照"分级管理，分级负责"的原则，各级政府都应该建立相应的专项治理资金。每月对地方的配套资金应该到位、投资的完成情况、完工情况、验收情况等进行排序，采取印发文件和网站公示等方式向全国通报。通过信息报送和公示，实时掌握各地进展情况，动态监控，及时研判，分析制约年底完成3年目标任务的不利因素，为下一步工作提供决策参考。同时，结合病险水库治理的进度，积极稳妥地搞好小型水库的产权制度改革。有除险加固任务的地方也要层层建立健全信息报送制度，指定熟悉业务、认真负责的人员具体负责，保证数据报送及时、准确；同时，对所有的正在进行的项目进展情况进行排序，与项目的政府主管部门责任人和建设单位责任人名单一并公布，以便接受社会监督。病险水库加固规划时，应考虑增设防汛指挥调度网络及水文水情测报自动化系统、大坝监测自动化系统等先进的管理设施。而且要对不能满足需要的防汛道路及防汛物资仓库等管理设施一并予以改造。

加强管理，确保工程的安全进行，督促各地进一步的加强对病险水库除险加固的组织实施和建设管理，强化施工过程的质量与安全监管，以确保工程质量和施工的安全，确保目标任务全面完成。一是要狠抓建设管理，认真的执行项目法人的责任制、招标投标制、建设监理制，加强对施工现场组织和建设管理、科学调配施工力量，努力调动参建各方积极性，切实地把项目组织好、实施好。二是狠抓工作重点，把任务重、投资多、工期长的大中型水库项目作为重点，把项目多的区域作为重点，有针对性地开展重点指导、重点帮扶。三是狠抓工程验收，按照项目验收计划，明确验收责任主体，科学组织，严格把关，及时验收，确保项目年底前全面完成竣工验收或投入使用验收。四是狠抓质量关与安全，强化施工过程中的质量与安全监管，建立完善的质量保证体系，真正的做到建设单位认真负责、监理单位有效控制、施工单位切实保证，政府监督务必到位，确保工程质量和施工一切安全。

（二）水库除险加固的施工

加强对施工人员的文明施工宣传，加强教育，统一思想，使广大干部职工认识到文明施工是企业形象、队伍素质的反映，是安全生产的必要保证，增强现场管理和全体员工文明施工的自觉性。在施工过程中协调好与当地居民、当地政府的关系，共建文明施工窗口。明确各级领导及有关职能部门和个人的文明施工的责任和义务，从思想上、管理上、行动上、计划上和技术上重视起来，切实的提高现场文明施工的质量和水平。健全各项文明施工的管理制度，如岗位责任制、会议制度、经济责任制、专业管理制度、奖罚制度、检查制度和资料管理制度。对不服从统一指挥和管理的行为，要按条例严格执行处罚。在开工前，全体施工人员认真学习水库文明公约，遵守

公约的各种规定。在现场施工过程中，施工人员的生产管理符合施工技术规范和施工程序要求，不违章指挥，不蛮干。对施工现场不断进行整理、整顿、清扫、清洁和素养，有效地实现文明施工。合理布置场地，各项临时施工设施必须符合标准要求，做到场地清洁、道路平顺、排水通畅、标志醒目、生产环境达到标准要求。按照工程的特点，加强现场施工的综合管理，减少现场施工对周围环境的一切干扰和影响。自觉接受社会监督。要求施工现场坚持做到工完料清，垃圾、杂物集中堆放整齐，并及时的处理；坚持做到场地整洁、道路平顺、排水畅通、标志醒目，使生产环境标准化，严禁施工废水乱排放，施工废水严格按照有关要求经沉淀处理后用于洒水降尘。加强施工现场的管理，严格按照有关部门审定批准的平面布置图进行场地建设。临时建筑物、构成物要求稳固、整洁、安全，并且满足消防要求。施工场地采用全封闭的围挡形成，施工场地及道路按规定进行硬化，其厚度和强度要满足施工和行车的需要。按设计架设用电线路，严禁任意去拉线接电，严禁使用所有的电炉和明火烧煮食物。施工场地和道路要平坦、通畅并设置相应的安全防护设施及安全标志。按要求进行工地主要出入口设置交通指令标志和警示灯，安排专人疏导交通，保证车辆和行人的安全。工程材料、制品构件分门别类、有条有理地堆放整齐；机具设备定机、定人保养，并保持运行正常，机容整洁。同时在施工中严格按照审定的施工组织设计实施各道工序，做到工完料清，场地上无淤泥积水，施工道路平整畅通，以实现文明施工合理安排施工，尽可能使用低噪声设备严格控制噪声，对于特殊设备要采取降噪声措施，以尽可能的减少噪声对周边环境的影响。现场施工人员要统一着装，一律佩戴胸卡和安全帽，遵守现场各项规章和制度，非施工人员严禁进入施工现场。加强土方施工管理。弃渣不得随意弃置，并运至规定的弃渣场。外运和内运土方时决不准超高，并采取遮盖维护措施，防止泥土沿途遗漏污染到马路。

第四节　堤防施工

一、水利工程堤防施工

（一）堤防工程的施工准备工作

1.施工注意事项

施工前应注意施工区内埋于地下的各种管线，建筑物废基，水井等各类应拆除的建筑物，并与有关单位一起研究处理措施方案。

2.测量放线

（1）测量人员依据监理提供的基准点、基线、水准点及其他测量资料进行核对、复测，监理施工测量控制网，报请监理审核，批准后予以实施，以利于施工中随时校核。

（2）精度的保障。工程基线相对于相邻基本控制点，平面位置误差不超过±30～50mm，高程误差不超过±30mm。

（3）施工中对所有导线点、水准点进行定期复测，对测量资料进行及时、真实的填写，由专人保存，以便归档。

3.场地清理

场地清理包括植被清理和表土清理。其方位包括永久和临时工程、存弃渣场等施工用地需要清理的全部区域的地表。

（1）植被清理：用推土机清除开挖区域内的全部树木、树根、杂草、垃圾及监理人指明的其他有碍物，运至监理工程师指定的位置。除监理人另有指示外，主体工程施工场地地表的植被清理，必须延伸至施工图所示最大开挖边线或建筑物基础变现（或填筑边脚线）外侧至少5m距离。

（2）表土清理：用推土机清楚开挖区域内的全部含细根、草本植物及覆盖草等植物的表层有机土壤，按照监理人指定的表土开挖深度进行开挖，并将开挖的有机土壤运至指定地区存放待用。防止土壤被冲刷流失。

（二）堤防工程施工放样与堤基清理

在施工放样中，首先沿堤防纵向定中心线和内外边脚，同时钉以木桩，要把误差控制在规定值内。当然根据不同堤形，可以在相隔一定距离内设立一个堤身横断面样架，以便能够为施工人员提供参照。堤身放样时，必须要按照设计要求来预留堤基、堤身的沉降量。而在正式开工前，还需要进行堤基清理，清理的范围主要包括堤身、铺盖、压载的基面，其边界应在设计基面边线外30～50cm。如果堤基表层出现不合格土、杂物等，就必须及时清除，针对堤基范围内的坑、槽、沟等部分，需要按照堤身填筑要求进行回填处理。同时需要耙松地表，这样才能保证堤身与基础结合。当然，假如堤线必须通过透水地基或软弱地基，就必须要对堤基进行必要的处理，处理方法可以按照土坝地基处理的方法进行。

（三）堤防工程度汛与导流

堤防工程施工期跨汛期施工时，度汛、导流方案应根据设计要求和工程需要编制，并报有关单位批准。挡水堤身或围堰顶部高程，按照度汛洪水标准的静水位加波浪爬高与安全加高确定。当度汛洪水位的水面吹程小于500m、风速在5级（风速10m/s）以下时，堤顶高程可仅考虑安全加高。

（四）堤防工程堤身填筑要点

1.常用筑堤方法

（1）土料碾压筑堤

土料碾压筑堤是应用最多的一种筑堤方法，也是极为有效的一种方法，其主要是通过把土料分层填筑碾压，主要用于填筑堤防的一种工程措施。

（2）土料吹填筑堤

土料吹填筑堤主要是通过把浑水或人工拌制的泥浆，引到人工围堤内，通过降低流速，最终能够沉沙落淤，其主要是用于填筑堤防的一种工程措施。吹填的方法有许多种，包括提水吹填、自流吹填、吸泥船吹填、泥浆泵吹填等。

（3）抛石筑堤

抛石筑堤通常是在软基、水中筑堤或地区石料丰富的情况下使用的，其主要是利用抛投块石填筑堤防。

（4）砌石筑堤

砌石筑堤是采用块石砌筑堤防的一种工程措施。其主要特点是工程造价高，在重要堤防段或石料丰富地区使用较为广泛。

（5）混凝土筑堤

混凝土筑堤主要用于重要堤防段，是采用浇筑混凝土填筑堤防的一种工程措施，其工程造价高。

2.土料碾压筑堤

（1）铺料作业

铺料作业是筑堤的重要组成部分，因此需要根据要求把土料铺至规定部位，禁止把砂（砾）料，或者其他透水料与黏性土料混杂。当然在上堤土料的过程中，需要把杂质清除干净，这主要是考虑到黏性土填筑层中包裹成团的砂（砾）料时，可能会造成堤身内积水囊，这将会大大影响到堤身安全；如果是土料或砾质土，就需要选择进占法或后退法卸料，如果是沙砾料，则需要选择后退法卸料；当出现沙砾料或砾质土卸料发生颗粒分离的现象，就需要将其拌和均匀；需要按照碾压试验确定铺料厚度和土块直径的限制尺寸；如果铺料到堤边，那就需要在设计边线外侧各超填一定余量，人工铺料宜为100cm，机械铺料宜为30cm。

（2）填筑作业

为了更好的提高堤身的抗滑稳定性，需要严格控制技术要求，在填筑作业中如果遇到地面起伏不平的情况，就需要根据水分分层，按照从低处开始逐层填筑的原则，禁止顺坡铺填；如果堤防横断面上的地面坡度陡于1∶5，则需要把地面坡度削至缓于1∶5。

如果是土堤填筑施工接头，那很可能会出现成质量隐患，这就要求分段作业面的最小长度要大于100m，如果人工施工时段长，那可以根据相关标准适当减短；如果是相邻施工段的作业面宜均衡上升，在段与段之间出现高差时，就需要以斜坡面相接；不管选择哪种包工方式，填筑作业面都严格按照分层统一铺土、统一碾压的原则进行，同时还需要配备专业人员，或者用平土机具参与整平作业，避免出现乱铺乱倒，出现界沟的现象；为了使填土层间结合紧密，尽可能的减少层间的渗漏，如果已铺土料表面在压实前，已经被晒干，此时就需要洒水湿润。

（3）防渗工程施工

黏土防渗对于堤防工程来说主要是用在黏土铺盖上，而黏土心墙、斜墙防渗体方式在堤防工程中应用较少。黏土防渗体施工，应在清理的无水基底上进行，并与坡脚截水槽和堤身防渗体协同铺筑，尽量减少接缝；分层铺筑时，上下层接缝应错开，每层厚以15～20cm为宜，层面间应刨毛、洒水，以保证压实的质量；分段、分片施工时，相邻工作面搭接碾压应符合压实作业规定。

（4）反滤、排水工程施工

在进行铺反滤层施工之前，需要对基面进行清理，同时针对个别低洼部分，则需要通过采用与基面相同土料，或者反滤层第一层滤料填平。而在反滤层铺筑的施工中，需要遵循以下几个要求：

①铺筑前必须要设好样桩，做好场地排水，准备充足的反滤料。

②按照设计要求的不同，来选择粒径组的反滤料层厚。

③必须要从底部向上按设计结构层要求，禁止逐层铺设，同时需要保证层次清楚，不能混杂，也不能从高处顷坡倾倒。

④分段铺筑时，应使接缝层次清楚，不能出现发生缺断、层间错位、混杂等现象。

二、堤防工程防渗施工技术

（一）堤防发生险情的种类

（1）堤身险情。该类险情的造成原因主要是堤身填筑密实度以及组成物质的不均匀所致，如堤身土壤组成是砂壤土、粉细沙土壤，或者堤身存在裂缝、孔洞等。跌窝、漏洞、脱坡、散浸是堤身险情的主要表现。

（2）堤基与堤身接触带险情。该类险情的造成原因是建筑堤防时，没有清基，导致堤基与堤身的接触带的物质复杂、混乱。

（3）堤基险情。该类险情是由于堤基构成物质中包含了砂壤土和砂层，而这些物质的透水性又极强所致。

（二）堤防防渗措施的选用

在选择堤防工程的防渗方案时，应当遵循以下原则：首先，对于堤身防渗，防渗体可选择劈裂灌浆、锥探灌浆、截渗墙等。在必要情况下，可帮堤以增加堤身厚度，或挖除、刨松堤身后，重新碾压并填筑堤身。其次，在进行堤防截渗墙施工时，为降低施工成本，要注意采用廉价、薄墙的材料。较为常用的造墙方法有开槽法、挤压法、深沉法，其中，深沉法的费用最低，对于<20m的墙深最宜采用该方法。高喷法的费用要高些，但在地下障碍物较多、施工场地较狭窄的情况下，该方法的适应性较高。若地层中含有的砂卵砾石较多且颗粒较大时，应结合使用冲击钻和其他开槽法，该法的造墙成本会相应地提高不少。对于该类地层上堤段险情的处理，还可使用盖

重、反滤保护、排水减压等措施。

（三）堤防堤身防渗技术分析

1. 黏土斜墙法

黏土斜墙法，是先开挖临水侧堤坡，将其挖成台阶状，再将防渗黏性土铺设在堤坡上方，并要在铺设过程中将黏性土分层压实。对于堤身临水侧滩地足够宽且断面尺寸较小的情况，适宜使用该方法。

2. 劈裂灌浆法

劈裂灌浆法，是指利用堤防应力的分布规律，通过灌浆压力在沿轴线方向将堤防劈裂，再灌注适量泥浆形成防渗帷幕，使堤身防渗能力加强。该方法的孔距通常设置为10m，但在弯曲堤段，要适当缩小孔距。对于沙性较重的堤防，不适宜使用劈裂灌浆法，这是因为沙性过重，会使堤身弹性不足。

3. 表层排水法

表层排水法，是指在清除背水侧堤坡的石子、草根后，喷洒除草剂，然后铺设粗砂，铺设厚度在20cm左右，再一次铺设小石子、大石子，每层厚度都为20cm，最后铺设块石护坡，铺设厚度为30cm。

4. 垂直铺塑法

垂直铺塑法，是指使用开槽机在堤顶沿着堤轴线开槽，开槽后，将复合土工膜铺设在槽中，然后使用黏土在其两侧进行回填。该方法对复合土工膜的强度和厚度要求较高。若将复合土工膜深入至堤基的弱透水层中，还能起到堤基防渗的作用。

（四）堤基的防渗技术分析

1. 加盖重技术

加盖重技术，是指在背水侧地面增加盖重，以减小背水侧的出流水头，从而避免堤基渗流破坏表层土，使背水地面的抗浮稳定性增强，降低其出逸比降。针对下卧透水层较深、覆盖层较厚的堤基，或者透水地基，都适宜采用该方法进行处理。在增加盖重的过程中，要选择透水性较好的土料，至少要等于或大于原地面的透水性。而且不宜使用沙性太大的盖重土体，因为沙性太大易造成土体沙漠化，影响周围环境。若盖重太长，要考虑联合使用减压沟或减压井。如果背水侧为建筑密集区或是城区，则不适宜使用该方法。对于盖重高度、长度的确定，要以渗流计算结果为依据。

2. 垂直防渗墙技术

垂直防渗墙技术，是指在堤基中使用专用机建造槽孔，使用泥浆加固墙壁，再将混合物填充至槽孔中，最终形成连续防渗体。它主要包括了全封闭式、半封闭式和悬挂式三种结构类型。全封闭式防渗墙：是指防渗墙穿过相对强透水层，且底部深入到相对弱透水层中，在相对弱透水层下方没有相对强透水层。通常情况下，该防渗墙的底部会深入到深厚黏土层或弱透水性的基岩中。若在较厚的相对强透水层中使用该方法，会增加施工难度和施工成本。该方式会截断地下水的渗透径流，故其防渗效果十分显著，但同时也易发生地下水排泄、补给不畅的问题。所以会对生态环境造成一定的影响。

半封闭式防渗墙：是指防渗墙经过相对强透水层深入弱透水层中，在相对弱透水层下方有相对强透水层。该方法对的防渗稳定性效果较好。影响其防渗效果的因素较多，主要有相对强透水层和相对弱透水层各自的厚度、连续性、渗透系数等。该方法不会对生态环境造成影响。

三、堤防绿化的施工

（一）堤防绿化在功能上下功夫

1.防风消浪，减少地面径流

堤防防护林可以降低风速、削减波浪，从而减小水对大堤的冲刷。绿色植被能够有效地抵御雨滴击溅、降低径流冲刷，减缓河水冲淘，起到护坡、固基、防浪等方面的作用。

2.以树养堤、以树护堤，改善生态环境

合理的堤防绿化能有效地改善堤防工程区域性的生态景观，实现养堤、护堤、绿化、美化的多功能，实现堤防工程的经济、社会和生态3个效益相得益彰，为全面建设和谐社会提供和谐的自然环境。

3.缓流促淤、护堤保土，保护堤防安全

树木干、叶、枝有阻滞水流作用，干扰水流流向，使水流速度放缓，对地表的冲刷能力大大下降，从而使泥沉沙落。同时林带内树木根系纵横，使泥土形成整体，大大提高了土壤的抗冲刷能力，保护堤防安全。

4.净化环境，实现堤防生态效益

枝繁叶茂的林带，通过叶面的水分蒸腾，起到一定排水作用，可以降低地下水位，能在一定程度上防止由于地下水位升高而引起的土壤盐碱化现象。另外防护林还能储存大量的水资源，维持环境的湿度，改善局部循环，形成良好的生态环境。

（二）堤防绿化在植树上保成活

1.健全管理制度

领导班子要高度重视，成立专门负责绿化苗木种植管理领导小组，制定绿化苗木管理，责任制，实施细则、奖惩办法等一系列规章制度。直接责任到人，真正实现分级管理、分级监督、分级落实，全面推动绿化苗木种植管理工作。为打造"绿色银行"起到了保驾护航和良好的监督落实作用。

2.把好选苗关

一些堤防上的"劣质树""老头树"，随处可见，成材缓慢，不仅无经济效益可言，还严重影响堤防环境的美化，制约经济的发展。要选择种植成材快、木质好，适合黄土地带生长的既有观赏价值又有经济效益的树种。

3.把好苗木种植关

堤防绿化的布局要严格按照规划，植树时把高低树苗分开，高低苗木要顺坡排开，即整齐美观，又能够使苗木采光充分，有利于生长。绿化苗木种植进程中，根据绿化计划和季节的要求，从苗木品种、质量、价格、供应能力等多方面入手，严格按照计划选择苗木。要严格按照三埋、两踩、一提苗的原则种植，认真按照专业技术人员指导植树的方法、步骤、注意事项完成，既保证整齐美观，又能确保成活率。

（三）堤防绿化在管理上下功夫

1.加强法律法规宣传，加大对沿堤群众的护林教育

利用电视、广播、宣传车、散发传单、张帖标语等各种方式进行宣传，目的是使广大群众从思想上认识到堤防绿化对保护堤防安全的重要性和必要性，增强群众爱树、护树的自觉性，形成全员管理的社会氛围。对乱砍乱伐的违法乱纪行为进行严格查处，提高干部群众的守法意识，自觉做环境的绿化者。

2.加强树木呵护，组织护林专业队

根据树木的生长规律，时刻关注树木的生长情况，做好保墒、施肥、修剪等工作，满足树木不同时期生长的需要。

3.防治并举，加大对林木病虫害防治的力度

在沿堤设立病虫害观测站，并坚持每天巡查，一旦发现病虫害，及时除治，及时总结树木的常见病、突发病害，交流防治心得、经验，控制病虫害的泛滥。例如：杨树虽然生长快、材质好、经济价值高，但幼树抗病虫害能力差的缺点。易发病虫害有：溃疡病，黑斑病、桑天牛、潜叶蛾等病害。针对溃疡病、黑斑病主要通过施肥、浇水增加营养水分，使其缝壮；针对桑天牛害虫，主要采用清除构、桑树，断其食源，对病树虫眼插毒签、注射1605、氧化乐果50倍或者100倍溶液等办法；针对潜叶蛾等害虫主要采用人工喷洒灭幼脲药液的办法。

（四）堤防防护林发展目标

1.抓树木综合利用，促使经济效益最大化

为创经济效益和社会效益双丰收，在路口、桥头等重要交通路段，种植一些既有经济价值，又有观赏价值的美化树种，以适应旅游景观的要求，创造美好环境，为打造水利旅游景观做基础。

2.乔灌结合种植，缩短成才周期

乔灌结合种植，树木成材快，经济效益明显。乔灌结合种植可以保护土壤表层的水土，有效防止水土流失，协调土壤水分。另外，灌木的叶子腐烂后，富含大量的腐殖质，既防止土壤板结，又改善土壤环境，促使植物快速生长，形成良性循环。缩短成才的周期。

3.坚持科技兴林，提升林业资源多重效益

在堤防绿化实践中，要勇于探索，大胆实践，科学造林。积极探索短周期速生丰

产林的栽培技术和管理模式。加大林木病虫害防治力度。管理人员的经常参加业务培训，实行走出去，引进来的方式，不断提高堤防绿化水准。

4.创建绿色长廊，打造和谐的人居环境

为了满足人民日益提高的物质文化生活的需要，在原来绿化、美化的基础上，建设各具特色的堤防公园，使它成为人们休闲娱乐的好去处，实现经济效益、社会效益的双丰收。

四、生态堤防建设

（一）堤防建设

在防洪工程建设中，堤防最主要的功能就是防汛，但生态功能往往被忽视，工程设计阶段多没有兼顾生态需求，从而未能合理引入生态工程技术，不能减轻水利工程对河流生态系统的负面影响，使得原本自然河流趋势人为渠道化和非连续化，破坏了自然生态。

（二）生态堤防建设概述

1.生态堤防的含义

生态堤防是指恢复后的自然河岸或具有自然河岸水土循环的人工堤防。主要是通过扩大水面积和绿地、设置生物的生长区域、设置水边景观设施、采用天然材料的多孔性构造等措施来实现河道生态堤防建设。在实施过程中要尊重河道实际情况，根据河岸原生态状况，因地制宜，在此基础上稍加"生态加固"，不要作过多的人为建设。

2.生态堤防建设的必要性

原来河道堤防建设，仅是加固堤岸、裁弯取直、修筑大坝等工程，满足了人们对于供水、防洪、航运的多种经济要求。但水利工程对于河流生态系统可能造成不同程度的负面影响：一是自然河流的人工渠道化，包括平面布置上的河流形态直线化，河道横断面几何规则化，河床材料的硬质化；二是自然河流的非连续化，包括筑坝导致顺水流方向的河流非连续化，筑堤引起侧向的水流联通性的破坏。

3.生态堤防的作用

生态堤防在生态的动态系统中具有多种功能，主要表现在：①成为通道，具有调节水量、滞洪补枯的作用。堤防是水陆生态系统内部及相互之间生态流流动的通道，丰水期水向堤中渗透储存，减少洪灾；枯水期储水反渗入河或蒸发，起着滞洪补枯、调节气候的作用。传统上用混凝土或浆砌块石护岸，阻隔了这个系统的通道，就会使水质下降；②过滤的作用，提高河流的自净能力。生态河堤采用种植水中植物，从水中吸取无机盐类营养物，利于水质净化。③能形成水生态特有的景观。堤防有自己特有的生物和环境特征，是各种生态物种的栖息地。

4.生态堤防建设效益

生态堤防建设改善了水环境的同时，也改善了城市生态、水资源和居住条件，并强化了文化、体育、休闲设施，使城市交通功能、城市防洪等再上新的台阶，对于优化城市环境，提升城市形象，改善投资环境，拉动经济增长，扩大对外开放，都将产生直接影响。

第五节　水闸施工

一、水闸工程地基开挖施工技术

（一）水上开挖施工

1. 旧堤拆除

旧堤拆除在围堰保护下干地施工。为保证老堤基础的稳定性和周边环境的安全性，旧堤拆除不采用爆破方式。干、砌块石部分采用挖掘机直接挖除，开挖渣料可利用部分装运至外海进行抛石填筑或用于石渣填筑，其余弃料装运至监理指定的弃渣场。

2. 水上边坡开挖

开挖方式采取旱地施工，挖掘机挖除；水上开挖由高到低依次进行，均衡下降。待围堰形成和水上部分卸载开挖工作全部结束后，方可进行基坑抽水工作，以确保基坑的安全稳定。开挖料可利用部分用于堤身和内外平台填筑，其余弃料运至指定弃料场。

3. 基坑开挖与支护。

基坑开挖在围堰施工和边坡卸载完毕后进行，开挖前首先进行开挖控制线和控制高程点的测量放样等。开挖过程中要做好排水设施的施工，主要有：开挖边线附近设置临时截水沟，开挖区内设干码石排水沟，干码石采用挖掘机压入作为脚槽。另设混凝土护壁集水井，配水泵抽排，以降低基坑水位。

（二）水下开挖施工

1. 水下开挖施工方法

（1）施工准备。水下开挖施工准备工作主要有：弃渣场的选择、机械设备的选型等。

（2）测量放样。水下开挖的测量放样拟采用全站仪进行水上测量，主要测定开挖范围。浅滩可采用打设竹杆作为标记，水较深的地方用浮子作标记；为避免开挖时毁坏测量标志，标志可设在开挖线外10m处。

（3）架设吹送管、绞吸船就位。根据绞吸船的吹距（最大可达1000m）和弃渣场的位置，吹送管可架设在陆上，也可架设在水上或淤泥上。

（4）绞吸吹送施工。绞吸船停靠就位、吹送管架设牢固后，即可开始进行绞吸开挖。

2.涵闸基坑水下开挖

（1）涵闸水下基坑描述。涵闸前后河道由于长期双向过流，其表层主要为流塑状淤泥，对后期干地开挖有较大影响，因此须先采用水下开挖方式清除掉表层淤泥。

（2）施工测量。施工前，对涵闸现状地形实施详细的测量，绘制原始地形图，标注出各部位的开挖厚度。一般采用 $50m^2$ 为分隔片，并在现场布置相应的标识指导施工。

（3）施工方法。在围堰施工前，绞吸船进入开挖区域，根据测量标识开始作业。

（三）基坑开挖边坡稳定分析与控制

1.边坡描述

根据本工程水文、地质条件，水闸基础基本为淤泥土构成，基坑边坡土体含水量大，基本为淤泥，基坑开挖及施工过程中，容易出现边坡失稳，造成整体边坡下滑的现象。因此如何保证基坑边坡的稳定是本开挖施工重点。

2.应对措施

（1）采取合理的开挖方法。根据工程特点，对于基坑先采用水下和岸边干地开挖，以减少基坑抽水后对边坡下部的压载，上部荷载过大使边坡土体失稳而出现垮塌和深层滑移。

（2）严格控制基坑抽排水速度。基坑水下部分土体长期经海水浸泡，含水量大，地质条件差，基坑排水下降速度大于边坡土体固结速度，在没有水压力平衡下极易造成整体边坡失稳。

（3）对已开挖边坡的保护。在基坑开挖完成后，沿坡脚形成排水沟组织排水，并设置小型集水井，及时排除基坑内的水。在雨季，对边坡覆盖条纹布加以保护，必要时设置抗滑松木桩。

（4）变形监测。按规范要求，在边坡开挖过程中，在坡顶、坡脚设置观测点，对边坡进行变形观测，测量仪器采用全站仪和水准仪。观测期间，对每一次的测量数据进行分析，若发现位移或沉降有异常变化，立即报告并停止施工，待分析处理后再恢复施工。

（四）开挖质量控制

（1）开挖前进行施工测量放样工作，以此控制开挖范围与深度，并做好过程中的检查。

（2）开挖过程中安排有测量人员在现场观测，避免出现超、欠挖现象。

（3）开挖自上而下分层分段施工，随时做成一定的坡势，避免挖区积水。

（4）水下开挖时，随时进行水下测量，以保证基坑开挖深度。

（5）水闸基坑开挖完成后，沿坡脚打入木桩并堆砂包护面，维持出露边坡的稳定。

（6）开挖完成后对基底高程进行实测，并上报监理工程师审批，以利于下道工序迅速开展。

二、水闸施工导流规定

(一)导流施工

1. 导流方案

在水闸施工导流方案的选择上,多数是采用束窄滩地修建围堰的导流方案。水闸施工受地形条件的限制比较大,这就使得围堰的布置只能紧靠主河道的岸边,但是在施工中,岸坡的地质条件非常差,极易造成岸坡的坍塌,因此在施工中必须通过技术措施来解决此类问题。在围堰的选择上,要坚持选择结构简单及抗冲刷能力大的浆砌石围堰,基础还要用松木桩进行加固,堰的外侧还要通过红黏土夯措施来进行有效的加固。

2. 截流方法

在水利水电工程施工中,我国在堵坝的技术上累积了很多成熟的经验。在截流方法上要积极总结以往的经验,在具体的截流之前要进行周密的设计,可以通过模型试验和现场试验来进行论证,可以采用平堵与立堵相结合的办法进行合龙。土质河床上的截流工程,戗堤常因压缩或冲蚀而形成较大的沉降或滑移,所以导致计算用料与实际用料会存在较大的出入,所以在施工中要增加一定的备料量,以保证工程的顺利施工。特别要注意,土质河床尤其是在松软的土层上筑戗堤截流要做好护底工程,这一工程是水闸工程质量实现的关键。根据以往的实践经验,应该保证护底工程范围的宽广性,对护底工程要排列严密,在护堤工程进行前,要找出抛投料物在不同流速及水深情况下的移动距离规律,这样才能保证截流工程中抛投料物的准确到位。对那些准备抛投的料物,要保证其在浮重状态及动静水作用下的稳定性能。

(二)水闸施工导流规定

(1)施工导流、截流及渡汛应制订专项施工措施设计,重要的或技术难度较大的须报上级审批。

(2)导流建筑物的等级划分及设计标准应按《水利水电枢纽工程等级划分及设计标准》(平原、滨海部分)有关规定执行。

(3)当按规定标准导流有困难时,经充分论证并报主管部门批准,可适当降低标准;但汛期前,工程应达到安全渡汛的要求。在感潮河口和滨海地区建闸时,其导流挡潮标准不应降低。

(4)在引水河、渠上的导流工程应满足下游用水的最低水位和最小流量的要求。

(5)在原河床上用分期围堰导流时,不宜过分束窄河面宽度,通航河道尚需满足航运的流速要求。

(6)截流方法、龙口位置及宽度应根据水位、流量、河床冲刷性能及施工条件等因素确定。

（7）截流时间应根据施工进度，尽可能选择在枯水、低潮和非冰凌期。

（8）对土质河床的截流段，应在足够范围内抛筑排列严密的防冲护底工程，并随龙口缩小及流速增大及时投料加固。

（9）合龙过程中，应随时测定龙口的水力特征值，适时改换投料种类、抛投强度和改进抛投技术。截流后，应即加筑前后戗，然后才能有计划地降低堰内水位，并完善导渗、防浪等措施。

（10）在导流期内，必须对导流工程定期进行观测、检查，并及时维护。

（11）拆除围堰前，应根据上下游水位、土质等情况确定充水、闸门开度等放水程序。

（12）围堰拆除应符合设计要求，筑堰的块石、杂物等应拆除干净。

三、水闸混凝土施工

（一）施工准备工作

大体积混凝土的施工技术要求比较高，特别在施工中要防止混凝土因水泥水化热引起的温度差产生温度应力裂缝。因此需要从材料选择上、技术措施等有关环节做好充分的准备工作，才能保证闸室底板大体积混凝土的施工质量。

1.材料选择

（1）水泥

考虑本工程闸室混凝土的抗渗要求及泵送混凝土的泌水小，保水性能好的要求，确定采用P.O42.5级普通硅酸盐水泥，并通过掺加合适的外加剂可以改善混凝土的性能，提高混凝土的抗裂和抗渗能力。

（2）粗骨料

采用碎石，粒径5～25mm，含泥量不大于1%。选用粒径较大、级配良好的石子配制混凝土，和易性较好，抗压强度较高，同时可以减少用水量及水泥用量，从而使水泥水化热减少，降低混凝土温升。

（3）细骨料

采用机制混合中砂，平均粒径大于0.5mm，含泥量不大于5%。选用平均粒径较大的中、粗砂拌制的混凝土比采用细砂拌制的混凝土可减少用水量10%左右，同时相应减少水泥用量，使水泥水化热减少，降低混凝土温升，并可减少混凝土收缩。

（4）矿粉

采用金龙S95级矿粉，增加混凝土的和易性，同时相应减少水泥用量，使水泥水化热减少，降低混凝土温升。

（5）粉煤灰

由于混凝土的浇筑方式为泵送，为了改善混凝土的和易性便于泵送，考虑掺加适量的粉煤灰。粉煤灰对降低水化热、改善混凝土和易性有利，但掺加粉煤灰的混凝土早期极限抗拉值均有所降低，对混凝土抗渗抗裂不利，因此要求粉煤灰的掺量控制在15%以内。

（6）外加剂

设计无具体要求，通过分析比较及过去在其他工程上的使用经验，混凝土确定采用微膨胀剂，每立方米混凝土掺入23kg，对混凝土收缩有补偿功能，可提高混凝土的抗裂性。同时考虑到泵送需要，采用高效泵送剂，其减水率大于18%，可有效降低水化热峰值。

2.混凝土配合比

混凝土要求混凝土搅拌站根据设计混凝土的技术指标值、当地材料资源情况和现场浇筑要求，提前做好混凝土试配。

3.现场准备工作

（1）基础底板钢筋及闸墩插筋预先安装施工到位，并进行隐蔽工程验收。

（2）基础底板上的预留闸门门槽底槛采用木模，并安装好门槽插筋。

（3）将基础底板上表面标高抄测在闸墩钢筋上，并作明显标记，供浇筑混凝土时找平用。

（4）浇筑混凝土时，预埋的测温管及覆盖保温所需的塑料薄膜、土工布等应提前准备好。

（5）管理人员、现场人员、后勤人员、保卫人员等做好排班，确保混凝土连续浇灌过程中，坚守岗位，各负其责。

（二）混凝土浇筑

1.浇筑方法

底板浇筑采用泵送混凝土浇筑方法。浇筑顺序沿长边方向，采用台阶分层浇筑方式由右岸向左岸方向推进，每层厚0.4m，台阶宽度4.0m。每层每段混凝土浇筑量为$20.5 \times 0.4 \times 4.0 \times 3 = 98.4m^3$，现场混凝土供应能力为$75m^3/h$，循环浇筑间隔时间约1.31h，浇筑日期为9月10日，未形成冷缝。

2.混凝土振捣

混凝土浇筑时，在每台泵车的出灰口处配置3台振捣器，因为混凝土的坍落度比较大，在1.2m厚的底板内可斜向流淌2m远左右，1台振捣器主要负责下部斜坡流淌处振捣密实，另外1～2台振捣器主要负责顶部混凝土振捣，为防止混凝土集中堆积，先振捣出料口处混凝土，形成自然流淌坡度，然后全面振捣。振捣时严格控制振动器移动的距离、插入深度、振捣时间，避免各浇筑带交接处的漏振。

3.混凝土中泌水的处理

混凝土浇筑过程中，上部的泌水和浆水顺着混凝土坡脚流淌，最后集中在基底面，用软管污水泵及时排除，表面混凝土找平后采用真空吸水机工艺脱去混凝土成型后多余的泌水，从而降低混凝土的原始水灰比，提高混凝土强度、抗裂性、耐磨性。

4.混凝土表面的处理

由于采用泵送商品混凝土坍落度比较大，混凝土表面的水泥沙浆较厚，易产生细小裂缝。为了防止出现这种裂缝，在混凝土表面进行真空吸水后、初凝前，用圆盘式磨浆机磨平、压实，并用铝合金长尺刮平；在混凝土预沉后、混凝土终凝前采取二次抹面压实措施。即用叶片式磨光机磨光，人工辅助压光，这样既能很好地避免干缩裂缝，又能使混凝土表面平整光滑、表面强度提高。

5.混凝土养护

为防止浇筑好的混凝土内外温差过大，造成温度应力大于同期混凝土抗拉强度而产生裂缝，养护工作极其重要。混凝土浇筑完成及二次抹面压实后立即进行覆盖保温，先在混凝土表面覆盖一层塑料薄膜，再加盖一层土工布。新浇筑的混凝土水化速度比较陕，盖上塑料薄膜和土工布后可保温保湿，防止混凝土表面因脱水而产生干缩裂缝。根据外界气温条件和混凝土内部温升测量结果，采取相应的保温覆盖和减少水分蒸发等相应的养护措施，并适当延长拆模时间，控制闸室底板内外温差不超过25%℃保温养护时间超过14d。

6.混凝土测温

闸室底板混凝土浇筑时设专人配合预埋测温管。测温管采用φ48×3.0钢管，预埋时测温管与钢筋绑扎牢固，以免位移或损坏。钢管内注满水，在钢管高、中、低三部位插入3根普通温度计，人工定期测出混凝土温度。混凝土测温时间，从混凝土浇筑完成后6h开始，安排专人每隔2h测1次，发现中心温度与表面温度超过允许温差时，及时报告技术部门和项目技术负责人，现场立即采取加强保温养护措施，从而减小温差，避免因温差过大产生的温度应力造成混凝土出现裂缝。随混凝土浇筑后时间延长测温间隔也可延长，测温结束时间，以混凝土温度下降，内外温差在表面养护结束不超过15T时为宜。

（三）管理措施

（1）精心组织、精心施工，认真做好班前技术交底工作，确保作业人员明确工程的质量要求、工艺程序和施工方法，是保证工程质量的关键。

（2）借鉴同类工程经验，并根据当地材料资源条件，在预先进行混凝土试配的基础上，优化配合比设计，确保混凝土的各项技术指标符合设计和规范规定的要求。

（3）严格检查验收进场商品混凝土的质量，不合格商品混凝土料，坚决退场；同时严禁混凝土搅拌车在施工现场临时加水。

（4）加强过程控制，合理分段、分层，确保浇筑混凝土的各层间不出现冷缝；混凝土振捣密实，无漏振，不过振；采用"二次振捣法""二次抹光法"，以增加混凝土的密实性和减少混凝土表面裂缝的产生。

（5）混凝土浇筑完成后，加强养护管理，结合现场测温结果，调整养护方法，确保混凝土的养护质量。

第二章 施工导流

第一节 施工导流概述

一、施工导流基础

（一）施工导流概念

水工建筑物一般都在河床上施工，为避免河水对施工的不利影响，创造干地的施工条件，需要修建围堰围护基坑，并将原河道中各个时期的水流按预定方式加以控制，并将部分或者全部水流导向下游。这种工作就叫施工导流。

（二）施工导流的意义

施工导流是水利工程建设中必须妥善解决的重要问题。主要表现是：

（1）直接关系到工程的施工进度和完成期限；

（2）直接影响工程施工方法的选择；

（3）直接影响施工场地的布置；

（4）直接影响到工程的造价；

（5）与水工建筑物的形式和布置密切相关。

因此，合理的导流方式，可以加快施工进度，缩短工期，降低造价，考虑不周，不仅达不到目的，有可能造成很大危害。例如：选择导流流量过小，汛期可能导致围堰失事，轻则使建筑物、基坑、施工场地受淹，影响施工正常进行，重则主体建筑物可能遭到破坏，威胁下游居民生命和财产安全；选择流量过大，必然增加导流建筑物的费用，提高工程造价，造成浪费。

（三）影响施工导流的因素

影响因素比较多，如：水文、地质、地形特点；所在河流施工期间的灌溉、通航、过木等要求；水工建筑物的组成和布置；施工方法与施工布置；当地材料供应条件等。

（四）施工导流的设计任务

综合分析研究上述因素，在保证满足施工要求和用水要求的前提下，正确选择导流标准，合理确定导流方案，进行临时结构物设计，正确进行建筑物的基坑排水。

（五）施工导流的基本方法

1.基本方法有两种

（1）全段围堰导流法：即用围堰拦断河床，全部水流通过事先修好的导流泄水建筑物流走。

（2）分段围堰导流法：即水流通过河床外的束窄河床下泄，后期通过坝体预留缺口、底孔或其他泄水建筑物下泄。

2.施工导流的全段围堰法

（1）基本概念

首先利用围堰拦断河床，将河水逼向在河床以外临时修建的泄水建筑物，并流往下游。因此，该法也叫河床外导流法。

（2）基本做法

全段围堰法是在河床主体工程的上、下游一定距离的地方分别各建一道拦河围堰，使河水经河床以外的临时或者永久性泄水道下泄，主体工程就可以在排干的基坑中施工，待主体工程建成或者接近建成时，再将临时泄水道封堵。该法一般应用在河床狭窄、流量较小的中小河道上。在大流量的河道上，只有地形、地质条件受限，明显采用分段围堰法不利时才采用此法导流。

（3）主要优点

施工现场的工作面比较大，主体工程在一次性围堰的围护下就可以建成。如果在枢纽工程中，能够利用永久泄水建筑物结合施工导流时，采用此法往往比较经济。

（4）导流方法

导流方法一般根据导流泄水建筑物的类型区分：如明渠导流，隧洞导流，涵管导流，还有的用渡槽导流等。

1）明渠导流

①概念

河流拦断后，河道的水流从河岸上的人工渠道下泄的导流方式叫明渠导流。

②适宜条件

它多选在岸坡平缓、有较宽广的滩地，或者岸坡上有溪沟可以利用的地方。当渠道轴线上是软土，特别是当河流弯曲，可以用渠道裁弯取直时，采用此法比较经济，更为有利。在山区建坝，有时由于地质条件不好，或者施工条件不足，开挖隧洞比较困难，往往也可以采用明渠导流。

③施工顺序

一般在坝头岸上挖渠，然后截断河流，使河水由明渠下泄，待主体工程建成以后，拦断导流明渠，使河水按预定的位置下泄。

④导流明渠布置要求

A 开挖容易，挖方量小：有条件时，充分利用山垭、洼地旧河槽，使渠线最短，开挖量最小。

B 水流通畅，泄水能力强：渠道进出口水流与河道主流的夹角不大于 30 度为好，渠道的转弯半径要大于 5 倍渠道底部的宽度。

C 泄水时应该安全：渠道的进出口与上、下游围堰要保持一定的距离，一般上游为 30～50 米，下游为 50～100 米。导流明渠的水边到基坑内的水边最短距离，一般要大于 2.5～3.0H，H 为导流明渠水面与基坑水面的高差。

D 运用方便：一般将明渠布置在一岸，避免两岸布置，否则，泄水时，会产生水流干扰，也影响基坑与岸上的交通运输。

E 导流明渠断面：一般为梯形断面，只有在岩石完整，渠道不深时，才采用矩形断面。渠道的断面面积应满足防冲和保证通过设计施工流量的要求。

2）隧洞导流

①方案原则

在河谷狭窄的山区，岩石往往比较坚实，多采用隧洞导流。由于隧洞开挖与衬砌费用较大，施工困难，因此，要尽可能将导流隧洞与永久性隧洞结合考虑布置，当结合确有困难时，才考虑设置专用导流隧洞，在导流完毕后，应立即堵塞。

②布置说明

在水工建筑物中，对隧洞选线、工程布置、衬砌布置等都做了详细介绍，只不过，导流隧洞是临时性建筑物，运用时间不长，设计级别比较低，其考虑问题的思路和方法是相同的，有关内容知识可以互相补充。

③线路选择

因影响因素很多，重点考虑地质和水力条件。

④地质条件

一般要避免隧洞穿过断层、破碎带，无法避免时，要尽量使隧洞轴线与断层和破碎带的交角要大一些。为使隧洞结构稳定，洞顶岩石厚度至少要大于洞径的 2～3 倍。

⑤水力条件

为使水流顺畅，隧洞最好直线布置，必须转弯时，进口处要设直线段，并且直线段的长度应大于 10 倍的洞径或者洞宽，转弯半径应大于 5 倍的洞径或者洞宽，转角一般控制在 60 度，隧洞进口轴线与河道主流的夹角一般在 30 度以内。同时，进出口与上下游围堰之间要有适当的距离，一般大于 50 米，以防止进出口水流冲刷围堰堰体。隧洞进出口高程，从截流要求看，越低越好，但是，从洞身施工的出渣、排水、土石方开挖等方面考虑，则高一些为好。因此，对这些问题，应看具体条件，综合考虑解决。

⑥断面选择

隧洞的断面常用形式有圆形、马蹄形、城门洞形从过水，受力、施工等方面各有特点，选择时可参考水工课介绍的有关方法进行。

⑦衬砌和糙率

由于导流洞的临时性，故其衬砌的要求比一般永久性隧洞低，但是，考虑方法是相同的。当岩石比较完整，节理裂隙不发育的，一般不衬砌，当岩石局部节理发育，但是，裂隙是闭和的，没有充填物和严重的相互切割现象，同时岩层走向与隧洞轴线的交角比较大时，也可以不衬砌，或者只进行顶部衬砌。如果岩石破碎，地下水又比较丰富的要考虑全断面衬砌。为了降低隧洞的糙率，开挖时最好采用光面爆破。

3）涵管导流

在土石坝枢纽工程中，采用涵管进行导流施工的比较多。涵管一般布置在枯水位以上的河岸的岩基上。多在枯水期先修建导流涵管，然后再修建上下游围堰，河道的水经过涵管下泄。涵管过水能力低，一般只能担负小流量的施工导流。如果能与永久性涵管结合布置，往往是比较好的方案。涵管与坝体或者防渗体的结合部位，容易产生集中渗漏，一般要设截流环，并控制好土料的填筑质量。

3.施工导流的分段围堰法

（1）基本概念

分段围堰法施工导流，就是利用围堰将河床分期分段围护起来，让河水从缩窄后的河床中下泄的导流方法。分期，就是从时间上将导流划分成若干个时间段，分段，就是用围堰将河床围成若干个地段。一般分为两期两段。

（2）适宜条件

一般适用于河道比较宽阔，流量比较大，工程施工时间比较长的工程，在通航的河道上，往往不允许出现河道断流，这时，分段围堰法就是唯一的施工导流方法。

（3）围堰修筑顺序

一般情况下，总是先在第一期围堰的保护下修建泄水建筑物，或者建造期限比较长的复杂建筑物，例如水电站厂房等，并预留低孔、缺口，以备宣泄第二期的导流流量。第一期围堰一般先选在河床浅滩一岸进行施工，此时，对原河床主流部分的泄流影响不大，第一期的工程量也小。第二期的部分纵向围堰可以在第一期围堰的保护下修建。拆除第一期围堰后，修建第二期围堰进行截流，再进行第二期工程施工，河水从第一期安排好了的地方下泄。

二、围堰工程

（一）围堰概述

1.主要作用

它是临时挡水建筑物，用来围护主体建筑物的基坑，保证在干地上顺利施工。

2.基本要求

它完成导流任务后，若对永久性建筑物的运行有妨碍，还需要拆除。因此围堰除满足水工建筑物稳定、不透水、抗冲刷的要求外，还需要工程量要小，结构简单，施工方便，有利于拆除等。如果能将围堰作为永久性建筑物的一部分，对节约材料，降低造价，缩短工期无疑更为有利。

（二）基本类型及构造

按相对位置不同，分纵向围堰和横向围堰；按构造材料分为土围堰、土石围堰、草土围堰、混凝土围堰、板桩围堰，木笼围堰等多种形式。下面介绍几种常用类型。

1.土围堰

土围堰与土坝布置内容、设计方法、基本要求、优缺点大体相同，但因其临时性，故在满足导流要求的情况下，力求简单，施工方便。

2.土石围堰

这是一种石料作支撑体，黏土作防渗体，中间设反滤层的土石混合结构。抗冲能力比土围堰大，但是拆除比土围堰困难。

3.草土围堰

这是一种草土混合结构。该法是将麦秸、稻草、芦苇、柳枝等柴草绑成捆，修围堰时，铺一层草捆，铺一层土料，如此筑起围堰。该法就地取材，施工简单，速度快，造价低，拆除方便，具有一定的抗渗、抗冲能力，容重小，特别适宜软土地基。但是不宜用于拦挡高水头，一般限于水深不超过6米，流速不超过3～4米/秒，使用期不超过2年的情况。该法过去在灌溉工程中，现在在防汛工程中比较常用。

4.混凝土围堰

混凝土围堰常用于在岩基土修建的水利枢纽工程，这种围堰的特点是挡水水头高，底宽小1抗冲能力大，堰顶可溢流，尤其是在分段围堰法导流施工中，用混凝土浇筑的纵向围堰可以两面挡水，而且可与永久建筑物相结合作为坝体或闸室体的一部。混凝纵向或横向围堰多为重力式，为减小工程量，狭窄河床的上游围堰也常采用拱形结构。混凝土围堰抗冲防渗性能好，占地范围小，既适用于挡水围堰，更适用于过水围堰，因此，虽造价较土石围堰相对较高，仍为众多工程所采用。混凝土围堰一般需在低水土石围堰保护下干地施工，但也可创造条件在水下浇筑混凝土或预填骨料灌浆，中型工程常采用浆砌块石围堰。混凝土围堰按其结构型式有重力式、空腹式、支墩式、拱式、圆筒式等。按其施工方法有干地浇筑、水下浇筑、预填骨料灌浆、碾压式混凝土及装配式等。常用的型式是干地浇筑的重力式及拱形围堰。此外还有浆砌石围堰，一般采用重力式居多。混凝土围堰具有抗冲、防渗性能好、底宽小、易于与永久建筑物结合，必要时还允许堰顶过水，安全可靠等优点，因此，虽造价较高，但在国内外仍得到较广泛的应用。例如三峡、丹江口、三门峡、潘家口、石泉等工程的纵向围堰都采用了混凝土重力式围堰，其下游段与永久导墙相结合，刘家峡、乌江渡、紧水滩、安康等工程也均采用了拱形混凝土围堰。

混凝土围堰一般需在低水土石围堰围护下施工，也有采用水下浇筑方式的。前者质量容易保证。

5.钢板桩围堰

钢板桩围堰是最常用的一种板桩围堰。钢板桩是带有锁口的一种型钢，其截面有直板形、槽形及Z形等，有各种大小尺寸及联锁形式。常见的有拉尔森式，拉克万纳式等。

其优点为：强度高，容易打入坚硬土层；可在深水中施工，必要时加斜支撑成为一个围笼。防水性能好；能按需要组成各种外形的围堰，并可多次重复使用，因此，它的用途广泛。

在桥梁施工中常用于沉井顶的围堰，它的用途广泛。管柱基础、桩基础及明挖基础的围堰等。这些围堰多采用单壁封闭式，围堰内有纵横向支撑，必要时加斜支撑成为一个围笼。如中国南京长江桥的管柱基础，曾使用钢板桩圆形围堰，其直径21.9米，钢板桩长36米，有各种大小尺寸及联锁形式。待水下混凝土封底达到强度要求后，抽水筑承台及墩身，抽水设计深度达20米。

在水工建筑中，一般施工面积很大，则常用以做成构体围堰。它系由许多互相连接的单体所构成，每个单体又由许多钢板桩组成，单体中间用土填实。围堰所围护的范围很大，不能用支撑支持堰壁，因此每个单体都能独自抵抗倾覆、滑动和防止联锁处的拉裂。常用的有圆形及隔壁形等形式。

（1）围堰高度应高出施工期间可能出现的最高水位（包括浪高）0.5～0.7m。

（2）围堰外形一般有圆形、圆端形、矩形、带三角的矩形等。围堰外形还应考虑水域的水深，以及流速增大引起水流对围堰、河床的集中冲刷，对航道、导流的影响。

（3）堰内平面尺寸应满足基础施工的需要。

（4）围堰要求防水严密，减少渗漏。

（5）堰体外坡面有受冲刷危险时，应在外坡面设置防冲刷设施。

（6）有大漂石及坚硬岩石的河床不宜使用钢板桩围堰。

（7）钢板桩的机械性能和尺寸应符合规定要求。

（8）施打钢板桩前，应在围堰上下游及两岸设测量观测点，控制围堰长、短边方向的施打定位。施打时，必须备有导向设备，以保证钢板桩的正确位置。

（9）施打前，应对钢板桩锁口用防水材料捻缝，以防漏水。

（10）施打顺序从上游向下游合龙。

（11）钢板桩可用捶击、振动、射水等方法下沉，但黏土中不宜使用射水下沉办法。

（12）经过整修或焊接后钢板桩应用同类型的钢板桩进行锁口试验、检查。接长的钢板桩，其相邻两钢板桩的接头位置应上下错开。

（13）施打过程中，应随时检查桩的位置是否正确、桩身是否垂直，否则应立即纠正或拔出重打。

6.过水围堰

过水围堰（overflow cofferdam）是指在一定条件下允许堰顶过水的围堰。过水围堰既担负挡水任务，又能在汛期泄洪，适用于洪枯流量比值大，水位变幅显著的河流。其优点是减小施工导流泄水建筑物规模，但过流时基坑内不能施工。

根据水文特性及工程重要性，提出枯水期5%～10%频率的几个流量值，通过分析论证，力争在枯水年能全年施工。中国新安江水电站施工期，选用枯水期5%频率的挡水设计流量4650m³/s，实现了全年施工。对于可能出现枯水期有洪水而汛期又有枯水的河流上施工时，可通过施工强度和导流总费用（包括导流建筑物和淹没基坑的费用总和）的技术经济比较，选用合理的挡水设计流量。为了保证堰体在过水条件下的稳定性，还需要通过计算或试验确定过水条件下的最不利流量，作为过水设计流量。

水围堰类型：通常有土石过水围堰、混凝土过水围堰、木笼过水围堰3种。后者由于用木材多，施工、拆除都较复杂，现已少用。

（1）土石过水围堰

1）型式

土石过水围堰堰体是散粒体，围堰过水时，水流对堰体的破坏作用有两种：一是过堰水流沿围堰下游坡面宜泄的动能不断增大，冲刷堰体溢流表面；二是过堰水流渗入堰体所产生的渗透压力，引起围堰下游坡连同堰体一起滑动而导致溃堰。因此，对土石过水围堰溢流面及下游坡脚基础进行可靠的防冲保护，是确保围堰安全运行的必要条件。土石过水围堰型式按堰体溢流面防冲保护使用的材料，可分为混凝土面板溢流堰、混凝土楔形体护面板溢流堰、块石笼护面溢流堰、块石加钢筋网护面溢流堰及沥青混凝土面板溢流堰等。按过流消能防冲方式为镇墩挑流式溢流堰及顺坡护底式溢流堰。通常，可按有无镇墩区分土石过水围堰型式。

①设镇墩的土石过水围堰

在过水围堰下游坡脚处设混凝土镇墩，其镇墩建基在岩基上，堰体溢流面可视过流单宽流量及溢流面流速的大小，采用混凝土板护面或其他防冲材料护面。若溢流护面采用混凝土板，围堰溢流防冲结构可靠，整体性好，抗冲性能强，可宣泄较大的单宽流量。但镇墩混凝土施工需在基坑积水抽干，覆盖层开挖至基岩后进行，混凝土达到一定强度后才允许回填堰体块石料，对围堰施工干扰大，不仅延误围堰施工工期，且存在一定的风险性。

②无镇墩的土石过水围堰

围堰下游坡脚处无镇墩堰体溢流面可采用混凝土板护面或其他防冲材料护面，过流护面向下游延伸至坡脚处，围堰坡脚覆盖层用混凝土块、钢筋石笼或其他防冲材料保护，其顺流向保护长度可视覆盖层厚度及冲刷深度而定，防冲结构应适应坍塌变形，以保护围堰坡脚处覆盖层不被淘刷。这种型式的过水围堰防冲结构较简单，避免了镇墩施工的干扰，有利于加快过水围堰施工，争取工期。

2）型式选择

①设镇墩的土石过水围堰适用于围堰下游坡脚处覆盖层较浅，且过水围堰高度较高的上游过水围堰。若围堰过水单宽流量及溢流面流速较大，堰体溢流面宜采用混凝土板护面。

反之，可采用钢筋网块石护面。

单宽流量及溢流面流速较大，堰体溢流面采用混凝土板护面，围堰坡脚覆盖层宜采用混凝土块柔性排或钢丝石笼。

②无镇墩的土石过水围堰适用于围堰下游坡脚处覆盖层较厚、且过水围堰高度较低的下游过水围堰。若围堰过水大块石体等适应坍塌变形的防冲结构。若围堰过水单宽流量及溢流面流速较小，堰体溢流面可采用钢筋网块石保护，堰脚覆盖层采用抛块石保护。

（2）混凝土板

1）型式

常用的为混凝土重力式过水围堰和混凝土拱形过水围堰。

2）选择

①混凝土重力式过水围堰

混凝土重力式过水围堰通常要求建基在岩基上，对两岸堰基地质条件要求较拱形围堰低。但堰体混凝土量较拱形围堰多。因此，混凝土重力式过水围堰适应于坝址河床较宽、堰基岩体较差的工程。

②混凝土拱形过水围堰。混凝土拱形过水围堰较混凝土重力式过水围堰混凝土量减少，但对两岸拱座基础的地质条件要求较高，若拱座基础岩体变形，对拱圈应力影响较大。因此，混凝土拱形过水围堰适用于两岸陡峻的峡谷河床，且两岸基础岩体稳定，岩石完整坚硬的工程。通常以 L/H 代表地形特征（L 为围堰顶的河谷宽度，H 为围堰最大高度），判别采用何种拱形较为经济。一般 L/H≤1.5～2.0 时，适用于拱形；L/H≤3.0～3.5 时，适用于重力拱形；L/H＞3.5 时，不宜采用拱形围堰。拱形围堰也有修建混凝土重力墩作为拱座；也有一端支承于岸坡，另一端支承于坝体或其他建筑物

上。因此，拱形过水围堰不仅用于一次断流围堰，也有用于分期围堰，如安康水电站二期上游过水围堰，采用混凝土拱形过水围堰。

（3）结构设计

1）混凝土过水围堰过流消能

混凝土过水围堰过流消能型式为挑流、面流、底流消能，常用的为挑流消能和面流消能型式。对大型水利工程混凝土过水围堰的消能型式，尚需经水工模型试验研究比较后确定。

2）混凝土过水围堰结构断面设计

混凝土重力式过水围堰结构断面设计计算，可参照混凝土重力式围堰设计；混凝土拱形过水围堰结构断面设计，可参照混凝土拱形围堰设计。在围堰稳定和堰体应力分析时，应计算围堰过流工况。围堰堰顶形状应考虑过流及消能要求。

7. 纵向围堰

平行于水流方向的围堰为纵向围堰。

围堰作为临时性建筑物，其特点为：

（1）施工期短，一般要求在一个枯水期内完成，并在当年汛期挡水。

（2）一般需进行水下施工，但水下作业质量往往不易保证。

（3）围堰常需拆除，尤其是下游围堰。

8. 横向围堰

拦断河流的围堰或在分期导流施工中围堰轴线基本与流向垂直且与纵向围堰连接的上下游围堰。

三、导流标准选择

1. 导流标准的作用

导流标准是选定的导流设计流量，导流设计流量是确定导流方案和对导流建筑物进行设计的依据。标准太高，导流建筑物规模大，投资大，标准太低，可能危及建筑物安全。因此，导流标准的确定必须根据实际情况进行。

2. 导流标准确定方法

一般用频率法，也就是，根据工程的等级，确定导流建筑物的级别，根据导流建筑物的级别，确定相应的洪水重现期，作为计算导流设计流量的标准。

3. 标准使用注意问题

确定导流设计标准，不能没有标准而凭主观臆断；但是，由于影响导流设计的因素十分复杂，也不能将规定看成固定的，一成不变的而套用到整个施工过程中去。因此在导流设计中，一方面要依据数据，更重要的是，具体分析工程所在河流的水文特性，工程的特点，导流建筑物的特点等，经过不同方案的比较论证，才能确定出比较合理的导流标准。

四、导流时段的选择

1. 导流时段的概念

它是按照施工导流的各个阶段划分的时段。

2. 时段划分的类型

一般根据河流的水文特性划分为：枯水期、中水期、洪水期。

3. 时段划分的目的

因为导流是为主体工程安全、方便、快速施工服务的，它服务的时间越短，标准可以定的越低，工程建设越经济。若尽可能地安排导流建筑物只在枯水期工作，围堰可以避免拦挡汛期洪水，就可以做得比较矮，投资就少；但是，片面追求导流建筑物的经济，可能影响主体工程施工，因此，要对导流时段进行合理划分。

4. 时段划分的意义

导流时段划分，实质上就是解决主体工程在全部建成的整个施工过程中，枯水期、中水期、洪水期的水流控制问题。也就是确定工程施工顺序、施工期间不同时段宣泄不同导流流量的方式，以及与之相适应的导流建筑物的高程和尺寸，因此，导流时段的确定，与主体建筑物的型式、导流的方式、施工的进度有关。

5. 土石坝的导流时段

土石坝施工过程不允许过水，若不能在一个枯水期建成拦洪，导流时段就要以全年为标准，导流设计流量就应以全年最大洪水的一定频率进行设计。若能让土石坝在汛期到来之前填筑到临时拦洪高程，就可以缩短围堰使用期限，在降低围堰的高度，减少围堰工程量的同时，又可以达到安全度汛，经济合理、快速施工的目的。这重情况下，导流时段的标准可以不包括汛期的施工时段，那么，导流的设计流量即为该时段按某导流标准的设计频率计算的最大流量。

6. 砼和浆砌石坝的导流时段

这类坝体允许过水，因此，在洪峰到来时，让未建成的主体工程过水，部分或者全部停止施工，带洪水过后在继续施工。这样，虽然增加一年中的施工时间，但是，由于可以采用较小的导流设计流量，因而节约了导流费用，减少了导流建筑物的工期，可能还是经济的。

7. 导流时段确定注意问题

允许基坑淹没时，导流设计流量确定是一个必须认真对待的问题。因为，不同的导流设计流量，就有不同的年淹没次数，就有不同的年有效施工时间。每淹没一次，就要做一次围堰检修、基坑排水处理、机械设备撤退和复工返回等工作。这些都要花费一定的时间和费用。当选择的标准比较高时，围堰做的高，工程量大，但是，淹没次数少，年有效施工时间长，淹没损失费用少；反之，当选择的标准比较低时，围堰可以做的低，工程量小，但是，淹没的次数多，年有效施工时间短，淹没损失费用多。由此可见，正确选择围堰的设计施工流量，有一个技术经济比较问题，还有一个国家规定的完建期限，是一个必须考虑的重要因素。

第二节　截流

一、截流概述

（一）截流

截流工程是指在泄水建筑物接近完工时，即以进占方式自两岸或一岸建筑戗堤（作为围堰的一部分）形成龙口，并将龙口防护起来，待曳水建筑物完工以后，在有利时机，全力以最短时间将龙口堵住，截断河流。接着在围堰迎水面投抛防渗材料闭气，水即全部经泄水道下泄。与闭气同时，为使围堰能挡住当时可能出现的洪水，必须立即加高培厚围堰，使之迅速达到相应设计水位的高程以上。

截流工程是整个水利枢纽施工的关键，它的成败直接影响工程进度。如果失败，就可能使进度推迟一年。截流工程的难易程度取决于：河道流量、泄水条件；龙口的落差、流速、地形地质条件；材料供应情况及施工方法、施工设备等因素。因此事先必须经过充分的分析研究，采取适当措施，才能保证截流施工中争取主动，顺利完成截流任务。

河道截流工程在我国已有千年以上的历史。在黄河防汛、海塘工程和灌溉工程上积累了丰富的经验，如利用捆厢帚、柴石枕、柴土枕、码权、排桩填帚截流，不仅施工方便速度快，而且就地取材，因地制宜经济适用。新中国成立后，我国水利建设发展很快，江淮平原和黄河流域的不少截流堵口、导流堰工程多是采用这些传统方法完成的。此外，还广泛采用了高度机械化投块料截流的方法。

（二）截流的重要性

截流若不能按时完成，整个围堰内的主体工程都不能按时开工。若一旦截流失败，造成的影响更大。所以，截流在施工导流中占有十分重要的地位。施工中，一般把截流作为施工过程的关键问题和施工进度中的控制项目。

（三）截流的基本要求

（1）河道截流是大中型水利工程施工中的一个重要环节。截流的成败直接关系到工程的进度和造价，设计方案必须稳妥可靠，保证截流成功。

（2）选择截流方式应充分分析水利学参数、施工条件和难度、抛投物数量和性质，并进行技术经济比较。

①单戗立堵截流简单易行，辅助设备少，较经济，使用于截流落差不超过3.5m。但龙口水流能量相对较大，流速较高，需制备重大抛投物料相对较多。

②双戗和双戗立堵截流，可分担总落差，改善截流难度，使用于落差大于 3.5m。

③建造浮桥或栈桥平堵截流，水力学条件相对较好，但造价高，技术复杂，一般不常选用。

④定向爆破、建闸等方式只有在条件特殊、充分论证后方宜选用。

（3）河道截流前，泄水道内围堰或其他障碍物应予清除；因水下部分障碍物不易清除干净，会影响泄流能力增大截流难度，设计中宜留有余地。

（4）戗堤轴线应根据河床和两岸地形、地质、交通条件、主流流向、通航、过木要求等因素综合分析选定，戗堤宜为围堰堰体组成部分。

（5）确定胧口宽度及位置应考虑：

①龙口工程量小，应保证预进占段裹头不招致冲刷破坏。

②河床水深较浅、覆盖层较薄或基岩部位，有利于截流工程施工。

（6）若龙口段河床覆盖层抗冲能力低，可预先在龙口抛石或抛铅丝笼护底，增大糙率为抗冲能力，减少合龙工作量，降低截流难度。护底范围通过水工模型试验或参照类似工程经验拟定。一般立堵截流的护底长度与龙口水跃特性有关，轴线下游护底长度可按水深的 3～4 倍取值，轴线以上可按最大水深的两倍取值。护底顶面高程在分析水力学条件、流速、能量等参数。以及护底材料后确定护底度根据最大可能冲刷宽度加一定富裕值确定。

（7）截流抛投材料选择原则：

①预进占段填料尽可能利用开挖渣料和当地天然料。

②龙口段抛投的大块石、石串或混凝土四面体等人工制备材料数量应慎重研究确定。

③截流备料总量应根据截流料物堆存、运输条件、可能流失量及戗堤沉陷等因素综合分析，并留适当备用量。

④戗堤抛投物应具有较强的透水能力，且易于起吊运输。

（8）重要截流工程的截流设计应通过水工模型试验验证并提出截流期间相应的观测设施。

（四）截流的相关概念和过程：

进占：截流一般是先从河床的一侧或者两侧向河中填筑截流戗堤这种向水中筑堤的各工作叫进占；

龙口：戗堤填筑到一定程度，河床渐渐被缩窄，接近最后时，便形成一个流速较大的临时的过水缺口，这个缺口叫作龙口；

合龙（截流）：封堵龙口的工作叫作合龙，也称截流；

裹头：在合龙开始之前，为了防止龙口处的河床或者戗堤两端被高速水流冲毁，要在龙口处和戗堤端头增设防冲设施予以加固，这项工作称为裹头；

闭气：合龙以后，戗堤本身是漏水的，因此，要在迎水面设置防渗设施，在戗堤全线设置防渗设施的工作就叫闭气。

截流过程：从上述相关概念可以看出：整个截流过程就是抢筑戗堤，先后过程包括戗堤的进占、裹头、合龙、闭气四个步骤。

二、截流材料

截流时用什么样的材料，取决于截流时可能发生的流速大小，工地上起重和运输能力的大小。过去，在施工截流中，在堤坝溃决抢堵时，常用梢料、麻袋、草包、抛石、石笼、竹笼等，近年来，国内外在大江大河的截流中，抛石是基本的材料合法，此外，当截流水力条件比较差时，采用混凝土预制的六面体、四面体、四脚体，预制钢筋混凝土构架等。在截流中，合理选择截流材料的尺寸、重量，对于截流的成败和截流费用的大小，都将产生很大的影响。材料的尺寸和重量主要取决于截流合龙时的流速。

三、截流方法

（一）投抛块料截流施工方法

1.平堵

先在龙口建造浮桥或栈桥，由自卸汽车或其他运输工具运来块料，沿龙口前沿投抛，先下小料，随着流速增加，逐渐投抛大块料，使堆筑戗堤均匀地在水下上升，直至高出水面。一般说来，平堵比立堵法的单宽流量小，最大流速也小，水流条件较好，可以减小对龙口基床的冲刷。所以特别适用于易冲刷的地基上截流。由于平堵架设浮桥及栈桥，对机械化施工有利，因而投抛强度大，容易截流施工；但在深水高速的情况下架设浮桥、建造栈桥是比较困难的，因此限制了它的采用。

2.立堵

用自卸汽车或其他运输工具运来块料，以端进法投抛（从龙口两端或一端下料）进占戗堤，直至截断河床。一般说，立堵在截流过程中所发生的最大流速，单宽流量都较大，加以所生成的楔形水流和下游形成的立轴漩涡，对龙口及龙口下游河床将产生严重冲刷，因此不适用于地质不好的河道上截流，否则需要对河床作妥善防护。由于端进法施工的工作前线短，限制了投抛强度。有时为了施工交通要求特意加大戗堤顶宽，这又大大增加了投抛材料的消耗。但是立堵法截流，无须架设浮桥或栈桥，简化了截流准备工作，因而赢得了时间，节约了资金，所以我国黄河上许多水利工程（岩质河床）都采用了这个方法截流。

3.混合堵

这是采用立堵结合平堵的方法。有先平堵后立堵和先立堵后平堵两种。用得比较多的是首先从龙口两端下料保护戗堤头部，同时进行护底工程并抬高龙口底槛高程到一定高度，最后用立堵截断河流。平抛可以采用船抛，然后用汽车立堵截流。新洋港

（土质河床）就是采用这种方法截流的。

（二）爆破截流施工方法

（1）定向爆破截流。如果坝址处于峡谷地区，而且岩石坚硬，交通不便，岸坡陡峻，缺乏运输设备时，可利用定向爆破截流。我国碧口水电站的截流就利用左岸陡峻岸坡设计设置了三个药包，一次定向爆破成功，堆筑方量6800m³，堆积高度平均10m，封堵了预留的20m宽龙口，有效抛掷率为68%。

（2）预制混凝土爆破体截流。为了在合龙关键时刻，瞬间抛入龙口大量材料封闭龙口，除了用定向爆破岩石外，还可在河床上预先浇筑巨大的混凝土块体，合龙时将其支撑体用爆破法炸断，使块体落入水中，将龙口封闭。

应当指出，采用爆破截流，虽然可以利用瞬时的巨大抛投强度截断水流，但因瞬间抛投强度很大，材料入水时会产生很大的挤压波，巨大的波浪可能使已修好的戗堤遭到破坏，并会造成下游河道瞬时断流。除此外，定向爆破岩石时，还需校核个别飞石距离，空气冲击波和地震的安全影响距离。

（三）下闸截流施工方法

人工泄水道的截流，常在泄水道中预先修建闸墩，最后采用下闸截流。天然河道中，有条件时也可设截流闸，最后下闸截流，三门峡鬼门河泄流道就曾采用这种方式，下闸时最大落差达7.08m，历时30余小时；神门岛泄水道也曾考虑下闸截流，但闸墩在汛期被冲倒，后来改为管柱拦石栅截流。

除以上方法外，还有一些特殊的截流合龙方法。如木笼、钢板桩、草土、档搓堰截流、埽工截流、水力冲填法截流等。

综上所述，截流方式虽多，但通常多采用立堵、平堵或综合截流方式。截流设计中，应充分考虑影响截流方式选择的条件，拟定几种可行的截流方式，通过水文气象条件、地形地质条件、综合利用条件、设备供应条件、经济指标等全面分析，进行技术比较，从中选定最优方案。

四、截流工程施工设计

（一）截流时间和设计流量的确定

1.截流时间的选择

截流时间应根据枢纽工程施工控制性进度计划或总进度计划决定，至于时段选择，一般应考虑以下原则，经过全面分析比较而定。（1）尽可能在较小流量时截流，但必须全面考虑河道水文特性和截流应完成的各项控制工程量，合理使用枯水期。（2）对于具有通航、灌溉、供水、过木等特殊要求的河道，应全面兼顾这些要求，尽量使截流对河道的综合利用的影响最小。（3）有冰冻河流，一般不在流冰期截流，避免截流和闭气工作复杂化，如特殊情况必须在流冰期截流时应有充分论证，并有周密的安全措施。

2.截流设计流量的确定

除了频率法以外，也有不少工程采用实测资料分析法，当水文资料系列较长，河道水文特性稳定时，这种方法可应用。至于预报法，因当前的可靠预报期较短，一般不能在初设中应用，但在截流前夕有可能根据预报流量适当修改设计。

在大型工程截流设计中，通常多以选取一个流量为主，再考虑较大、较小流量出现的可能性，用几个流量进行截流计算和模型试验研究。对于有深槽和浅滩的河道，如分流建筑物布置在浅滩上，对截流的不利条件，要特别进行研究。

（二）截流戗堤轴线和龙口位置的选择方法

1.戗堤轴线位置选择

通常截流戗堤是土石横向围堰的一部分，应结合围堰结构和围堰布置统一考虑。单戗截流的戗堤可布置在上游围堰或下游围堰中非防渗体的位置。如果戗堤靠近防渗体，在二者之间应留足闭气料或过渡带的厚度，同时应防止合龙时的流失料进入防渗体部位，以免在防渗体底部形成集中漏水通道。为了在合龙后能迅速闭气并进行基坑抽水，一般情况下将单戗堤布置在上游围堰内。

当采用双戗多戗截流时，戗堤间距满足一定要求，才能发挥每条戗堤分担落差的作用。如果围堰底宽不太大，上、下游围堰间距也不太大时，可将两条戗堤分别布置在上、下游围堰内，大多数双戗截流工程都是这样做的。如果围堰底宽很大，上、下游间距也很大，可考虑将双戗布置在一个围堰内。当采用多戗时，一个围堰内通常也需布置两条戗堤，此时，两戗堤间均应有适当间距。

在采用土石围堰的一般情况下，均将截戗堤布置在围堰范围内。但是也有戗堤不与围堰相结合的，戗堤轴线位置选择应与龙口位置相一致。如果围堰所在处的地质、地形条件不利于布置戗堤和龙口，而戗堤工程量又很小，则可能将截流戗堤布置在围堰以外。龚嘴工程的截流戗就布置在上、下游围堰之间，而不与围堰相结合。由于这种戗堤多数均需拆除，因此，采用这种布置时应有专门论证。平堵截流戗堤轴线的位置，应考虑便于抛石桥的架设。

2.龙口位置选择

选择龙口位置时，应着重考虑地质、地形条件及水力条件。从地质条件来看，龙口应尽量选在河床抗冲刷能力强的地方，如岩基裸露或覆盖层较薄处，这样可避免合龙过程中的过大冲刷，防止戗堤突然塌方失事。从地形条件来看，龙口河底不宜有顺流流向陡坡和深坑。如果龙口能选在底部基岩面粗糙、参差不齐的地方，则有利于抛投料的稳定。另外，龙口周围应有比较宽阔的场地，离料场和特殊截流材料堆场的距离近，便于布置交通道路和组织高强度施工，这一点也是十分重要的。从水力条件来看，对于有通航要求的河流，预留龙口一般均布置在深槽主航道处，有利于合龙前的通航，至于对龙口的上下游水流条件的要求，以往的工程设计中有两种不同的见解：

一种是认为龙口应布置在浅滩，并尽量造成水流进出龙口折冲和碰撞，以增大附加壅水作用；另一种见解是认为进出龙口的水流应平直顺畅，因此可将龙口设在深槽中。实际上，这两种布置各有利弊，前者进口处的强烈侧向水流对戗堤端部抛投料的稳定不利，由龙口下泄的折冲水流易对下游河床和河岸造成冲刷。后者的主要问题是合龙段戗堤高度大，进占速度慢，而且深槽中水流集中，不易创造较好的分流条件。

3.龙口宽度

龙口宽度主要根据水力计算而定，对于通航河流，决定龙口宽度时应着重考虑通航要求，对于无通航要求的河流，主要考虑戗堤预进占所使用的材料及合龙工程量。形成预留龙口前，通常均使用一般石渣进占，根据其抗冲流速可计算出相应的龙口宽度。另一方面，合龙是高强度施工，一般合龙时间不宜过长，工程量不宜过大。当此要求与预进占材料允许的束窄度有矛盾时，也可考虑提前使用部分大石块，或者尽量提前分流。

4.龙口护底

对于非岩基河床，当覆盖层较深，抗冲能力小，截流过程中为防止覆盖层被冲刷，一般在整个龙口部位或困难区段进行平抛护底，防止截流料物流失量过大。对于岩基河床，有时为了减轻截流难度，增大河床糙率，也抛投一些料物护底并形成拦石坎。计算最大块体时应按护底条件选择稳定系数K。以葛洲坝工程为例，预先对龙口进行护底，保护河床覆盖层免受冲刷，减少合龙工程量。护底的作用还可增大糙率，改善抛投的稳定条件，减少龙口水深。根据水工模型试验，经护底后，25t混凝土四面体，有97%稳定在戗堤轴线上游，如不护底，则仅有62%稳定。此外，通过护底还可以增加戗堤端部下游坡脚的稳定，防止塌坡等事故的发生。对护底的结构型式，曾比较了块石护底，块石与混凝土块组合护底及混凝土块拦石坎护底三个方案。块石护底主要用粒径0.4～1.0m的块石，模型试验表明，此方案护底下面的覆盖层有掏刷，护底结构本身也不稳定，组合护底是由0.4～0.7m的块石和15t混凝土四面体组成，这种组合结构是稳定的，但水下抛投工程量大。拦石坎护底是在龙口困难区段一定范围内预抛大型块体形成潜坝，从而起到拦阻截流抛投料物流失的作用。拦石坎护底，工程量较小而效果显著，影响航运较少，且施工简单，经比较选用钢架石笼与混凝土预制块石的拦石坎护底。在龙口120m困难段范围内，以17t混凝土五面体在龙口上侧形成拦石坎，然后用石笼抛投下游侧形成压脚坎，用以保护拦石坎。龙口护底长度视截流方式而定对平堵截流，一般经验认为紊流段均需防护，护底长度可取相应于最大流速时最大水深的3倍。

对于立堵截流护底长度主要视水跃特性而定。根据原苏联经验，在水深20m以内戗堤线以下护底长度一般可取最大水深的3～4倍，轴线以上可取2倍，即总护底长度可取最大水深的5～6倍。葛洲坝工程上下游护底长度各为25m，约相当于2.5倍的最大水深，即总长度约相当于5倍最大水深。

龙口护底是一种保护覆盖层免受冲刷，降低截流难度，提高抛投料稳定性及防止钕堤头部坍塌的有效的措施。

（三）截流泄水道的设计

截流泄水道是指在钕堤合龙时水流通过的地方，例如束窄河槽、明渠、涵洞、隧洞、底孔和堰顶缺口等均为泄水道。截流泄水道的过水条件与截流难度关系很大，应该尽量创造良好的泄水条件，减少截流难度，平面布置应平顺，控制断面尽量避免过大的侧收缩回流。弯道半径亦需适当，减少不必要的损失。泄水道的泄水能力、尺寸、高度应与截流难度进行综合比较选定。在截流有充分把握的条件下尽量减少泄水道工程量，降低造价。在截流条件不利、难度大的情况下，可加大泄水道尺寸或降低高程，以减少截流难度。泄水道计算中应考虑沿程损失、弯道损失、局部损失。弯道损失可单独计算，亦可纳入综合糙率内。如泄水道为隧洞，截流时其流态以明渠为宜，应避免出现半压力流态。在截流难度大或条件较复杂的泄水道，则应通过模型试验核定截流水头。

泄水道内围堰应拆除干净，少留阻水埂子。如估计来不及或无法拆除干净时，应考虑其对截流水头的影响。如截流过程中，由于冲刷因素有可能使下游水位降低，增加截流水头时，则在计算和试验时应予考虑。

五、截流工程施工作业

（一）截流材料和备料量

截流材料的选择，主要取决于截流时可能的流速及工地开挖、起重、运输设备的能力，一般应尽可能就地取材。在黄河，长期以来用梢料、麻袋、草包、石料、土料等作为堤防溃口的截流堵口材料。在南方，如四川都江堰，则常用卵石竹笼、砾石和档搓等作为截流堵河分流的主要材料。国内外大江大河截流的实践证明，块石是截流的最基本材料。此外，当截流水力条件差时还须使用人工块体，如混凝土六面体、四面体四脚体及钢筋混凝土构架等。

为确保截流既安全顺利，又经济合理，正确计算截流材料的备料量是十分必要的。备料量通常按设计的钕堤体积再增加一定裕度，主要是考虑到堆存、运输中的损失，水流冲失，钕堤沉陷以及可能发生比设计更坏的水力条件而预留的备用量等。但是据不完全统计，国内外许多程的截流材料备料量均超过实用量，少者多余50%，多则达400%，尤其是人工块体大量多余。

造成截流材料备料量过大的原因，主要是：①截流模型试验的推荐值本身就包含了一定安全裕度，截流设计提出的备料量又增加了一定富裕，而施工单位在备料时往往在此基础上又留有余地；②水下地形不太准确，在计算钕堤体积时，从安全角度考虑取偏大值；③设计截流流量通常大于实际出现的流量等。如此层层加码，处处考虑安全富裕，所以即使像青铜峡工程的截流流量，实际大于设计，仍然出现备料量比实际用量多 78.6%的情况。因此，如何正确估计截流材料的备用量，是一个很重要的课题。当然，备料恰如其分，一般不大可能。需留有余地。但对剩余材料，应预作筹划，安排好用处，特别像四面体等人工材料，大量弃置，既浪费，又影响环境，可考虑用于护岸或其他河道整治工程。

（二）截流日期与设计流量的选定

截流日期的选择，不仅影响到截流本身能否顺利进行，而且直接影响到工程施工布局。

截流应选在枯水期进行，因为此时流量小，不仅断流容易，耗材少而且有利于围堰的加高培厚。至于截流选在枯水期的什么时段，首先要保证截流以后全年挡水围堰能在汛前修建到拦洪水位以上，若是作用一个枯水期的围堰，应保证基坑内的主体工程在汛期到来以前，修建到拦洪水位以上（土坝）或常水位以上（混凝土坝等可以过水的建筑物）。因此，应尽量安排在枯水期的前期，使截流以后有足够时间来完成基坑内的工作。对于北方河道，截流还应避开冰凌时期，因冰凌会阻塞龙口，影响截流进行，而且截流后，上游大量冰块堆积也将严重影响闭气工作。一般来说南方河流最好不迟于 12 月底，北方河流最好不迟于 1 月底。截流前必须充分及时地做好准备工作。如泄水建筑物建成可以过水，准备好了截流材料，充备及其他截流设施等。不能贸然从事，使截流工作陷于被动。

截流流量是截流设计的依据，选择不当，或使截流规模（龙口尺寸、投抛料尺寸或数量等等）过大造成浪费；或规模过小，造成被动，甚至功亏一篑，最后拖延工期，影响整个施工布局。所以在选择截流流量时，应该慎重。

截流设计流量的选择应根据截流计算任务而定。对于确定龙口尺寸，及截流闭气后围堰应该立即修建到挡水高程，一般采用该月 5%频率最大瞬时流量为设计流量。对于决定截流材料尺寸、确定截流各项水力参数的设计流量，由于合龙的时间较短，截流时间又可在规定的时限内，根据流量变化情况，进行适当调整，所以不必采用过高的标准，一般采用 5%～10%频率的月或旬平均流量。这种方法对于大江河（如长江、黄河）是正确的，因为这些河道流域面积大，因降雨引起的流量变化不大。而中小河道，枯水期的降雨有时也会引起涨水，流量加大，但洪峰历时短，最好避开这个时段。因此，采用月或旬平均流量（包含了涨水的情况）作为设计流量就偏大了。在此情况下可以采用下述方法确定设计流量。先选定几个流量值，然后在历年实测水文资料中（10～20 年），统计出在截流期中小于此流量的持续天数等于或大于截流工期的出现次数。当选用大流量，统计出的出现次数就多，截流可靠性大；反之，出现次数少，截流可靠性差。所以可以根据资料的可靠程度、截流的安全要求及经济上的合理，从中选出一个流量作为截流设计流量。

截流时间选得不同，截流设计流量也不同，如果截流时间选在落水期（汛后），流量可以选得小些，如果是涨水期（汛前），流量要选得大一些。

总之截流流量应根据截流的具体情况，充分分析该河道的水文特性来进行选择。

第三节　基坑排水

一、基坑排水概述

1.排水目的

在围堰合龙闭气以后，排除基坑内的存水和不断流入基坑的各种渗水，以便使基坑保持干燥状态，为基坑开挖、地基处理、主体工程正常施工创造有利条件。

2.排水分类及水的来源

按排水的时间和性质不同，一般分两种排水：

（1）初期排水

围堰合龙闭气后接着进行的排水，水的来源是：修建围堰时基坑内的积水、渗水、雨天的降水。

（2）经常排水

在基坑开挖和主体工程施工过程中经常进行的排水工作，水的来源是：基坑内的渗水、雨天的降水，主体工程施工的废水等。

（3）排水的基本方法

基坑排水的方法有两种：明式排水法（明沟排水法）、暗式排水法（人工降低地下水位法）。

二、初期排水

1.排水能力估算

选择排水设备，主要根据需要排水的能力，而排水能力的大小又要考虑排水时间安排的长短和施工条件等因素。

2.排水时间选择：

排水时间的选择受水面下降速度的限制，而水面下降速度要考虑围堰的型式、基坑土壤的特性，基坑内的水深等情况，水面下降慢，影响基坑开挖的开工时间；水面下降快，围堰或者基坑的边坡中的水压力变化大，容易引起塌坡。因此水面下降速度一般限制在每昼夜0.5～1.0米的范围内。当基坑内的水深已知，水面下降速度基本确立的情况下，初期排水所需要的时间也就确定了。

3.排水设备和排水方式

根据初期排水要求的能力，可以确定所需要的排水设备的容量。排水设备一般用普通的离心水泵或者潜水泵。为了便于组合，方便运转，一般选择容量不同的水泵。排水泵站一般分固定式和浮动式两种，浮动式泵站可以随着水位的变化而改变高程，比较灵活，若采用固定式，当基坑内的水深比较大的时候，可以采取，将水泵逐级下放到基坑内，在不同高程的各个平台上，进行抽水。

三、经常性排水

（一）明式排水法

1.明式排水的概念

指在基坑开挖和建筑物施工过程中，在基坑内布设排水明沟、设置集水井，抽水泵站，而形成的一套排水系统。

2.排水系统的布置

（1）基坑开挖排水系统

该系统的布置原则是：不能妨碍开挖和运输，一般布置方法是：为了两侧出土方便，在基坑的中线部位布置排水干沟，而且要随着基坑开挖进度，逐渐加深排水沟，干沟深度一般保持1～1.5米，支沟0.3～0.5米，集水井的底部要低于干沟的沟底。

（2）建筑物施工排水系统

排水系统一般布置在基坑的四周，排水沟布置在建筑物轮廓线的外侧，为了不影响基坑边坡稳定，排水沟距离基坑边坡坡脚0.3～0.5米。

（3）排水沟布置

内容包括断面尺寸的大小，水沟边坡的陡缓、水沟底坡的大小等，主要根据排水量的大小来决定。

（4）集水井布置

一般布置在建筑物轮廓线以外比较低的地方，集水井、干沟与建筑物之间也应保持适当距离，原则上不能影响建筑物施工和施工过程中材料的堆放、运输等。

（二）暗式排水法（人工降低地下水位法）

1.基本概念

在基坑开挖之前，在基坑周围钻设滤水管或滤水井，在基坑开挖和建筑物施工过程中，从井管中不断抽水，以使基坑内的土壤始终保持干燥状态的做法叫暗式排水法。

2.暗式排水的意义

在细砂、粉沙、亚沙土地基上开挖基坑，若地下水位比较高时，随着基坑底面的下降，渗透水位差会越来越大，渗透压力也必然越来越大，因此容易产生流沙现象，一边开挖基坑，一边冒出流沙，开挖非常困难，严重时，会出现滑坡，甚至危及临近结构物的安全和施工的安全。因此，人工降低地下水位是必要的。常用的暗式排水法有管井法和井点法两种。

3.管井排水法

（1）基本原理

在基坑的周围钻造一些管井,管井的内径一般20～40厘米,地下水在重力作用下,流入井中,然后,用水泵进行抽排。抽水泵有普通离心泵、潜水泵、深井泵等,可根据水泵的不同性能和井管的具体情况选择。

（2）管井布置

管井一般布置在基坑的外围或者基坑边坡的中部,管井的间距应视土层渗透系数的大小,而正渗透系数小的,间距小一些,渗透系数大的,间距大一些,一般为15～25米。

（3）管井组成

管井施工方法就是农村打机井的方法。管井包括井管、外围滤料、封底填料三部分。井管无疑是最重要的组成部分,它对井的出水量和可靠性影响很大,要求它过水能力大,进入泥沙少,应有足够的强度和耐久性。因此一般用无砂混凝土预制管,也有的用钢制管。

（4）管井施工

管井施工多用钻井法和射水法。钻井法先下套管,再下井管,然后一边填滤料,一边拔出套管。射水法是用专门的水枪冲孔,井管随着冲孔下沉。这种方法主要是根据不同的土壤性质选择不同的射水压力。

（5）井点排水法

井点排水法分为轻型井点、喷射井点、电渗井点三种类型,它们都适用雨渗透系数比较小的土层排水,其渗透系数都在0.1～50米/天。但是它们的组成比较复杂,如轻型井点就有井点管、集水总管、普通离心式水泵、真空泵、集水箱等设备组成。当基坑比较深,地下水位比较高时,还要采用多级井点,因此需要设备多,工期长,基坑开挖量大,一般不经济。

第三章　爆破工程施工技术

第一节　爆破工程施工技术概述

一、分类

根据爆破对象和爆破作业环境的不同，爆破工程可以分为以下几类：

（1）岩土爆破。岩土爆破是指以破碎和抛掷岩土为目的的爆破作业，如矿山开采爆破、路基开挖爆破、巷（隧）道掘进爆破等。岩土爆破是最普通的爆破技术。

（2）拆除爆破。拆除爆破是指采取控制有害效应的措施，以拆除地面和地下建筑物、构筑物为目的的爆破作业，如爆破拆除混凝土基础，烟囱、水塔等高耸构筑物，楼房、厂房等建筑物等。拆除爆破的特点是爆区环境复杂，爆破对象复杂，起爆技术复杂。要求爆破作业必须有效地控制有害效应，有效地控制被拆建（构）筑物的坍塌方向、堆积范围、破坏范围和破碎程度等。

（3）金属爆破。金属爆破是指爆破破碎、切割金属的爆破作业。与岩石相比，金属具有密度大、波阻抗高、抗拉强度高等特点，给爆破作业带来很大的困难和危险因素，因此金属爆破要求更可靠的安全条件。

（4）爆炸加工。爆炸加工是指利用炸药爆炸的瞬态高温和高压作用，使物料高速变形、切断、相互复合（焊接）或物质结构相变的加工方法，包括爆炸成型、焊接、复合、合成金刚石、硬化与强化、烧结、消除焊接残余应力、爆炸切割金属等。

（5）地震勘探爆破。地震勘探爆破是利用埋在地下的炸药爆炸释放出的能量在地壳中产生的地震波来探测地质构造和矿产资源的一种物探方法。炸药在地下爆炸后在地壳中产生地震波，当地震波在岩石中传播过程中遇到岩层的分界面时便产生反射波或折射波，利用仪器将返回地面的地震波记录下来，根据波的传播路线和时间，确定发生反射波或折射波的岩层界面的埋藏深度和产状，从而分析地质构造及矿产资源情况。

（6）油气井爆破。钻完井后，经过测井，确定地下含油气层的准确深度和厚度，在井中下钢套管，将水泥注入套管与井壁之间的环形空间，使环形空间全部封堵死，防止井壁坍塌，不同的油气层和水层之间也不会互相窜流。为了使地层中油气流到井中，在套管、水泥环及地层之间形成通道，需要进行射孔爆破。一般条件下应用聚能射孔弹进行射孔，起爆时，金属壳在锥形中轴线上形成高速金属粒子流，速度可达6000～7000m/s，具有强大的穿透力，能将套管、水泥环射透并射进地层一定深度，形成通道，使地层中的油气流到井中。

（7）高温爆破。高温爆破是指高温热凝结构爆破，在金属冶炼作业中，由于某种原因，常常会在炉壁或底部产生炉瘤和凝结物，如果不及时清理，将会大大缩小炉膛的容积，影响冶炼正常生产。用爆破法处理高温热凝结构时，由于冶炼停火后热凝结构温度依然很高，可达800～1000℃，必须采用耐高温的爆破材料，采用普通爆破材料时，必须做好隔热和降温措施。爆破时还应保护炉体等，对爆破产生的振动、空气冲击波和飞散物进行有效控制。

（8）水下爆破。凡爆源置于水域制约区内与水体介质相互作用的爆破统称为水下爆破，包括近水面爆破、浅水爆破、深水爆破、水底裸露爆破、水底钻孔爆破、水下硐室爆破及挡水体爆破等。由于水下爆破的水介质特性和水域环境与地面爆破条件不同，因此爆破作用特性、爆破物理现象、爆破安全条件和爆破施工方法等与地面爆破有很大差异。水下爆破技术广泛用于航道疏通、港口建设、水利建设等诸多领域。

（9）其他爆破。其他爆破包括农林爆破、人体内结石爆破、森林灭火爆破等。

二、理论

装药在空气中、水中爆炸作用的理论基础是流体动力学。对于球形、圆柱形和平板状装药，爆炸荷载通常只按一维问题考虑。空气中接触爆破，研究装药爆炸后爆轰波作用于紧贴固壁的压力和冲量。空气中非接触爆破，研究装药对不同距离目标的破坏、杀伤作用。水中爆破，主要研究冲击波、气泡和二次压力波对目标的破坏作用。

装药在土石中的爆破理论，基于人们对爆破现象和机理的不同认识，有多种观点，大体可归纳为三类：

能量平衡理论观点认为，内部装药爆炸所产生的能量，主要作用是克服土石介质自重和分子间黏聚力；在平地爆破形成的漏斗坑容积与装药量成正比。当只有一个自由面，要求爆破后形成的漏斗坑有一定的直径和深度时（平地抛掷爆破），所需装药量与最小抵抗线（装药中心至自由面的最短距离）的三次方成正比，并与炸药品种、土石类别、填塞条件等因素有关。当有两个自由面时（露天采石爆破），如最小抵抗线不大，所需装药量与最小抵抗线的二次方成正比；如最小抵抗线较大，所需装药量与最小抵抗线的三次方成正比；其他影响因素与一个自由面相同。

流体动力学理论观点认为，将土石介质看作是不可压缩的理想流体，认为内部装药爆炸所产生的能量，可在瞬间传给周围介质使之运动，故可引用流体动力学基本理论和运动方程解决爆破参数的计算问题，由此推导得出土石方爆破药量的计算公式。

应力波和气体共同作用理论观点认为，内部装药爆炸所产生的高温高压气体，猛烈冲击周围土石，从而在岩体中激起呈同心球状传播的应力波，产生巨大压力，当压力超过土石强度时，土石即被破坏。应力波属动态作用，开始以冲击波形式出现，经做功后衰减为弹性波。爆炸气体的膨胀过程近似静态作用，主要加强土石质点径向移动，并促使初始裂缝扩展。因此，根据土石性质的差异，采用相应的合理的技术措施，就能有效地满足不同的爆破要求。

三、爆破过程

1.应力波扩展阶段

在高压爆炸产物的作用下，介质受到压缩，在其中产生向外传播的应力波。同时，药室中爆炸气体向四周膨胀，形成爆炸空腔。空腔周围的介质在强高压的作用下被压实或破碎，进而形成裂缝。介质的压实或破碎程度随距离的增大而减轻。应力波在传播过程中逐渐衰减，爆炸空腔中爆炸气体压力随爆炸空腔的增大也逐渐降低。应力波传到一定距离时就变成一般的塑性波，即介质只发生塑性变形，一般不再发生断裂破坏。应力波进一步衰变成弹性波，相应区域内的介质只发生弹性变形。从爆心起直到这个区域，称为爆破作用范围，再往外是爆破引起的地震作用范围。

2.鼓包运动阶段

如药包的埋设位置同地表距离不太大，应力波传到地表时尚有足够的强度，发生反射后，就会造成地表附近介质的破坏，产生裂缝。此后，应力波在地表和爆炸空腔间进行多次复杂的反射和折射，会使由空腔向外发展的裂缝区和由地表向里发展的裂缝区彼此连通形成一个逐渐扩大的破坏区。在裂缝形成过程中，爆炸产物会渗入裂缝，加大裂缝的发展，影响这一破坏区内介质的运动状态。如果破坏区内的介质尚有较大的运动速度，或爆炸空腔中尚有较大的剩余压力，则介质会不断向外运动，地表面不断鼓出，形成所谓鼓包。由各瞬时鼓包升起的高度可求出鼓包运动的速度。

3.抛掷回落阶段

在鼓包运动过程中，尽管鼓包体内介质已破碎，裂缝很多，但裂缝之间尚未充分连通，仍可把介质看作是连续体。随着发展，裂缝之间逐步连通并终于贯通直到地表。于是，鼓包体内的介质便分块作弹道运动，飞散出去并在重力作用下回落。鼓包体内介质被抛出后，地面形成一个爆坑。

四、安全措施

（1）进入施工现场的所有人员必须戴好安全帽。

（2）人工打炮眼的施工安全措施。

①打眼前应对周围松动的土石进行清理，若用支撑加固时，应检查支撑是否牢固。

②打眼人员必须精力集中，锤击要稳、准，并击入钎中心，严禁互相面对面打锤。

③随时检查锤头与柄连接是否牢固，严禁使用木质松软，有节疤、裂缝的木柄，铁柄和锤平整，不得有毛边。

（3）机械打炮眼的安全措施。

①操作中必须精力集中，发现不正常的声音或振动，应立即停机进行检查，并及时排除故障，才准继续作业。

②换钎、检查风钻加油时，应先关闭风门，才准进行。在操作中不得碰触风门，以免发生伤亡事故。

③钻眼机具要扶稳，钻杆与钻孔中心必须在一条直线上。

④钻机运转过程中，严禁用身体支撑风钻的转动部分。

⑤经常检查风钻有无裂纹，螺栓孔有无松动，长套和弹簧有无松动、是否完整，确认无误后才可使用，工作时必须戴好风镜、口罩和安全帽。

五、常见事故

（一）早爆

早爆是人员未完全撤出工作面时发生的爆炸。这类事故很可能造成人员伤亡，发生的主要原因是：器材、操作问题，发爆器管理不严，爆破信号不明确，雷电和杂散电流的影响。

早爆防治措施：

（1）选用质量好的雷管。保证质量，安全第一。

（2）及时处理拒爆。不要从炮眼中取出原放置的引药，或从引药中拉雷管，以免爆炸。

（3）严格检查发爆器，尤其对使用已久的发爆器进行检查，发现问题及时维修或更换。加以警戒，待人员全部撤离危险区后才能开始充电。

（4）采取措施防止雷电、杂散电流。

（二）拒爆

爆破网络连接后，按程序进行起爆，有部分或全部雷管及炸药的爆破器材未发生爆炸的现象叫作拒爆。

防止拒爆的措施：

（1）检查雷管、炸药、导爆管、电线的质量，凡不合格的一律报废。在常用的串联网路中，应用电阻相近的电雷管使他们的点燃起始能数值比较接近，以免由于起始能相差过大而不能全爆。

（2）用能力足够的发爆器并保持其性能完好。领取发爆器要认真检查性能，防止摔打，及时更换电池。

（3）按规定装药。装药时用木或竹制炮棍轻轻将药推入，防止损伤和折断雷管脚线。

（三）迟爆

导火索从点火到爆炸的时间大于导火索长度与燃速的乘积，称为延迟爆炸。导火索延迟爆炸的事故时有发生，危害很大。

防止迟爆的措施有：

（1）加强导火索、火雷管的选购、管理和检验，建立健全入库和使用前的检验制度，不用断药、细药的导火索。

（2）操作中避免导火索过度弯曲或折断。

（3）用数炮器数炮或专人听炮响声进行数炮，发现或怀疑有拒爆时，加倍延长进入爆破区的时间。

（4）必须加强爆破器材的检验。不合格的器材不能用于爆破工程，特别是起爆药包和起爆雷管，应经过检验后方可使用。

第二节　岩土分类

一、岩石的分类

（一）岩石按成因分类

1.岩浆岩

花岗岩—花岗斑岩—流纹岩（酸性岩）；正长岩—正长斑岩—粗面岩（中酸性岩）；闪长岩—闪长玢岩—安山岩（中性岩）；辉长岩—辉绿岩—玄武岩（基性岩）；橄榄岩（辉岩）—苦橄玢岩—苦橄岩（金伯利岩）—（超基性岩）。

2.沉积岩

碎屑沉积岩（砾岩、砂岩、泥岩、页岩、黏土岩、灰岩、集块岩）；化学沉积岩（硅华、遂石岩、石髓岩、泥铁石、灰岩、石钟乳、盐岩、石膏）；生物沉积岩（硅藻土、油页岩、白云岩、白垩土、煤炭、磷酸盐岩）。

3.变质岩

片状类（片麻岩、片岩、千枚岩、板岩）；块状类（大理岩、石英岩）。

（二）岩石按坚硬程度分类

1.坚硬岩 fr＞60（未风化～微风化的花岗岩、闪长岩、辉长岩、片麻岩、石英岩、石英砂岩、硅质砾岩、硅质石灰岩等）；

2.较硬岩 60≥fr＞30（微风化的坚硬岩；未风化～微风化的大理岩、板岩、石灰岩、白云岩、钙质砂岩）；

3.较软岩 30≥fr＞15（中风化～强风化的坚硬岩；未风化～微风化的凝灰岩、千枚岩、泥灰岩、砂质泥岩）；

4.软岩 15≥fr＞5（强风化的坚硬岩；中风化～强风化的较软岩；未风化～微风化的页岩、泥岩、泥质砂岩）；

5.极软岩 fr≤5（全风化；半成岩）。

（三）岩体按完整程度分类

岩体完整性指数Kv＝（V岩体/V岩石压缩波）

（1）完整Kv＞0.75，整体状或巨厚层状结构；

（2）较完整0.75～0.55，块状或厚层状结构、块状结构；

（3）较破碎0.55～0.350，裂隙块状或中厚层状结构、镶嵌碎裂结构，中、薄层状结构；

（4）破碎0.35～0.15，裂隙块状结构、碎裂结构；

（5）极破碎＜0.15，散体状结构。

（四）岩石按风化程度分类

（1）未风化Kv=0.9～1.0，Kf=0.9～1.0，岩质新鲜，偶见风化痕迹；

（2）微风化Kv=0.8～0.9，Kf=0.8～0.9，结构基本未变，仅节理面有渲染或略有变色，有少量风化裂隙；

（3）中等风化Kv=0.6～0.8，Kf=0.4～0.8，结构部分破坏，沿节理面有次生矿物、风化裂隙发育，岩体被切割成岩块。用镐难挖，岩芯钻方可钻进；

（4）强风化Kv=0.4～0.6，Kf＜0.4，结构大部分破坏，矿物成分显著变化，风化裂隙很发育，岩体破碎。用镐可挖，干钻不易钻进。N≥50击；

（5）全风化Kv=0.2～0.4，结构基本破坏，但尚可辨认，有残余结构强度，可用镐挖，干钻可钻进。50＞N≥30击；

（6）残积土Kv＜0.4，组织结构全部破坏，已风化成土状，锹镐可挖掘，干钻易钻进，具可塑性。N＜30击；

（五）岩体结构类型

（1）整体状：巨块状，结构面间距大于1.5m，一般由1～2组，无危险结构面组成的落石、掉块；

（2）块状：块状、柱状，结构面间距0.7～1.5m，一般由2～3组，有少量分离体；

（3）层状：层状、板状，层理、片理、节理裂隙，但以风化裂隙为主，常有层间错动。多韵律的薄层及中厚层状沉积岩、副变质岩等；

（4）破裂状（碎裂）：碎块状，结构面间距0.25～0.5m，一般在3组以上，有许多分离体。构造影响严重的岩层；

（5）散体状：碎屑状，断层破碎带、强风化及全风化。

（六）岩体按岩石的质量指标分类

[RQD值=75mm双重管金刚石钻进获取的大于10cm的岩芯段长与该回次进尺之比]

1.好＞90；2.较好75～90；3.较差50～75；4.差25～50；5.极差＜25。

二、土的分类

1.国家标准《土的分类标准》

分成一般土和特殊土两大类。

一般土按其不同粒组的相对含量划分成：

巨粒d＞60：又分为漂石粒d＞200、卵石粒200≥d＞60；

粗粒60≥d＞0.075：又分为砾粒粗粒60≥d＞20、细砾20≥d＞2、砂粒20≥d＞0.075；

细粒d≤0.075：又分为粉粒粗粒0.075≥d＞0.005、黏粒d≤0.005。

2.《岩土工程勘察规范的分类标准》

（1）按其形成的时代分成老沉积土（晚更新世Q3及以前的土）和新近沉积土（全新世中近期的土）。

（2）按其成因分成残积土、坡积土、洪积土、冲积土、淤积土、冰积土、风积土等。

（3）按其不同粒组的相对含量划分成：

碎石土d＞2：分成漂（块）石d＞200，含量＞50%；卵（碎）石d＞20，含量＞50%；圆（角）砾d＞2，含量＞50%；

砂土d＞0.075：分成砾砂d＞2，含量25%～50%；粗砂d＞0.5，含量＞50%；中砂d＞0.25，含量＞50%；细砂d＞0.075，含量＞85%；粉砂d＞0.075，含量＞50%；

粉土：d＞0.075，含量≤50%，且Ip≤10的土；

黏性土Ip＞10的土：分成粉质黏土10＜Ip≤17的土、黏土Ip＞17的土；

（4）特殊性土：湿陷性土、红黏土、软土、混合土、填土、多年冻土、膨胀岩土、盐渍土、污染土等。

三、岩土工程勘察分级

岩土工程勘察等级，应根据工程安全等级、场地等级和地基等级综合分析确定。

（一）工程安全等级确定

安全等级	破坏后果	工程类型
一级	很严重	重要工程
二级	严重	一般工程
三级	不严重	次要工程

（二）场地等级的确定

1.符合下列条件之一者为一级场地

（1）对建筑抗震危险的地段。

（2）不良地质现象强烈发育。

（3）地质环境已经或可能受到强烈破坏。

（4）地形地貌复杂。

2.符合下列条件之一者为二级场地

（1）对建筑抗震不利的地段。

（2）不良地质现象一般发育。

（3）地质环境已经或可能受到一般破坏。

（4）地形地貌较复杂。

3.符合下列条件之一者为三级场地

（1）地震设防烈度等于或小于6度，或对建筑抗震有利的地段。

（2）不良地质现象不发育。

（3）地质环境基本未受破坏。

（4）地形地貌简单。

（三）地基等级的确定

1.符合下列条件之一者为一级地基

（1）岩土种类多，性质变化大，地下水对工程影响大，且需特殊处理。

（2）多年冻土、湿陷、膨胀、盐渍、污染严重的特殊性岩土，以及其他情况复杂，需作专门处理的岩土。

2.符合下列条件之一者为二级地基：

（1）岩土种类较多，性质变化较大，地下水对工程有不利影响。

（2）除第一款规定以外的特殊性岩土。

3.符合下列条件之一者为三级地基

（1）岩土种类单一，性质变化不大，地下水对工程无影响。

（2）无特殊性岩土。

（四）岩土工程勘察等级的确定

勘察等级	确定勘察等级的条件		
	工程安全等级	场地等级	地基等级
一级	一级	任意	任意
	二级	一级	任意
		任意	一级
二级	二级	二级	二级或三级
		三级	二级
	三级	一级	任意
		任意	一级
		二级	二级
三级	二级	三级	三级
	三级	二级	三级
		三级	二级或三级

（五）初步勘察阶段勘探线、勘探点间距的确定

岩土工程勘察等级	线距（米）	点距（米）
一级	50～100	30～50
二级	75～150	40～100
三级	150～300	75～200

（六）详细勘察阶段勘探点间距的确定

岩土工程勘察等级	间距（米）
一级	15～35
二级	25～45
三级	40～65

第三节　爆破原理与爆破方法

一、岩石炸药单耗确定原理和方法

岩石名称	岩体特征	f值	K（公斤/米3）	
			松动	抛掷
各种土	松软的 坚实的	<1.0 1～2	0.3～0.4 0.4～0.5	1.0～1.1 1.1～1.2
土夹石	密实的	1～4	0.4～0.6	1.2～1.4
页岩、 千枚岩	风化破碎 完整、风化轻微	2～4 4～6	0.4～0.5 0.5～0.6	1.0～1.2 1.2～1.3
板岩、 泥灰岩	泥质，薄层，层面张开，较破碎 较完整，层面闭合	3～5 5～8	0.4～0.6 0.5～0.7	1.1～1.3 1.2～1.4
砂岩	泥质胶结，中薄层或风化破碎者 钙质胶结，中厚层，中细粒结构，裂隙不甚发育 硅质胶结，石英质砂岩，厚层，裂隙不发育，未风化	4～6 7～8 9～14	0.4～0.5 0.5～0.6 0.6～0.7	1.0～1.2 1.3～1.4 1.4～1.7
砾岩	胶结较差，砾石以砂岩或较不坚硬的岩石为主胶结 好，以较坚硬的砾石组成，未风化	5～8 9～12	0.5～0.6 0.6～0.7	1.2～1.4 1.4～1.6
白云岩、 大理岩	节理发育，较疏松破碎，裂隙频率大于4条/米完整、 坚实的	5～8 9～12	0.5～0.6 0.6～0.7	1.2～1.4 1.5～1.6
石灰岩	中薄层，或含泥质的，或鲕状、竹叶状结构的及裂 隙较发育的 厚层、完整或含硅质、致密的	6～8 9～15	0.5～0.6 0.6～0.7	1.3～1.4 1.4～1.7
花岗岩	风化严重，节理裂隙很发育，多组节理交割，裂隙 频率大于5条/米 风化较轻，节理不甚发育或未风化的伟晶粗晶结构 细晶均质结构，未风化，完整致密岩体	4～6 7～12 12～20	0.4～0.6 0.6～0.7 0.7～0.8	1.1～1.3 1.3～1.6 1.6～1.8

岩石名称	岩体特征	f值	K（公斤/米3）	
			松动	抛掷
流纹岩、粗面岩、蛇纹岩	较破碎的 完整的	6～8 9～12	0.5～0.7 0.7～0.8	1.2～1.4 1.5～1.7
片麻岩	片理或节理裂隙发育的 完整坚硬的	5～8 9～14	0.5～0.7 0.7～0.8	1.2～1.4 1.5～1.7
正长岩、闪长岩	较风化，整体性较差的 未风化，完整致密的	8～12 12～18	0.5～0.7 0.7～0.8	1.3～1.5 1.6～1.8
石英岩	风化破碎，裂隙频率>5条/米 中等坚硬，较完整的 很坚硬完整致密的	5～7 8～14 14～20	0.5～0.6 0.6～0.7 0.7～0.9	1.1～1.3 1.4～1.6 1.7～2.0
安山岩、玄武岩	受节理裂隙切割的 完整坚硬致密的	7～12 12～20	0.6～0.7 0.7～0.9	1.3～1.5 1.6～2.0
辉长岩、辉绿岩、橄榄岩	受节理裂隙切割的 很完整很坚硬致密的	8～14 14～25	0.6～0.7 0.8～0.9	1.4～1.7 1.8～2.1

二、爆破漏斗试验法

最小抵抗线原理：药包爆炸时，爆破作用首先沿着阻力最小的地方，使岩（土）产生破坏，隆起鼓包或抛掷出去，这就是作为爆破理论基础的"最小抵抗线原理"。

药包在有限介质内爆破后，在临空一面的表面上会出现一个爆破坑，一部分炸碎的土石被抛至坑外，一部分仍落在坑底。由于爆破坑形状似漏斗，称为爆破漏斗。若在倾斜边界条件下，则会形成卧置的椭圆锥体。

装药量是工程爆破中一个最重要的参量。装药量确定得正确与否直接关系列爆破效果和经济效益。尽管这个参量是如此重要，但是由于岩石性质和爆破条件的多变性，炸药爆轰反应和岩石破碎过程的复杂性，因此一直到现在尚没有一个比较精确的理论计算公式。

长期以来人们一直沿用着在生产实践中积累的经验而建立起来的经验公式。常用的经验公式是体积公式，它的原理是装药量的大小与岩石对爆破作用力的抵抗程度成正比。这种抵抗力主要是重力作用。根据这个原理，可以认为，岩石对药包爆破作用的抵抗是重力抵抗作用，实际上就是被爆破的那部分岩石的体积，即装药量的大小应与被爆破的岩石体积成正比。此即所谓体积公式的计算原理。

这个公式在工程爆破中应用得比较广泛，体积公式的形式为：

$$Q = q \cdot V$$

式中 Q——装药量，kg；

q——单位体积岩石的炸药消耗量，kg/m³；

V——被爆破的岩石体积，m³。

三、爆后检查

（一）爆后检查等待时间

（1）露天浅孔爆破，爆后应超过5min，方准许检查人员进入爆破作业地点；如不能确认有无盲炮，应经15min后才能进入爆区检查。

（2）露天深孔及药壶蛇穴爆破，爆后应超过15mm，方准检查人员进入爆区。

（3）露天爆破经检查确认爆破点安全后，经当班爆破班长同意，方准许作业人员进入爆区。

（4）地下矿山和大型地下开挖工程爆破后，经通风吹散炮烟、检查确认井下空气合格后、等待时间超过15min，方准许作业人员进入爆破作业地点。

（5）拆除爆破爆后应等待倒塌建（构）筑物和保留建筑物稳定之后，方准许检查人员进入现场检查。

（6）硐室爆破、水下深孔爆破及本标准未规定的其他爆破作业，爆后的等待时间，由设计确定。

（二）爆后检查内容

（1）一般岩土爆破应检查的内容有

——确认有无盲炮；

——露天爆破爆堆是否稳定，有无危坡、危石；

——地下爆破有无冒顶、危岩，支撑是否破坏，炮烟是否排除。

（2）硐室爆破、拆除爆破及其他有特殊要求的爆破作业，爆后检查应按有关规定执行。

（三）处理

（1）检查人员发现盲炮及其他险情，应及时上报或处理；处理前应在现场设立危险标志，并采取相应的安全措施，无关人员不应接近。

（2）发现残余爆破器材应收集上缴，集中销毁。

（四）盲炮处理

1.一般规定

（1）处理盲炮前应由爆破领导人定出警戒范围，并在该区域边界设置警戒，处理盲炮时无关人员不准许进入警戒区。

（2）应派有经验的爆破员处理盲炮，确定爆破的盲炮处理应由爆破工程技术人员提出方案并经单位主要负责人批准

（3）电力起爆发生盲炮时，应立即切断电源，及时将盲炮电路短路。

（4）导爆索和导爆管起爆网路发生盲炮时，应首先检查导爆管是否有破损或断裂，发现有破损或断裂的应修复后重新起爆。

（5）不应拉出或掏出炮孔和药壶中的起爆药包。

（6）盲炮处理后，应仔细检查爆堆，将残余的爆破器材收集起来销毁；在不能确认爆堆无残留的爆破器材之前，应采取预防措施。

（7）盲炮处理后应由处理者填写登记卡片或提交报告，说明产生盲炮的原因、处理的方法和结果、预防措施。

2.裸露爆破的盲炮处理

（1）处理裸露爆破的盲炮，可去掉部分封泥，安置新的起爆药包，加上封泥起爆；如发现炸药受潮变质，则应将变质炸药取出销毁，重新敷药起爆。

（2）处理水下裸露爆破和破冰爆破的盲炮，可在盲炮附近另投入裸露药包诱爆，也可将药包回收销毁。

3.浅孔爆破的盲炮处理

（1）经检查确认起爆网路完好时，可重新起爆。

（2）可打平行孔装药爆破，平行孔距盲炮不应小于0.3m；对于浅孔药壶法，平行孔距盲炮药壶边缘不应小于0.5m。为确定平行炮孔的方向，可从盲炮孔口掏出部分填塞物。

（3）可用木、竹或其他不产生火花的材料制成的工具，轻轻地将炮孔内填塞物掏出，用药包诱爆。

（4）可在安全地点外用远距离操纵的风水喷管吹出盲炮填塞物及炸药，但应采取措施回收雷管。

（5）处理非抗水硝铵炸药的盲炮，可将填塞物掏出，再向孔内注水，使其失效，但应回收雷管。

（6）盲炮应在当班处理，当班不能处理或未处理完毕，应将盲炮情况（盲炮数目、炮孔方向、装药数量和起爆药包位置，处理方法和处理意见）在现场交接清楚，由下一班继续处理。

4.深孔爆破的盲炮处理

（1）爆破网路未受破坏，且最小抵抗线无变化者，可重新连线起爆；最小抵抗线

有变化者，应验算安全距离，并加大警戒范围后，再连线起爆

（2）可在距盲炮孔口不少于10倍炮孔直径处另打平行孔装药起爆。爆破参数由爆破工程技术人员确定并经爆破领导人批准。

（3）所用炸药为非抗水硝铵类炸药，且孔壁完好时，可取出部分填塞物向孔内灌水使之失效，然后做进一步处理。

5.硐室爆破的盲炮处理

（1）如能找出起爆网路的电线、导爆索或导爆管，经检查正常仍能起爆者，应重新测量最小抵抗线，重划警戒范围，连线起爆。

（2）可沿竖井或平硐清除填塞物并重新敷设网路连线起爆，或取出炸药和起爆体。

四、爆破方法

（一）孔眼爆破

根据孔径的大小和孔眼的深度可分为浅孔爆破法和深孔爆破法。前者孔径小于75mm，孔深小于5m；后者孔径大于75mm，孔深大于5m。前者适用于各种地形条件和工作面的情况，有利于控制开挖面的形状和规格，使用的钻孔机具较简单，操作方便，但生产效率低，孔耗大，不适合大规模的爆破工程。而后者恰好弥补了前者的缺点，适用于料场和基坑规模大、强度高的采挖工作。

1.炮孔布置原则

无论是浅孔还是深孔爆破，施工中均须形成台阶状以合理布置炮孔，充分利用天然临空面或创造更多的临空面。这样不仅有利于提高爆破效果，降低成本，也便于组织钻孔、装药、爆破和出碴的平行流水作业，避免干扰，加快进度。布孔时，宜使炮孔与岩石层面和节理面正交，不宜穿过与地面贯穿的裂缝，以防漏气，影响爆破效果。深孔作业布孔，尚应考虑不同性能挖掘机对掌子面的要求。

2.改善深孔爆破的效果的技术措施

一般开挖爆破要求岩块均匀，大块率低；形成的台阶面平整，不留残埂；较高的钻孔延米爆落量和较低的炸药单耗。改善深孔爆破效果的主要措施有以下几个方面。

（1）合理利用或创造人工自由面

实践证明，充分利用多面临空的地形，或人工创造多面临空的自由面，有利于降低爆破单位耗药量。适当增加梯段高度或采用斜孔爆破，均有利于提高爆破效率。平行坡面的斜孔爆破，由于爆破时沿坡面的阻抗大体相等，且反射拉力波的作用范围增大，通常可比竖孔的能量利用率提高50%。斜孔爆破后边坡稳定，块度均匀，还有利于提高装渣效率。

（2）改善装药结构

深孔爆破多采用单一炸药的连续装药，且药包往往处于底部、孔口不装药段较

长，导致大块的产生。采用分段装药虽增加了一定施工难度，但可有效降低大块率；采用混合装药方式，即在孔底装高威力炸药、上部装普通炸药，有利于减少超钻深度；在国内外矿山部门采用的空气间隔装药爆破技术也证明是一种改善爆破破碎效果、提高爆炸能量利用率的有效方法。

（3）优化起爆网路

优化起爆网路对提高爆破效果，减轻爆破震动危害起着十分重要的作用。选择合理的起爆顺序和微差间隔时间对于增加药包爆破自由面，促使爆破岩块相互撞击以减小块度，防止爆破公害具有十分重要的作用。

（4）采用微差挤压爆破

微差挤压爆破是指爆破工作面前留有渣堆的微差爆破。由于留有渣堆，从而促使爆岩在运动过程中相互碰撞，前后挤压，获得进一步破碎，改善了爆破效果。微差挤压爆破可用于料场开挖及工作面小、开挖区狭长的场合如溢洪道、渠道开挖等。它可以使钻孔和出渣作业互不干扰，平行连续作业，从而提高工作效率。

（5）保证堵塞长度和堵塞质量

实践证明，当其他条件相同时，堵塞良好的爆破效果及能量利用率较堵塞不良的场合可以大幅提高。

（二）光面爆破和预裂爆破

20世纪50年代末期，由于钻孔机械的发展，出现了一种密集钻孔小装药量的爆破新技术。在露天堑壕、基坑和地下工程的开挖中，使边坡形成比较陡峻的表面，使地下开挖的坑道面形成预计的断面轮廓线，避免超挖或欠挖，并能保持围岩的稳定。

实现光面爆破的技术措施有两种：一是开挖至边坡线或轮廓线时，预留一层厚度为炮孔间距1.2倍左右的岩层，在炮孔中装入低威力的小药卷，使药卷与孔壁间保持一定的空隙，爆破后能在孔壁面上留下半个炮孔痕迹；另一种方法是先在边坡线或轮廓线上钻凿与壁面平行的密集炮孔，首先起爆以形成一个沿炮孔中心线的破裂面，以阻隔主体爆破时地震波的传播，还能隔断应力波对保留面岩体的破坏作用，通常称预裂爆破。这种爆破的效果，无论在形成光面或保护围岩稳定，均比光面爆破好，是隧道和地下厂房以及路堑和基坑开挖工程中常用的爆破技术。

（三）定向爆破

定向爆破是利用最小抵抗线在爆破作用中的方向性这个特点，设计时利用天然地形或人工改造后的地形，使最小抵抗线指向需要填筑的目标。这种技术已广泛地应用在水利筑坝、矿山尾矿坝和填筑路堤等工程上。它的突出优点是在极短时期内，通过一次爆破完成土石方工程挖、装、运、填等多道工序，节约大量的机械和人力，费用省，工效高；缺点是后续工程难于跟上，而且受到某些地形条件的限制。

（四）控制爆破

不同于一般的工程爆破，对由爆破作用引起的危害有更加严格的要求，多用于城市或人口稠密、附近建筑物群集的地区拆除房屋、烟囱、水塔、桥梁以及厂房内部各种构筑物基座的爆破，因此，又称拆除爆破或城市爆破。

控制爆破所要求控制的内容是：

（1）控制爆破破坏的范围，只爆破建筑物需要拆除的部位，保留其余部分的完整性；

（2）控制爆破后建筑物的倾倒方向和坍塌范围；

（3）控制爆破时产生的碎块飞出距离，空气冲击波强度和音响的强度；

（4）控制爆破所引起的建筑物地基震动及其对附近建筑物的震动影响，也称爆破地震效应。

爆破飞石、滚石控制。产生爆破飞石的主要原因是对地质条件调查不充分、炸药单耗太大或偏小造成冲炮、炮孔偏斜抵抗线太小、防护不够充分、毫秒起爆网路安排特别是排间毫秒延迟时间安排不合理造成冲炮等。监理工程师会同施工单位爆破工程师，现场严格要求施工人员按爆破施工工艺要求进行爆破施工，并考虑采取以下措施：

（1）严格监督对爆破飞石、滚石的防护和安全警戒工作，认真检查防护排架、保护物体近体防护和爆区表面覆盖防护是否达到设计要求，人员、机械的安全警戒距离是否达到了规程的要求等。

（2）对爆破施工进行信息化管理，不断总结爆破经验、教训，针对具体的岩体地质条件，确定合理的爆破参数。严格按设计和具体地质条件选择单位炸药消耗量，保证堵塞长度和质量。

（3）爆破最小抵抗线方向应尽量避开保护物。

（4）确定合理的起爆模式和延迟起爆时间，尽量使每个炮孔有侧向自由面，防止因前排带炮（岳冲）而造成后排最小抵抗线大小和方向失控。

（5）钻孔施工时，如发现节理、裂隙发育等特殊地质构造，应积极会同施工单位调整钻孔位置、爆破参数等；爆破装药前验孔，特别要注意前排炮孔是否有裂缝、节理、裂隙发育，如果存在特殊地质构造，应调整装药参数或采用间隔装药形式、增加堵塞长度等措施；装药过程中发现装药量与装药高度不符时，应说明该炮孔可能存在裂缝并及时检查原因，采取相应措施。

（6）在靠近建（构）筑物、居民区及社会道路较近的地方实施爆破作业，必须根据爆破区域周围环境条件，采取有效的防护措施。

（7）由于本工程有多处陡壁悬崖，要及时清理山体上的浮石、危石，确保施工安全。

第四节　爆破器材与爆破安全控制

一、爆破器材

爆破器材 demolition equipments and materials 是用于爆破的炸药、火具、爆破器、核爆破装置、起爆器、导电线和检测仪表等的统称。

1.炸药

常用的有梯恩梯、硝铵炸药、塑性炸药等。为便于使用，可制成各种不同规格的药块、药柱、药片、药卷等。

2.火具

包括导火索、导爆索、导爆管、雷管、电雷管、拉火管、打火管等。

3.爆破器

有爆破筒、爆破罐、单人掩体爆破器、炸坑爆破器、火箭爆破器等，它们是根据不同用途专门设计制造的制式爆破器材，如爆破筒主要用于爆破筑城工事和障碍物；爆破罐和炸坑爆破器主要用于破坏道路、机场跑道、装甲工事和钢筋混凝土工事及构筑防坦克陷坑等；单人掩体爆破器供单兵随身携带，用于构筑单人掩体；火箭爆破器主要用于在障碍物中开辟通路。核爆破装置，通常是由一个弹头（核装药）和控制装置组成，主要用于爆破大型目标和制造大面积障碍等。

4.起爆器

有普通起爆器（即点火机）和遥控起爆器。普通起爆器是一种小型发电机，有电容器式和发电机式两种，用于给点火线路供电起爆电雷管。遥控起爆器用于远距离遥控起爆装药，主要有靠发送无线电波或激光引爆地面装药的遥控起爆器和靠发送声波引爆水中装药的遥控起爆器等。

5.导电线

有双芯和单芯工兵导电线，用于敷设电点火线路。

6.检测仪表

主要有欧姆表（工作电流不大于30毫安），用于导通或精确测量电雷管、导电线和电点火线路的电阻，此外还有电流表、电压表等。为便于携带和使用，一些国家已将点火机和欧姆表组装成一个整体。

二、爆破安全控制

（一）爆破安全保障措施

1.技术措施

方案设计：严格依据《爆破安全规程》中的有关规定，精心设计、精确计算并反复校核，严格控制爆破震动和爆破飞石在爆破区域以外的传播范围和力度，使其恒低于被保护目标的安全允许值以下，确保安全；

施工组织：严格依据本设计方案中的各种设计计算参数进行施工，工程技术人员必须深入施工现场进行技术监督和指导，随时发现并解决施工中的各种安全技术问题，确保方案的贯彻和落实。

针对爆破震动和爆破飞石对铁路、高压线的影响，在施工中从北侧开始进行钻孔并向北90度钻孔，控制飞石的飞散方向；孔排距采用多打孔、少装药的方式进行布孔，控制单孔药量；填塞采用加强填塞方式，控制填塞长度；起爆方式采用单排逐段起爆方式，减小爆破震动；开挖减震沟，阻断地震波的传播。

2.戒和防护措施：

爆破飞石的大规模飞散，虽然可以通过技术设计进行有效控制，但个别飞石的窜出则难以避免，为防止个别飞石伤人毁物，将采取以下措施确保安全：

（1）设定警戒范围：以爆破目标为中心，以300m为半径设置爆破警戒区，封锁警戒区域内所有路口，禁止车辆和行人通过（和交通管理部门进行协调，由交警进行临时道路封闭）。

（2）密切和业主之间的协调工作，划定统一的爆破时间，利用各个施工作业队中午休息的时间进行爆破施工，尽量排除爆破施工对其他施工队的影响。

（3）爆破安全警戒措施。

1）爆破前所有人员和机械、车辆、器材一律撤至指定的安全地点。安全警戒半径，室内200m，室外300m。

2）爆破安全警戒人员，每个警戒点甲、乙双方各派一人负责。警戒人员除完成规定的警戒任务外，还要注意自身安全。

3）爆破的通讯联络方式为对讲机双向联系。

4）爆破完毕后，爆破技术人员对现场检查，确认无险情后，方可解除警戒。

5）爆破提前通知，准时到位，不得擅自离岗和提前撤岗。

6）统一使用对讲机，开通指定频道，指挥联络。

7）各警戒点、清场队、爆破人员要准确清楚迅速报告情况，遇有紧急情况和疑难问题要及时请示报告。

8）各组人员要认真负责，服从命令听指挥，不得疏忽遗漏一个死角，确保万无一失，在执行任务中哪一个环节出了差错或不负责任引起后果，要追究责任，严肃处理。

（4）装药时的警戒

装药及警戒：装药时封锁爆破现场，无关人员不得进入。

装药警戒距离：距爆破现场周围100米，具体由爆破公司负责。

（5）警戒信记号及联络方式

信记号：

预告信号，警报器一长一短声

起爆信号，警报器连续短声

解除信号，警报器连续长声

（6）警戒要求

1）警戒人员应熟悉爆破程序和信记号，明确各自任务并按要求完成。

2）警戒人员头戴安全帽，站在通视好又便于隐蔽的地方。

3）起爆前，遇到紧急情况要按预定的联络方式向指挥部汇报。

4）爆破后，在未发出解除警报前，警戒人员不得离岗。

3.组织指挥措施

爆破时的人员疏散和警戒工作难度大，为统一指挥和协调爆破时的安全工作，拟成立一个由建设单位、施工单位共同参加的现场临时指挥部，负责全面指挥爆破时的人员撤离、车辆疏散、警戒布置、相邻单位通知及意外情况处理等安全工作，指挥部的机构设置如下：

4.炸药、火工品管理

（1）炸药、火工品运输

雷管、炸药等火工品均由当地民爆公司按当天施工需要配送至爆破现场。

（2）炸药、火工品保管

炸药等火工品运到爆破现场后，由两名保管员看管。装药开始后，由专人负责炸药、火工品的分发、登记，各组指定人员专门领取和退还炸药、火工品，分发处设立警戒标志。

由专人检查装药情况，专人统计爆炸物品实用数量和领用数量是否一致。

装药完毕，剩余雷管、炸药等火工品分类整理并由民爆公司配送返回仓库。

（3）炸药、火工品使用

1）严格按照《爆破安全规程》管理部门要求和设计执行。

2）各组由组长负责组织装药。

3）现场加工药包，要保管好雷管、炸药，多余的火工品由专人退库。

4）向孔内装填药包，用木质填塞棒将药包轻轻送入孔底，填土时先轻后重，力求填满捣实，防止损伤脚线。

（二）事故应急预案

结合本工程的施工特点，针对可能出现的安全生产事故和自然灾害制定本工程施工安全生产应急预案。

1.基本原则

（1）坚持"以人为本，预防为主"，针对施工过程中存在的危险源，通过强化日常安全管理，落实各项安全防范措施，查堵各种事故隐患，做到防患于未然。

（2）坚持统一领导，统一指挥，紧急处置，快速反应，分级负责，协调一致的原则，建立项目部、施工队、作业班组应急救援体系，确保施工过程中一旦出现重大事故，能够迅速、快捷、有效的启动应急系统。

2.应急救援领导组职责

应急救援协调领导组是项目部的非常设机构。负责本标段施工范围内的重大事故应急救援的指挥、布置、实施和监督协调工作，及时向上级汇报事故情况，指挥、协调应急救援工作及善后处理，按照国家、行业和公司、指挥部等上级有关规定参与对事故的调查处理。

应急救援领导小组共设应急救援办公室、安全保卫组、事故救援组、医疗救援组、后勤保障组、专家技术组、善后处理组、事故调查处理组等八个专业处置组。

3.突发事故报告

（1）事故报告与报警

施工中发生重特大安全事故后，施工队迅速启动应急预案和专业预案，并在第一时间内向项目经理部应急救援领导小组报告，火灾事故同时向119报警。报告内容包括：事故发生的单位、事故发生的时间、地点，初步判断事故发生的原因，采取了哪些措施及现场控制情况，所需的专业人员和抢险设备、器材、交通路线、联系电话、联系人姓名等。

（2）应急程序

1）事故发生初期，现场人员采取积极自救、互救措施，防止事故扩大，指派专人负责引导指挥人员及各专业队伍进入事故现场。

2）指挥人员到达现场后，立即了解现场情况及事故的性质，确定警戒区域和事故应急救援具体实施方案，布置各专业救援队任务。

3）各专业咨询人员到达现场后，迅速对事故情况作出判断，提出处置实施办法和防范措施；事故得到控制后，参与事故调查及提出整改措施。

4）救援队伍到达现场后，按照应急救援小组安排，采取必要的个人防护措施，按各自的分工开展抢险和救援工作。

5）施工队严格保护事故现场，并迅速采取必要措施抢救人员和财产。因抢救伤员，防止事故扩大以及疏通交通等原因需要移动现场时，必须及时做出标志、摄影、拍照、详细记录和绘制事故现场图，并妥善保存现场重要痕迹、物证等。

6）事故得到控制后，由项目经理部统一布置，组织相关专家，相关机构和人员开展事故调查工作。

4.突发事故的应急处理预案

（1）非人身伤亡事故

1）事故类型

根据本行业的特点以及对相关事故的统计，主要有以下几种：

①漏联、漏爆，拒爆；

②爆破震动损坏周围建筑物和有关管线；

③爆破飞石损坏周围建筑物和有关管线；

2）预防措施

①严密设计，认真检查；

②利用微差起爆技术降低爆破震动；

③对爆破部位加强覆盖，合理选择堵塞长度；

④爆破前，通过爆破危险区域的供电、供水和煤气线路必须停止供给30分钟，以防爆破震动引起供电线路短路，造成大面积停电或发生电器火灾，或供水、供气管道泄漏事故。

（2）应急措施

出现非人身伤亡事故，采取以下应急措施：

1）现场技术组及时将情况向爆破指挥部报告；

2）警戒组立即在事故外围设置警戒，阻止无关人员进入，防止事故现场遭到破坏，为现场实施急救排险创造条件；

3）现场急救排险组立即开始工作，在不破坏事故现场的情况下进行排险；

4）后勤组按既定方案进行物资和材料供应，将备用物资和材料及时运送到位，并安排好其他各项后勤工作；

5）判断事故严重程度以确定应急响应类别，超过本公司范围时应申请扩大应急，申请甲方、街道甚至区级支援，并与甲方、区级应急预案接口启动。

（3）人身伤亡事故

1）事故类型

①爆破飞石伤及人或物；

②火工品加工、装填过程中，如不按规程操作，可能发生意外爆炸伤人事故；

2）预防措施

①进入施工现场的工作人员必须戴安全帽；

②爆破施工前对工作人员进行安全教育，逐一指出施工现场的危险因素；

③火工品现场加工现场拉警戒线，非施工人员不得靠近；

④请求公安和有关部门配合爆破警戒、交通阻断工作，同时做好应对不测情况的安全保卫工作；

⑤请求医疗急救中心配合爆破时的紧急救护工作。

（4）应急措施

发生人身伤亡事故，立即报警戒、报告，同时展开援救工作：

1）现场技术立即报警，并向甲方、爆破公司报告，并由甲方和爆破公司逐级上报有关主管部门。

2）警戒组立即在事故外围设置警戒，阻止无关人员进入，防止事故现场遭到破坏，为现场实施急救排险创造条件；

3）现场急救排险组立即开始工作，在不破坏事故现场的情况下进行排险抢救，并与当地公安机关和医疗急救机构保持密切联系，将事故进行控制，防止事故进一步扩大。

（5）预防火灾事故的应急处理预案

发生火灾时，先正确确定火源位置，火势大小，及时利用现场消防器材灭火，控制火势，组织人员撤出火区；同时拨打119火警电话和120抢救电话寻求帮助，并在最短时间内报告项目经理部值班室。

（6）食物中毒应急救援措施

1）发现异常情况及时报告。

2）由项目副经理立即召集抢救小组，进入应急状态。

3）由卫生所长判明中毒性质，初步采取相应排毒救治措施。

4）经工地医生诊断后如需送医院救治，联络组与医院取得联系。

5）由项目副经理组织安排使用适宜的运输设备（含医院救护车）尽快将患者送至医院。

6）由项目副经理组织对现场进行必要的可行的保护。

（7）突发传染病应急救援措施

1）发现疫情后，项目副经理等人立即封锁现场，及时报告项目经理和所在地区卫生防疫站。

2）项目经理召集救护组进入应急状态。

3）由卫生所长组织调查发病原因，查明发病人数。

4）项目经理部由项目副经理负责控制传染源，对病人采取隔离措施，并派专人管理，及时通知就近医院救治。

5）断传播途径，工地医生对病人接触过的物品，要用84消毒液进行消毒，操作时要戴一次性口罩和手套，避免接触传染。

护易感染人群，发生传染病暴发流行时，生活区要采取封闭措施，禁止人员随便流动，防止疾病蔓延。

第四章　水利建设项目造价管理

第一节　水利工程造价管理基础知识概述

一、价格原理

（一）价值

1.商品

商品是指用来交换的劳动产品，是使用价值和价值的统一物，体现一定的社会关系。

2.商品价值

商品价值，从字面上的意义而言，是指一件商品所蕴含的价值。但马克思在《资本论》中将这个概念加以深化讨论，认为商品价值是指凝结在商品中无差别的人类劳动（包括体力劳动和脑力劳动）。无差别的人类劳动则以社会必要劳动时间来衡量。商品具有价值和使用价值。使用价值是指某物对人的有用性（例如面包能填饱肚子，衣服能保暖）。商品的价值在现实中主要通过价格来体现。

（二）货币

1.货币的产生

货币的产生基于商品的交换，基于商品具有的价值形式。人类使用货币的历史产生于最早出现物质交换的时代。在原始社会，人们使用以物易物的方式，交换自己所需要的物资，比如一头羊换一把石斧。但是有时候受到用于交换的物资种类的限制，不得不寻找一种能够为交换双方都能够接受的物品。这种物品就是最原始的货币。货币形式的演变经历了物物交换、金属货币、金银、纸币、金本位、现代货币等阶段。

2.货币的职能

货币的职能也就是货币在人们经济生活中所起的作用。在发达的商品经济条件下，货币具有这样五种职能：价值尺度、流通手段、贮藏手段、支付手段和世界货币。其中，价值尺度和流通手段是货币的基本职能，其他三种职能是在商品经济发展中陆续出现的。

3.货币的流通

货币具有流通功能。在一定时期内，用于流通的货币的需求量（即货币流通量）取决于下列因素：待出售商品的数量、商品的价格、货币的流通速度。

4.通货膨胀

通货膨胀是指一个经济体在一段时间内货币数量增速大于实物数量增速，单位货币的购买力下降，于是普遍物价水平上涨。货币是实物交换过程中的媒介，货币也就代表着所能交换到的实物的价值。在理想的情况下货币数量的增长（货币供给，如央行印刷，币种兑换）应当与实物市场实物数量的增长相一致，这样物价就能稳定，就不会出现通货膨胀。

（三）价格与价值规律

1.价格

价格是商品同货币交换比例的指数，或者说，价格是价值的货币表现。价格是商品的交换价值在流通过程中所取得的转化形式。

2.价值规律

价值规律是商品生产和商品交换的基本经济规律。即商品的价值量取决于社会必要劳动时间，商品按照价值相等的原则互相交换。实际上，商品的价格与价值相一致是偶然的，不一致却是经常发生的。这是因为，商品的价格虽然以价值为基础，但还受到多种因素的影响，使其发生变动。同时，价格的变化会反过来调整和改变市场的供求关系，使得价格不断围绕着价值上下波动。

3.价格的基本职能

表价职能：价格的最基本职能就是表现商品价值的职能。表价职能是价格本质的反映。

调节职能：价格的调节职能就是价格本质的要求，是价值规律作用的表现。所谓价格的调节职能，是指它在商品交换中承担着经济调节者的职能。一方面，它使生产者确切地而不是模糊地，具体地而不是抽象地了解了自己商品个别价值和社会价值之间的差别。另一方面，价格的调节职能对消费者而言，既能刺激需求，也能抑制需求。

（四）弹性

1.弹性系数

商品的各个有关因素（需求、供给、价格等）都受到其他因素的作用和影响。这些因素中，某种因素的量可以看作其他因素量的函数，其他影响因素可视为自变量。

2.需求弹性

需求弹性表明价格变动或消费者收入变动对于需求的影响；价格变动对于需求的影响用需求价格弹性表示；收入变动对于需求的影响用需求收入弹性表示。按照一般规律，商品中生活必需品（如食品）的需求价格弹性比较小，奢侈品的需求价格弹性比较大。

3.供给弹性

供给弹性表明价格变动对于供给的影响。当市场价格上涨时，建筑业的供给弹性相当大。当市场价格下降时，使得建筑企业劳动力供给弹性比较小。因为这种情况，使得建筑市场在较长时期中会呈现供大于求的局面，加剧了市场的竞争。

（五）价格的影响因素

1.一般经济因素

一般经济因素是指按照一般经济规律影响价格的因素，主要有价值、供求关系和币值。

2.国家宏观调控

在市场经济的运行和发展中，政府宏观管理或一定程度的经济干预是必要的。对应于不同的市场结构和文化背景，世界各国的宏观管理模式可分为不同的类型。在社会主义市场经济体制下，国家宏观经济管理的基本任务是保证国民经济持续、协调、稳定的增长，保证宏观经济效益最大化。

3.非经济因素

影响价格的非经济因素很多。如科学技术水平提高，将使商品生产成本降低，同时使老产品显得落后，缺乏竞争力，从而使其价格下降。对于工程建设，项目的决策、设计、工程自然条件等各种复杂因素，都会对工程价格产生重大的影响。

二、税金

（一）固定资产投资方向调节税

固定资产投资方向调节税是对在我国境内进行固定资产投资的单位和个人征收的一种调节税。征收固定资产投资方向调节税是为了用经济手段控制投资规模，引导投资方向，贯彻国家产业政策。国家规定，各种水利工程和水力发电工程，固定资产投资方向调节税税率为0%。

（二）营业税

营业税是以纳税人从事经营活动为课税对象的一种税。水利水电行业的经营活动包括水利水电建筑业，以及转让无形资产、销售不动产等。

（三）企业所得税

企业所得税是以经营单位在一定时期内的所得额（或纯收入）为课税对象的一个税种。所得税体现了国家与企业的分配关系。

（四）增值税

增值税是以商品生产流通各个环节的增值因素为征税对象的一种流转税。在生产、流通过程的某一中间环节，生产经营者大体上只缴纳对应于本环节增值的增值税额。

（五）土地增值税

土地增值税是对有偿转让国有土地使用权，以及房地产所获收入的增值部分征收的一个税种。

（六）消费税

消费税是对特定的消费品和消费行为征收的一种税。在全社会商品普遍征收增值税的基础上，选择少数消费品，征收一定的消费税，其目的是调节消费结构，引导消费方向，同时也为保证国家财政收入。

（七）印花税

印花税是对经济活动和经济交往中书立、领受各类经济合同、产权转移书据、营业账簿、权利许可证照等凭证这一特定行为征收的一种税。

（八）城市维护建设税

城市维护建设税是对缴纳产品税、增值税、营业税的单位和个人征收的一种税。

（九）教育费附加

按照国务院有关规定，教育费附加在各单位和个人缴纳增值税、营业税、消费税的同时征收。

三、投资与融资

（一）投资分类

从不同的角度出发，可以对投资做不同的分类。要特别注意下面的两种分类：

按照投资领域不同，可将投资分为生产经营性投资和非生产经营性投资。

按照投资在再生产过程中周转方式不同，可将投资分为固定资产投资和流动资产投资。

（二）固定资产与固定资产投资

1.固定资产与固定资产投资

固定资产是在社会再生产过程中可供长时间反复使用，并在使用过程中基本上不改变其实物形态的劳动资料和其他物质资料。在我国会计实务中，将使用年限在一年以上的生产经营性资料作为固定资产。对于不属于生产经营主要设备的物品，单位价值在2000元以上，且使用年限超过两年的，也作为固定资产。固定资产投资是指投资主体垫付货币或物资，以获得生产经营性或服务性固定资产的过程。固定资产投资包括更新改造原有固定资产以及构建新增固定资产的投资。

2.固定资产投资分类

固定资产投资可按不同方式分类。

（1）按照经济管理渠道和现行国家统计制度规定，全社会固定资产投资分为基本建设投资、更新改造投资、房地产开发投资、其他固定资产投资四部分。

（2）按照固定资产投资活动的工作内容和实现方式，可将固定资产投资分为建筑安装工程投资，设备、工具、器具购置投资，其他费用投资三部分。

3.固定资产投资特点

固定资产投资主要特点包括以下几个方面：

（1）资金占用多，一次投入资金的数额大。并且这种资金投入往往需要在短时期内筹集，一次投入使用。

（2）资金回收过程长。投资项目的建设期短则一两年，长则几年、十几年甚至几十年，直至项目建成投产后，投资主体才能在产品或服务销售和取得利润的过程中回收投资，回收持续时间也较长。

（3）投资形成的产品具有固定性。产品的位置、用途等都是固定的。

（三）流动资产与流动资产投资

和固定资产相对应的是流动资产。流动资产是指在生产经营过程中经常改变其存在状态，在一定营业周期内变现或耗用的资产，如现金、存款、应收及预付账款、原材料、在产品、产成品、存货等。相应地，流动资产投资是指投资主体用以获得流动资产的投资。

（四）资金成本

1.资金成本的含义

资金成本，是指企业为筹集和使用资金而付出的代价。这一代价由两部分组成：资金筹集成本和资金使用成本。

（1）资金筹集成本：资金筹集成本是指在资金筹集过程中支付的各项费用。资金筹集成本一般属于一次性费用，筹资次数越多，资金筹集成本就越大。

（2）资金使用成本：资金使用成本又称资金占用费。主要包括支付给股东的各种股利、向债权人支付的贷款利息，以及支付给其他债权人的各种利息费用等。

2.资金成本的性质

（1）资金成本是资金使用者向资金所有者和中介机构支付的占用费和筹资费。作为资金的所有者，它绝不会将资金无偿让给资金使用者去使用；而作为资金的使用者，也不能够无偿地占用他人的资金。

（2）资金成本与资金的时间价值既有联系又有区别。资金成本是企业的耗费，企业要为占用资金而付出代价、支付费用，而且这些代价或费用最终也要作为收益的扣除额来得到补偿。

（3）资金成本具有一般产品成本的基本属性，但资金成本中只有一部分具有产品成本的性质，即这一部分耗费计入产品成本，而另一部分作为利润的分配，可直接表现为生产性耗费。

3.资金成本的作用

资金成本是选择资金来源、筹资方式的重要依据；企业进行资金结构决策的基本依据；比较追加筹资方案的重要依据；评价各种投资项目是否可行的一个重要尺度；衡量企业整个经营业绩的一项重要标准。

4.资金成本的计算

资金成本可用绝对数表示。为便于分析比较，资金成本一般用相对数表示，称之为资金成本率。其一般计算公式为：

$$K = D/(P - F) \text{ 或 } K = D/P(1 - f)$$

式中：K——资金成本率（一般通称为资金成本）；

P——筹集资金金额；

D——使用费；

F——筹资费；

f——筹资费费率（即筹资费占筹集资本总额的比率）。

四、工程保险

（一）风险及风险管理

1.风险

风险是指可能发生，但难以预料，具有不确定性的危险。风险大致有两种定义：一种定义强调了风险表现为不确定性；而另一种定义则强调风险表现为损失的不确定性。

2.风险管理

风险管理是指如何在一个肯定有风险的环境里把风险减至最低的管理过程。对于现代企业来说，风险管理就是通过风险的识别、预测和衡量，选择有效的手段，以尽可能降低成本，有计划地处理风险，以获得企业安全生产的经济保障。风险的识别、风险的预测和风险的处理是企业风险管理的主要步骤。

3.风险处理方法

（1）避免风险：消极躲避风险。（2）预防风险：采取措施消除或者减少风险发生的因素。（3）自保风险：企业自己承担风险。途径有：小额损失纳入生产经营成本，损失发生时用企业的收益补偿。（4）转移风险：在危险发生前，通过采取出售、转让、保险等方法，将风险转移出去。

（二）工程保险及其险种

工程保险的意义在于，一方面，它有利于保护建筑主或项目所有人的利益；另一方面，也是完善工程承包责任制并有效协调各方利益关系的必要手段。主要险种有建筑工程保险、安装工程保险和科技工程保险。

五、工程建设项目管理

项目的定义包含三层含义：第一，项目是一项有待完成的任务，且有特定的环境与要求；第二，在一定的组织机构内，利用有限资源（人力、物力、财力等）在规定的时间内完成任务；第三，任务要满足一定性能、质量、数量、技术指标等要求。这三层含义对应着项目的三重约束——时间、费用和性能。项目的目标就是满足客户、管理层和供应商在时间、费用和性能（质量）上的不同要求。

在建设项目的施工周期内，用系统工程的理论、观点和方法，进行有效地规划、决策、组织、协调、控制等系统科学的管理活动，从而按项目既定的质量要求、控制工期、投资总额、资源限制和环境条件，圆满地实现建设项目目标叫作建设项目管理。

六、工程造价计价

（一）工程投资

建设项目总投资，是指进行一个工程项目的建造所投入的全部资金，包括固定资产投资和流动资金投入两部分。建设工程造价是建设项目投资中的固定资产投资部分，是建设项目从筹建到竣工交付使用的整个建设过程所花费的全部固定资产投资费用，这是保证工程项目建造正常进行的必要资金，是建设项目投资中最主要的部分。建筑安装工程造价是建设项目投资中的建筑安装工程投资部分，也是建设工程造价的组成部分。

（二）工程建设不同阶段的工程造价编制

1.投资估算

投资估算是在建设前期各个阶段工作中，是决策、筹资和控制造价的主要依据。

可以用于：项目建设单位向国家计划部门申请建设项目立项；拟建项目进行决策中确定建设项目在规划、项目建议书阶段的投资总额。

2.设计概算和修正概算造价

设计概算是设计文件的重要组成部分，设计概算文件较投资估算准确性有所提高，但又受投资估算的控制。设计概算文件包括：建设项目总概算、单项工程综合概算和单位工程概算。修正概算是在扩大初步设计或技术设计阶段对概算进行的修正调整，较概算造价准确，但受概算造价控制。

3.施工图预算造价

施工图预算是指施工单位在工程开工前，根据已批准的施工图纸，在施工方案（或施工组织设计）已确定的前提下，按照预算定额规定的工程量计算规则和施工图预算编制方法预先编制的工程造价文件。施工图预算造价较概算造价更为详尽和准确，但同样要受前一阶段所确定的概算造价的控制。

4.合同价

合同价是指在工程招投标阶段通过签订总承包合同、建筑安装工程承包合同、设备材料采购合同，以及技术和咨询服务合同所确定的价格。合同价属于市场价格，是由承、发包双方即商品和劳务买卖双方根据市场行情共同议定和认可的成交价格，但它并不等同于实际工程造价。按计价方式不同，建设工程合同一般表现为三种类型，即总价合同、单价合同和成本加酬金合同。

5.结算价

工程结算价是指一个单项工程、单位工程、分部工程或分项工程完工后，经发包人及有关部门验收并办理验收手续后，在工程结算时按合同调价范围和调价方法，对实际发生的工程量增减、设备和材料价差等进行调整后计算和确定的价格。结算价是该结算工程的实际价格。结算一般有按月结算、分段结算等方式。

6.竣工决算

竣工决算是指在竣工验收后，由建设单位编制的建设项目从筹建到建设投产或使用的全部实际成本的技术经济文件。是最终确定的实际工程造价，是建设投资管理的重要环节，是工程竣工验收、交付使用的重要依据，是进行建设项目财务总结，银行对其实行监督的必要手段。竣工决算的内容由文字说明和决算报表两部分组成。

（三）定额

1.定额

所谓"定"就是规定，所谓"额"就是额度和限度。从广义理解，定额就是规定的额度及限度，即标准或尺度。工程建设定额是指在正常的施工生产条件下，完成单位合格产品所消耗的人工、材料、施工机械及资金消耗的数量标准。不同的产品有不同的质量要求，不能把定额看成单纯的数量关系，而应看成是质量和安全的统一体。只有考察总体生产过程中的各生产因素，归结出社会平均必需的数量标准，才能形成定额。尽管管理科学在不断发展，但它仍然离不开定额。没有定额提供可靠地基本管理数据，任何好的管理手段都不能取得理想的结果。所以定额虽然是科学管理发展初期的产物，但它在企业管理中一直占有主要的地位。定额是企业管理科学化的产物，也是科学管理的基础。

2.工程建设定额及其分类

在社会平均的生产条件下，把科学的方法和实践经验相结合，生产质量合格的单位工程产品所必需的人工、材料、机具的数量标准，就称为工程建设定额。工程建设定额除了规定有数量标准外，也要规定出它的工作内容、质量标准、生产方法、安全要求和适用的范围等。

（1）按照定额反映的物质消耗内容分类

①劳动消耗定额，简称劳动定额。劳动消耗定额是完成一定的合格产品（工程实体或劳务）规定活劳动消耗的数量标准。为了便于综合和核算，劳动定额大多采用工作时间消耗量来计算劳动消耗的数量。所以劳动定额主要表现形式是时间定额，但同时也表现为产量定额。

②机械消耗定额。我国机械消耗定额是以一台机械一个工作班为计量单位，所以又称为机械台班定额。机械消耗定额是指为完成一定合格产品（工程实体或劳务）所规定的施工机械消耗的数量标准。机械消耗定额的主要表现形式是机械时间定额，但同时也以产量定额表现。

③材料消耗定额，简称材料定额。是指完成一定合格产品所需消耗材料的数量标准。材料消耗定额，在很大程度上可以影响材料的合理调配和使用。在产品生产数量和材料质量一定的情况下，材料的供应计划和需求都会受材料定额的影响。重视和加强材料定额管理，制定合理的材料消耗定额，是组织材料的正常供应，保证生产顺利进行，合理利用资源，减少积压和浪费的必要前提。

（2）按照定额的编制程序和用途分类

①施工定额，是施工企业（建筑安装企业）组织生产和加强管理，在企业内部使用的一种定额，属于企业生产定额。它由劳动定额、机械定额和材料定额3个相对独立的部分组成。是工程建设定额中分项最细、定额子目最多的一种定额，也是工程建设定额中的基础性定额。在预算定额的编制过程中，施工定额的劳动、机械、材料消耗的数量标准，是计算预算定额中劳动、机械、材料消耗数量标准的重要依据。

②预算定额，是在编制施工图预算时，计算工程造价和计算工程中劳动、机械台班、材料需要量使用的一种定额。预算定额是一种计价性的定额，在工程建设定额中占有很重要的地位。从编制程序看，预算定额是概算定额的编制基础。

③概算定额，是编制扩大初步设计概算时，计算和确定工程概算造价，计算劳动、机械台班、材料需要量所使用的定额。它的项目划分粗细与扩大初步设计的深度相适应。它一般是预算定额的综合扩大。

④概算指标，是3阶段设计的初步设计阶段，编制工程概算，计算和确定工程的初步设计概算造价，计算劳动、机械台班、材料需要量时所采用的一种定额。一般是在概算定额和预算定额的基础上编制的，比概算定额更加综合扩大。概算指标是控制项目投资的有效工具，它所提供的数据也是计划工作的依据和参考。

⑤投资估算指标，在项目建议书和可行性研究阶段编制投资估算、计算投资需要量时使用的一种定额。投资估算指标往往根据历史的预、决算资料和价格变动等资料编制，但其编制基础仍然离不开预算定额、概算定额。

（3）按照投资的费用性质分类

①建筑工程定额，是建筑工程的施工定额、预算定额、概算定额和概算指标的统称。

②设备安装工程定额，是安装工程施工定额、预算定额、概算定额和概算指标的统称。设备安装工程是对需要安装的设备进行定位、组合、校正、调试等工作的工程。设备安装工程定额也是工程建设定额中重要部分。在通用定额中有时把建筑工程定额和安装工程定额合二为一，称为建筑安装工程定额。

③建筑安装工程费用定额一般包括以下内容。a.其他直接费用定额，是指预算定额分项内容以外，而与建筑安装施工生产直接有关的各项费用开支标准。其他直接费用定额由于其费用发生的特点不同，只能独立于预算定额之外。它也是编制施工图预算和概算的依据。b.现场经费定额，是指与现场施工直接有关，是施工准备、组织施工生产和管理所需的费用定额。c.间接费定额，是指与建筑安装施工生产的个别产品无关，而为企业生产全部产品所必需，为维持企业的经营管理活动所必须发生的各项费用开支的标准。d.工、器具定额，是为新建或扩建项目投产运转首次配置的工、器具数量标准。工具和器具，是指按照有关规定不够固定资产标准而起劳动手段作用的工具、器具和生产用家具等。e.工程建设其他费用定额，是独立于建筑安装工程、设备和工、器具购置之外的其他费用开支的标准。其他费用定额是按各项独立费用分别制定的，以便合理控制这些费用的开支。

（4）按照专业性质分类

工程建设定额分为全国通用定额、行业通用定额和专业专用定额3种。全国通用定额是指在部门间和地区间都可以使用的定额；行业通用定额系指具有专业特点的行业部门内可以通用的定额；专业专用定额是指特殊专业的定额，只能在指定范围内使用。

（5）按主编单位和管理权限分类

工程建设定额可分为全国统一定额、行业统一定额、地区统一定额、企业定额和补充定额5种。

（四）工程造价计价依据和计价基本方法

1.工程造价计价依据的要求

工程造价计价依据是据以计算造价的各类基础资料的总称。由于影响工程造价的因素很多，每一项工程的造价都要根据工程的用途、类别、结构特征、建设标准、所在地区和坐落地点、市场价格信息，以及政府的产业政策、税收政策和金融政策等等具体计算。因此就需要与确定上述各项因素相关的各种量化的定额或指标等作为计价的基础。计价依据除国家或地方法律规定的以外，一般以合同形式加以确定。

2.工程造价计价依据的分类

（1）按用途分类

工程造价的计价依据按用途分类，概括起来可以分为7大类18小类。

（2）按使用对象分类

第一类，规范建设单位（业主）计价行为的依据：国家标准《建设工程工程量清单计价规范》。

第二类，规范建设单位（业主）和承包商双方计价行为的依据：包括国家标准《建设工程工程量清单计价规范》；初步设计、扩大初步设计、施工图设计图纸和资料；工程变更及施工现场签证；概算指标、概算定额、预算定额；人工单价；材料预算单价机械台班单价；工程造价信息；间接费定额；设备价格、运杂费率等；包含在工程造价内的税种、税率；利率和汇率；其他计价依据。

3.现行工程计价依据体系

按照我国工程计价依据的编制和管理权限的规定，目前我国已经形成了由国家、省、直辖市、自治区和行业部门的法律法规、部门规章相关政策文件以及标准、定额等相互支持、互为补充的工程计价依据体系。

第二节　水利建设项目决策阶段的造价管理

一、概述

（一）建设项目决策的含义

项目投资决策是选择和决定投资行动方案的过程，是对拟建项目的必要性和可行性进行技术经济论证，对不同建设方案进行技术经济比较及做出判断和决定的过程。

（二）建设项目决策与工程造价的关系

1.项目决策的正确性是工程造价合理性的前提

项目决策正确，意味着对项目建设做出科学的决断，选出最佳投资行动方案，达到资源的合理配置。这样才能合理地估计和计算工程造价，并且在实施最优投资方案过程中，有效地控制工程造价。

2.项目决策的内容是决定工程造价的基础

工程造价的计价与控制贯穿于项目建设全过程，但决策阶段各项技术经济决策对该项目的工程造价有重大影响，特别是建设标准的确定、建设地点的选择、工艺的评选、设备选用等，直接关系到工程造价的高低。据有关资料统计，在项目建设各阶段中，投资决策阶段影响工程造价的程度最高，达到80%～90%。

3.造价高低、投资多少也影响项目决策

决策阶段的投资估算是进行投资方案选择的重要依据之一，同时也是决定项目是否可行及主管部门进行项目审批的参考依据。项目决策的深度影响投资估算的精确度，也影响工程造价的控制效果。只有加强项目决策的深度，采用科学的估算方法和可靠的数据资料，合理地计算投资估算保证投资估算，才能保证其他阶段的造价被控制在合理范围，使投资项目能够实现避免"三超"现象的发生。

二、建设项目可行性研究

（一）可行性研究的概念和作用

1.可行性研究的概念

建设项目的可行性研究是在投资决策前，对与拟建项目有关的社会、经济、技术等各方面进行深入细致的调查研究，对各种可能采用的技术方案和建设方案进行认真的技术经济分析和比较论证，对项目建成后的经济效益进行科学的预测和评价，为项目投资决策提供可靠的科学依据。

2.可行性研究的作用

作为建设项目投资决策的依据；作为编制设计文件的依据；作为向银行贷款的依据；作为建设单位与各协作单位签订合同和有关协议的依据；作为环保部门、地方政府和规划部门审批项目的依据；作为施工组织、工程进度安排及竣工验收的依据；作为项目后评估的依据。

（二）可行性研究的阶段与内容

1.可行性研究的工作阶段

工程项目建设的全过程一般分为三个主要时期：投资前时期、投资时期和生产时期。可行性研究工作主要在投资前时期进行。投资前时期的可行性研究工作主要包括四个阶段：机会研究阶段、初步可行性研究阶段、详细可行性研究阶段、评价和决策阶段。

（1）机会研究阶段

投资机会研究又称投资机会论证，主要任务是提出建设项目投资方向建议，即在一个确定的地区和部门内，根据自然资源、市场需求、国家产业政策和国际贸易情况，通过调查、预测和分析研究，选择建设项目，寻找投资的有利机会。

（2）初步可行性研究阶段

在项目建议书被国家计划部门批准后，需要先进行初步可行性研究。初步可行性研究也称为预可行性研究，是正式的详细可行性研究前的预备性研究阶段。主要目的有：①确定是否进行详细可行性研究；②确定哪些关键问题需要进行辅助性专题研究。

（3）详细可行性研究阶段

详细可行性研究又称技术经济可行性研究，是可行性研究的主要阶段，是建设项目投资决策的基础，是为项目决策提供技术、经济、社会、商业方面的评价依据，为项目的具体实施提供科学依据。

（4）评价和决策阶段

评价和决策是由投资决策部门组织和授权有关咨询公司或有关专家，代表项目业主和出资人对建设项目可行性研究报告进行全面的审核和再评价。其主要任务是对拟建项目的可行性研究报告提出评价意见，最终决策该项目投资是否可行，确定最佳投资方案。

2.可行性研究的内容

一般工业建设项目的可行性研究包含11个方面的内容：总论；产品的市场需求和拟建规模；资源、原材料、燃料及公用设施情况；建厂条件和厂址选择；项目设计方案；环境保护与劳动安全；企业组织、劳动定员和人员培训；项目施工计划和进度要求；投资估算和资金筹措；项目的经济评价；综合评价与结论、建议。

可以看出，建设项目可行性研究报告的内容可概括为三大部分。第一是市场研究，包括产品的市场调查和预测研究，这是项目可行性研究的前提和基础，其主要任务是要解决项目的"必要性"问题；第二是技术研究，即技术方案和建设条件研究，这是项目可行性研究的技术基础，它要解决项目在技术上的"可行性"问题；第三是效益研究，即经济效益的分析和评价，这是项目可行性研究的核心部分，主要解决项目在经济上的"合理性"问题。市场研究、技术研究和效益研究共同构成项目可行性研究的三大支柱。

（三）可行性研究报告的编制

1.编制程序

根据我国现行的工程项目建设程序和国家颁布的《关于建设项目进行可行性研究试行管理办法》，可行性研究的工作程序如下：

（1）建设单位提出项目建议书和初步可行性研究报告；

（2）项目业主、承办单位委托有资格的单位进行可行性研究；

（3）设计或咨询单位进行可行性研究工作，编制完整的可行性研究报告。

2.编制依据

（1）项目建议书（初步可行性研究报告）及其批复文件；

（2）国家和地方的经济、社会发展规划，行业部门发展规划；

（3）国家有关法律、法规和政策；

（4）对于大中型骨干项目，必须具有国家批准的资源报告、国土开发整治规划、区域规划、江河流域规划、工业基地规划等有关文件；

（5）有关机构发布的工程建设方面的标准、规范和定额；

（6）合资、合作项目各方签订的协议书或意向书；

（7）委托单位的委托合同；

（8）经国家统一颁布的有关项目评价的基本参数和指标；

（9）有关的基础数据。

3.编制要求

（1）编制单位必须具备承担可行性研究的条件；

（2）确保可行性研究报告的真实性和科学性；

（3）可行性研究的深度要规范化和标准化；

（4）可行性研究报告必须经签证和审批。

三、水利水电建设项目经济评价

（一）水利水电建设项目经济评价的原则和一般规定

1.进行水利水电建设项目经济评价时应遵循的原则

（1）进行经济评价，必须重视社会经济资料的调查、搜集、分析、整理等基础工作。调查应结合项目特点有目的地进行。

（2）经济评价包括国民经济评价和财务评价。水利水电项目经济评价应以国民经济评价为主，也应重视财务评价。

（3）具有综合利用功能的水利水电建设项目，国民经济评价和财务评价都应把项目作为整体进行评价。

（4）水利水电项目经济评价应遵循费用与效益计算口径对应一致的原则，计及资金的时间价值，以动态分析为主，辅以静态分析。

2.进行水利水电项目经济评价有如下规定

（1）经济评价的计算期，包括建设期、运行初期和正常运行期。正常运行期可根据项目具体情况或按照以下规定研究确定。

（2）资金时间价值计算的基准点定在建设期的第一年年初。投入物和产出物除当年利息外，均按年末发生结算。

（二）费用

1.固定资产投资

固定资产在生产过程中可以长期发挥作用，长期保持原有的实物形态，但其价值则随着企业生产经营活动而逐渐地转移到产品成本中去，并构成产品价值的一个组成部分。主要包括主体工程投资和配套工程投资两部分。

2.折旧费

价值会因为固定资产磨损而逐步以生产费用形式进入产品成本和费用，构成产品成本和期间费用的一部分，并从实现的收益中得到补偿。折旧费最常用的方法是直线法，是指按预计的使用年限平均分摊固定资产价值的一种方法。这种方法若以时间为横坐标，金额为纵坐标，累计折旧额在图形上呈现为一条上升的直线，所以称它为"直线法"。

3.摊销费

摊销费是指无形资产和递延资产在一定期限内分期摊销的费用。也指投资不能形成固定资产的部分。计算方式：摊销费＝固定价×（1-固定资产形成率）

4.流动资金

流动资金是建设项目投产后，为维持正常运行所需的周转金，用于购置原材料、燃料、备品、备件和支付职工工资等。流动资金在生产过程中转变为产品的实物，产品销售后可得到回收，其周转期不得超过一年。

5.年运行费

年运行费是指建设项目运行期间，每年需要支出的各种经常性费用，主要包括以下工资及福利费、材料费和燃料及动力费、维修养护费、其他费用。年运费一般为工程投资的1%～3%。

（三）效益

水利水电建设项目的效益可以分为对社会、经济、生态环境等各个方面的效益。进行水利水电建设项目经济评价时，效益主要包括以下各方面。

1.防洪效益

防洪效益应按项目可减免的洪灾损失和可增加的土地开发利用价值计算。

2.防凌和防潮效益

北方地区水利水电建设项目的防凌效益，以及沿海地区的防潮效益，可以参照防洪效益计算方法，结合具体情况进行分析计算。

3.治涝效益

治涝效益应按项目可减免的涝灾损失计算。

4.治碱、治渍效益

治碱、治渍效益应结合地下水埋深和土壤含盐量与作物产量的试验或调查资料，结合项目降低地下水和土壤含盐量的功能分析计算。

5.灌溉效益

灌溉效益指项目向农、林、牧等提供灌溉用水可获得的效益，可按有、无项目对比灌溉措施可获得的增产量计算灌溉效益。

6.城镇供水效益

城镇供水效益指项目向城镇工矿企业和居民提供生产、生活用水可获得的效益，可按最优等效替代法进行计算，即按修建最优的等效替代工程，或实施节水措施所需费用计算城镇供水效益。

7.水力发电效益

水力发电效益指项目向电网或用户提供容量和电量所获得的效益，可按最优等效替代法或按影子电价计算。

8.其他效益

如水土保持效益、牧业效益、渔业效益、改善水质效益、滩涂开发效益、旅游效益等，可按项目的实际情况，用最优等效替代法、影子价格法或对比有无该项目情况的方法进行分析计算。

（四）影子价格计算

影子价格是指在最优的社会生产组织和充分发挥价值规律作用的条件下，供求达到平衡时的价格。与现行价格比较，影子价格能更好地反映价值，消除价格扭曲的影响。采用影子价格进行经济评价时，各类工程单价、费用均应采用影子价格，以确定项目建设的影子价格费用和效益，并求得各项经济评价指标。

（五）费用分摊

对于综合利用水利水电建设项目，为了合理确定各个功能的开发规模，控制工程造价，应当分别计算各项功能的效益、费用和经济评价指标，此时需对建设项目的费用进行分摊。费用分摊包括固定资产投资分摊和年运行费分摊等。

（六）国民经济评价

1.费用

水利水电建设项目国民经济评价的费用包括固定资产投资、流动资金和年运行费。

2.效益

水利水电建设项目国民经济评价的效益即宏观经济效益，包括防洪、灌溉、水力发电、城镇供水、乡村供水、水土保持、航运效益，以及防凌、防潮、治涝、治碱、治渍和其他效益。当项目使用年限长于经济评价计算期时，要计算项目在评价期末的余值（残值），并在计算期末一次回收，计入效益。对于项目的流动资金，在计算期末也应一次回收，计入效益。

3.社会折现率

社会折现率定量反映了资金的时间价值和资金的机会成本，是建设项目国民经济评价的重要参数。水利水电建设项目，可采用7%的社会折现率进行国民经济评价，供分析比较和决策使用。

4.国民经济评价指标和评价准则

（1）经济内部收益率

经济内部收益率是指项目计算期内经济净现值累计等于零的折现率。它是反映项目对国民经济贡献的相对指标。

（2）经济净效益

经济净现值（ENPV）是反映项目对国民经济净贡献的绝对指标。它是用社会折现率将项目寿命期内各年的经济净效益流量折算到建设期初的现值之和。

当经济净现值大于零时，表示国家为项目付出代价后，除得到符合社会折现率的社会效益外，还可以得到以净现值表示的超额社会效益；当经济净现值等于零时，表示项目占用投资对国民经济所做的净贡献刚好满足社会折现率的要求；而当经济净现值小于零时，则表明项目占用投资对国民经济所做的净贡献未达到社会折现率的要求。所以，一般来说，只有当项目的经济净现值大于或等于零时，项目才是可以接受的。

（3）经济效益费用比

为项目经济净现值（ENPV）和建设资本金投入的比值。如果一个项目自筹资本金为8.21亿元，投资回收期为15.1年，社会折现率为8%，则经济净现值为16.56亿元，那么经济效益费用比为2.05，说明投资效益较好。

（七）财务评价

1.财务支出及总成本费用

水利水电建设项目的财务支出包括建设项目总投资、年运行费、流动资金和税金等费用。

水利水电建设项目总成本费用包括折旧费、摊销费、利息净支出及年运行费。

2.财务收入和与利润总额

水利水电建设项目的财务收入包括出售水利水电产品和提供服务所获得的收入。项目的利润总额等于其财务收入扣除总成本费用和税金所得的余额。

3.财务评价指标和评价准则

水利水电建设项目财务评价，可根据财务内部收益率、投资回收期、财务净现值、资产负债率、投资利润率、投资利税率、固定资产投资偿还期等指标和相应评价准则进行。

第三节 水利建设项目设计阶段的造价管理

一、概述

（一）工程初步设计程序

工程设计的主要内容包括以下各项。

（1）水文、工程地质设计；

（2）工程布置及建筑物设计；

（3）水力机械、电工、金属结构及采暖通风设计；

（4）消防设计；

（5）施工组织设计；

（6）环境保护设计；

（7）工程管理设计；

（8）设计概算。这是在设计阶段进行工程造价管理的核心工作。初步设计概算包括从项目筹建到竣工验收所需的全部建设费用。概算文件内容由编制说明、设计概算和附件三个部分组成。

（二）设计优化及开展限额设计

每一个项目都要做两个以上的设计方案，同时推行限额设计。好的设计方案对降低工程造价，提高经济效益，缩短建设工期，都有十分重要的作用。

（三）设计方案技术经济评价

对每一种设计方案都应进行技术经济评价，论证其技术上的可行性，经济上的合理性。通过技术经济比较，可优选出最佳设计方案。

（四）控制设计标准

在安全可靠的前提下，设计标准应合理。设计标准要与工程的规模、需要、财力相适应，该高的要高，不该高的不高，尽量节约资金，提高建设资金的保障度。

二、水利水电工程分类与项目组成及划分

（一）水利水电工程分类和工程概算组成

1.工程分类

水利水电工程按工程性质分枢纽工程和引水工程及河道工程。

（1）枢纽工程：①水库工程；②水电站工程；③其他大型独立建筑物。

（2）引水工程及河道工程：①供水工程；②灌溉工程；③河湖整治工程；④堤防工程。

2.工程概算构成

水利水电工程概算由工程以及移民和环境两部分构成。

（1）工程部分：①建筑工程；②机电设备及安装工程；③金属结构设备及安装工程；④施工临时工程；⑤独立费用。

（2）移民工程：①水库移民征地补偿；②水土保持工程；③环境保护。工程各部分下设一级、二级、三级项目。

（二）水利水电工程项目组成及划分

水利水电工程概算，工程部分由建筑工程、机电设备及安装工程、金属结构设备及安装工程、施工临时工程、独立费用五部分内容组成。

三、水利水电工程费用构成

（一）工程费用组成

水利水电工程费用组成如下：

（1）工程费；

（2）独立费用；

（3）预备费；

（4）建设期融资利息。

（二）建筑及安装工程费

建筑及安装工程费由直接工程费、间接费、企业利润、税金组成。

1.直接工程费

指建筑安装工程施工过程中直接消耗在工程项目上的活劳动和物化劳动。由直接费、其他直接费、现场经费组成。

（1）直接费包括以下各项。①人工费：基本工资；辅助工资；工资附加费。②材料费：材料原价；包装；运杂费；运输保险费；材料采购及保管费。③施工机械使用费：折旧费；修理及替换设备费；安装拆卸费；机上人工费；动力燃料费。

（2）其他直接费：①冬雨季施工增加费；②夜间施工增加费；③特殊地区施工增加费；④其他。

（3）现场经费：①临时实施费；②现场管理费。

2.间接费

指施工企业为建筑安装工程施工而进行组织和经营管理所发生的各项费用。它构成产品成本，由企业管理费、财务费用和其他费用组成。

3.企业利润

指按规定应计入建筑、安装工程费用中的利润。

4.税金

指国家对施工企业承担建筑、安装工程作业收入所征收的营业税、城市维护建设税和教育附加费。

（三）设备费

设备费包括设备原价、运杂费、运输保险费和采购及保管费。

（四）独立费用

独立费用由建设管理费、生产准备费、科研勘测设计费、建设及施工场地征用费和其他五项组成。

（五）预备费

预备费包括基本预备费和价差预备费。

（六）建设期融资利息

根据国家财政金融政策规定，工程在建设期内需偿还并应计入工程总价的融资利息。

四、建筑安装工程单价编制

（一）工程单价的概念及分类

工程单价，是指以价格形式表示的完成单位工程量所消耗的全部费用。包括直接工程费、间接费、计划利润和税金等四部分。建筑工程单价由"量、价、费"三要素组成。

（二）建筑工程单价编制

1.编制依据

（1）已批准的设计文件；

（2）现行水利水电概预算定额；

（3）有关水利水电工程设计概预算的编制规定；

（4）工程所在地区施工企业的人工工资标准及有关文件政策；

（5）本工程使用的材料预算价格及电、水、风、砂、石料等基础价格；

（6）各种有关的合同、协议、决定、指令、工具书等。

2.编制步骤

（1）了解工程概况，熟悉施工图纸，搜集基础资料，确定取费标准；

（2）根据工程特征和施工组织设计确定的施工条件、施工方法及设备配备情况，正确选用定额子目；

（3）根据本工程基础单价和有关费用标准，计算直接工程费、间接费、企业利润和税金，并加以汇总。

3.编制方法

建筑工程单价的计算，通常采用"单位估价表"的形式进行。单位估价表是用货币形式表现定额单位产品的一种表示，水利水电工程现称"工程单价表"。

（三）安装工程单价编制

安装工程费是项目费用构成的重要组成部分。安装工程单价的编制是设计概算的基础工作，应充分考虑设备型号、重量、价格等有关资料，正确使用安装定额编制单价。使用安装工程概算定额要注意的问题：一是使用现行安装工程定额时，要注意认真阅读总说明和各章说明。二是若安装工程中含有未计价装置性材料，则计算税金时应计入未计价装置性材料费的税金；三是在使用安装费率定额时，以设备原价作为计算基础。安装工程人工费、材料费、机械使用费和装置性材料费均以费率（%）形式表示，除人工费率外，使用时均不做调整；四是进口设备安装应按现行定额的费率，乘以相应国产设备原价水平对进口设备原价的比例系数，换算为进口设备安装费率。

第四节　水利建设项目招标投标与施工阶段的造价管理

一、水利建设项目招标投标阶段的造价管理

（一）水利水电工程招标与投标

1.建设项目招标投标及其意义

（1）招标与投标

建设工程招标是指招标人在建设项目发包之前，公开招标或邀请投标人，根据招标人的意图和要求提出报价，择日当场开标，以便从中择优选定中标人的一种经济活动。建设工程投标是工程招标的对称概念，指具有合法资格和能力的投标人根据招标条件，经过初步研究和估算，在规定期限内填写标书，提出报价，并参加开标，决定能否中标的经济活动。

（2）招标投标的意义

实行建设项目的招标投标是我国建筑市场趋向规范化、完善化的重要举措，对择优选择承包单位、全面降低工程造价，进而使工程造价得到合理有效的控制，具有十分重要的意义，具体表现在：

1）通过招标投标形成市场定价的价格机制，使工程价格更加趋于合理。各投标人为了中标，往往出现相互竞标，这种市场竞争最直接、最集中地表现为价格竞争。通过竞争确定出工程价格，使其趋于合理或下降，这将有利于节约投资、提高投资效益。

2）能不断降低社会平均劳动消耗水平，使工程价格得到有效控制。投标单位要想中标，其个别劳动消耗水平必须是最低或接近最低，这样将逐步而全面地降低社会平均劳动消耗水平。

3）便于供求双方更好地相互选择，使工程价格更加符合价值基础，进而更好地控制工程造价。

4）有利于规范价格行为，使公开、公平、公正的原则得以贯彻，使价格形成过程变得透明而规范。

5）能够减少交易费用，节省人力、物力、财力，进而使工程造价有所降低。

（3）建设项目强制招标的范围

1）我国《招标投标法》指出，凡在中华人民共和国境内进行下列工程建设项目，包括项目的勘察、设计、施工、监理以及与工程建设有关的重要设备、材料等的采购，必须进行招标。一般包括：①大型基础设施、公用事业等关系社会公共利益、公共安全的项目；②全部或者部分使用国有资金投资或国家融资的项目；③使用国际组织或者外国政府贷款、援助资金的项目。

2）原国家计委《工程建设项目招标范围和规模标准规定》对上述工程建设项目招标范围和规模标准又做出了具体规定。①关系社会公共利益、公众安全的基础设施项目；②关系社会公共利益、公众安全的公用事业项目；③使用国有资金投资项目；④国家融资项目；⑤使用国际组织或者外国政府资金的项目；⑥以上第①条至第⑤条规定范围内的各类工程建设项目，包括项目的勘察、设计、施工、监理以及与工程建设有关的重要设备、材料等的采购，达到下列标准之一的，必须进行招标：a.施工单项合同估算价在200万元人民币以上的；b.重要设备、材料等货物的采购，单项合同估算价在100万元人民币以上的；c.勘察、设计、监理等服务的采购，单项合同估算价在50万元人民币以上的；d.单项合同估算价低于第①②③项规定的标准，但项目总投资额在3000万元人民币以上的。⑦建设项目的勘察、设计，采用特定专利或者专有技术的，或者其建筑艺术造型有特殊要求的，经项目主管部门批准，可以不进行招标；⑧依法必须进行招标的项目，全部使用国有资金投资或者国有资金投资占控股或者主导地位的，应当公开招标。

（4）建设项目招标的种类

1）总承包招标；

2）建设项目勘察招标；

3）建设项目设计招标；

4）建设项目施工招标；

5）建设项目监理招标；

6）建项目材料设备招标。

（5）建设项目招标的方式

1）从竞争程度进行分类，可以分为公开招标、邀请招标和直接发包。①公开招标，指招标人通过报刊、广播或电视等公共传播媒介介绍、发布招标公告或信息而进行招标。是一种无限制的竞争方式。②邀请招标，指招标人以投标邀请书的方式邀请特定的法人或者其他组织投标。受邀请者应为三人以上，邀请招标为有限竞争性招标。③直接发包，指招标人将工程直接发包给具有相应资质条件的承包人，但必须经过相关部门批准。

2）从招标的范围进行分类，可以分为国际招标和国内招标。

2.水利水电工程招标

（1）工程招标条件

1）招标人已经依法成立；

2）初步设计及概算应当履行审批手续的，已经批准；

3）招标范围、方式和组织形式履行核准手续，已经核准；

4）有相应资金或资金来源已经落实；

5）有招标所需的设计图纸及技术资料。

（2）建设项目招标程序

1）招标准备；

2）招标公告和投标邀请书的编制与发布；

3）资格预审；

4）编制和发售招标文件；

5）勘察现场与召开投标预备会；

6）建设项目投标；

7）开标、评标和定标。

3.水利水电工程承包合同的类型

水利水电工程施工合同按计价方法不同分为4种，即总价合同、单价合同、成本加酬金合同和混合合同。

（二）水利水电工程标底编制

1.水利水电工程标底编制办法

（1）标底的含义和作用

标底是招标人根据招标项目的具体情况编制的，完成招标项目所需要的全部费用。标底的作用包括以下几个方面。

1）标底是招标工程的预期价格，能反映出拟建工程的资金额度。标底的编制过程是对项目所需费用的预先自我测算过程，通过标底的编制可以促使招标单位事先加强工程项目的成本调查和预测，做到对价格和有关费用心中有数。

2）标底是控制投资、核实建设规模的依据。标底须控制在批准的概算或投资包干的限额之内。

3）标底是评标的重要尺度。只有编制了标底，才能正确判断投标者所投报价的合理性和可靠性，否则评标就是盲目的。因此，标底又是评标中衡量投标报价是否合理的尺度。

4）标底编制是招标中防止盲目报价、抑制低价抢标现象的重要手段。在评标过程中，以标底为准绳，剔除低价抢标的标书是防止这种现象有效措施。

（2）标底的编制原则和依据

1）编制标底应遵循的原则：①标底编制应遵循客观、公正原则；②标底编制应遵循"量准价实"原则；③标底编制应遵循价值规律。

2）标底的编制依据：①招标文件；②概、预算定额；③费用定额；④工、料、机价格；⑤施工组织方案；⑥初步设计文件（或施工图设计文件）。

（3）标底的编制方法

当前，我国建筑工程招标的标底，主要采用以施工图预算、设计概算、扩大综合定额、平方米造价包干为基础的四种方法来编制：以施工图预算为基础；以设计概算为基础；以扩大综合定额为基础；以平方米造价包干为基础。

（三）水利水电工程投标报价

投标报价的主要工作包括投标报价前的准备工作和投标报价的评估与决策两部分。

1.投标报价前的准备工作

（1）研究招标文件

1）合同条件：①要核准投标截止日期和时间；投标有效期；由合同签订到开工允许时间；总工期和分阶段验收的工期；工程保修期等。②关于误期赔偿费的金额和最高限额的规定；提前竣工奖励的有关规定。③关于履约保函或担保的有关规定，保函或担保的种类、要求和有效期。④关于付款条件。⑤关于物价调整条款。⑥关于工程保险和现场人员事故保险等规定。⑦关于人力不可抵抗因素造成损害的补偿办法与规定；中途停工的处理办法与补救措施。

2）承包人职责范围和报价要求：①明确合同类型，类型不同承包人的责任和风险不同；②认真落实要求报价的报价范围，不应有含糊不清之处；③认真核算工程量。

3）技术规范和图纸：①要特别注意规范中有无特殊施工技术要求，有无特殊材料和设备技术要求，有无允许选择代用材料和设备的规定等；②图纸分析要注意平、立、剖面图之间尺寸、位置的一致性，结构图与设备安装图之间的一致性，发现矛盾提请招标人澄清和修正。

（2）工程项目所在地的调查

1）自然条件调查：气象资料、水文及水文地质资料、地震及其他自然灾害情况、地质情况等。

2）施工条件调查：工程现场的用地范围、地形、地貌、地物、标高、地上或地下障碍物，现场的"三通一平"情况；工程现场周围的道路、进出场条件；工程现场施工临时设施、大型施工机具、材料堆放场地安排的可能性，是否需要二次搬运；工程施工现场邻近建筑物与招标工程的间距、结构形式、基础埋深、高度；当地供电方式、方位、距离、电压等；工程现场通信线路的链接和铺设；当地政府对施工现场管理的规定要求，是否允许节假日和夜间施工。

3）其他条件调查。

（3）市场状况调查

1）对招标方情况的调查。包括对本工程资金来源、额度、落实情况；本工程各项审批手续是否齐全；招标人员的工程建设经历和监理工程师的资历等；

2）对竞争对手的调查；

3）生产要素市场调查。

（4）参加标前会议和勘察现场

1）标前会议。标前会议也称投标预备会，是招标人给所有投标人提供的一次答疑的机会，应积极准备和参加；

2）现场勘察。是标前会议的一部分，招标人组织所有投标人进行现场参观，选派有丰富经验的工程技术人员参加。

（5）编制施工规划

在进行计算标价之前，首先应制定施工规划，即初步的施工组织设计。施工规划内容一般包括工程进度计划和施工方案等，编制施工规划的原则是保证工期和质量的前提下，尽可能使工程成本最低，投标报价合理。

2.投标报价的编制

（1）投标报价的原则

1）以招标文件中设定的发承包双方责任划分，作为考虑投标报价费用项目和费用计算的基础；

2）以施工方案、技术措施等作为投标报价计算的基本条件；

3）以反映企业技术和管理水平的企业定额作为计算人工、材料和机械台班消耗量的基本依据；

4）充分利用现场考察调研成果、市场价格信息和行情资料编制基本价格，确定调价方法；

5）报价计算方法要科学严谨，简明适用。

（2）投标报价的计算依据

1）招标单位提供的招标文件、设计图纸、工程量清单及有关的技术说明书和有关招标答疑材料；

2）国家及地区颁发的现行预算定额及与之配套执行的各种费用定额规定等；

3）地方现行材料预算价格、采购地点及供应方式等；

4）企业内部制定的有关取费、价格的规定、标准；

5）其他与报价计算有关的各项政策、规定及调整系统。

（3）投标报价编制方法

编制投标报价的主要程序和方法与编制标底基本相同，但由于不同、作用不同，编制投标报价时要充分考虑本企业的具体情况、施工水平、竞争情况、管理经验以及施工现场情况等因素进行适当的调整。

二、水利建设项目施工阶段的造价管理

（一）业主预算

1.业主预算及其作用

业主预算是初步设计审批之后，按照"总量控制、合理调整"的原则，为满足业主的投资管理和控制需求而编制的一种内部预算，或称为执行概算。业主预算主要作用包括：作为向主管部门或主列报年度静态投资完成额的依据；作为控制静态投资最

高限额的依据；作为控制标底的依据；作为考核工程造价盈亏的依据；作为进行限额设计的依据；作为年度价差调整的基本依据。

2.业主预算编制

（1）业主预算的组成

业主预算由编制说明、总预算表、预算表、主要单价汇总表、单价计算表、人工预算单价、主要材料预算价格汇总表、调价权数汇总表、主要材料数量汇总表、工时数量汇总表、施工设备台时数量汇总表、分年度资金流程表、业主预算与设计概算投资对照表、业主预算与设计概算工程量对照表、有关协议和文件。

（2）项目划分

业主预算项目原则上划分为4个层次。第1层次划分为业主管理项目、建设单位管理项目、招标项目和其他项目四部分。第2、3、4层次的项目划分，原则上按照行业主管部门颁布的工程项目划分要求，结合业主预算的特点，以及工程的具体情况和工程投资管理的要求设定。

（3）编制依据

编制依据包括行业主管部门颁发的建设实施阶段造价管理办法、行业主管部门颁发的业主预算编制办法、批准的初步设计概算、招标设计文件和图纸、业主的招标分标规划书和委托任务书、国家有关的定额标准和文件、董事会的有关决议和决定、出资方基本金协议、工程贷款和发行债券协议、有关合同和协议等。

（4）编制原则和方法

1）当条件具备时。可一次编制整个工程的业主预算，也可分期分批编制单项工程的业主预算，最后总成整个工程的业主预算；

2）各单项工程业主预算的项目划分和工程量原则上与招标文件一致，价格水平与初步设计概算编制年份的价格水平一致；

3）基础单价、施工利润、税金与初步设计概算一致，不易变动；

4）其他直接费率、间接费率、人工功效、材料消耗定额及施工设备设备生产效率和基本预备费，可以调整优化。

（5）减少利息支出和汇率风险

水利水电工程工期较长，编制业主预算时，应注意实现合理使用资金，减少利息支出和汇率风险。

（二）工程计量与支付

1.工程的计量

（1）计量的目的

计量是对承包人进行中间支付的需要；计量是工程投资控制的需要。

（2）计量的依据

监理工程师主要是依据施工图和对施工图的修改指令或变更通知，以及合同文件中相应合同条款进行计量。

（3）完成工程量计量

1）每月月末承包人向监理工程提交月付款申请单和完成工程量月报表；

2）完成的工程量由承包人进行收方测量后报监理人核实；

3）合同工程量清单中每个项目的全部工程量完成后，在确定最后一次付款时，由监理人共同核实，避免工程量重复计算或漏算；

4）除合同另有规定外，各个项目的计量方法应按合同技术条款的有关规定执行；

5）计量均应采用国家法定的计量单位，并与工程量清单中的计量单位一致。

2.工程支付

（1）工程支付依据

工程支付的主要依据是合同协议、合同条件、技术规范中相应的支付条款，以及在合同执行过程中经监理工程师或监理工程师代表发出的有关工程修改或变更的通知以及工程计量的结果。

（2）工程支付的条件

1）施工总进度的批准将是第一次月支付的先决条件；

2）单项工程的开工批准是该单项工程支付的条件；

3）中间支付证书的净金额应符合合同规定的最小支付金额。

（3）工程支付的方法

工程支付通常有3种方式，即工程预付款、中间付款和最终支付。

（4）工程支付的程序

1）承包人提出符合监理工程师指定格式的月报表；

2）监理工程师审查和开具支付书；

3）业主付款。

（5）工程支付的内容

工程支付内容包括预付款、月进度付款、完工结算和最终付款4部分。

3.价格调整

水利水电工程项目施工阶段调整主要包括因物价变动和法规变更引起的价格调整。

4.工程变更

水利水电土建工程受自然条件等外界因素的影响较大，工程情况比较复杂，在工程实施过程中不可避免地会发生变更。按合同条款的规定，任何形式上的、质量上的、数量上的变动，都称为工程变更。它既包括了工程具体项目的某种形式上的、质量上的、数量上的改动，也包括了合同文件内容的某种改动。根据我国《建筑工程施工合同（示范文本）》的约定，工程变更包括设计变更和工程质量标准等其他实质性内容的变更。

（三）索赔

1. 工程索赔

建设工程索赔通常是指在工程合同履行过程中，合同当事人一方因对方不履行或未能正确履行合同或者由于其他非自身因素而受到经济损失或权利损害，通过合同规定的程序向对方提出经济或时间补偿要求的行为。

2. 工程索赔的意义

在工程建设任何阶段都可能发生索赔。但发生索赔最集中、处理难度最复杂的情况发生在施工阶段，因此，我们通常说的工程建设索赔主要是指工程施工的索赔。合同执行的过程中，如果一方认为另一方没能履行合同义务或妨碍了自己履行合同义务或是当发生合同中规定的风险事件后，结果造成经济损失，此时受损方通常会提出索赔要求。显然，索赔是一个问题的两个方面，是签订合同的双方各自应该享有的合法权利，实际上是业主与承包商之间在分担工程风险方面的责任再分配。

索赔是合同执行阶段一种避免风险的方法，同时也是避免风险的最后手段。工程建设索赔在国际建筑市场上是承包商保护自身正当权益、弥补工程损失、提高经济效益的重要手段。许多工程项目通过成功地索赔，能使工程收入的改善达到工程造价的10%～20%，有些工程的索赔甚至超过了工程合同额本身。在国内，索赔及其管理还是工程建设管理中一个相对薄弱的环节。索赔是一种正当的权利要求，它是业主、监理工程师和承包商之间一项正常的、大量发生而普遍存在的合同管理业务，是一种以法律和合同为依据、合情合理的行为。

3. 索赔的原则

（1）以合同为依据；

（2）以完整、真实的索赔证据为基础；

（3）及时、合理地处理索赔。

4. 索赔程序

（1）索赔事件发生后28d内，向监理工程师发出索赔意向通知；

（2）发出索赔意向通知后的28d内，向监理工程师提交补偿经济损失和（或）延长工期的索赔报告及有关资料；

（3）监理工程师在收到承包人送交的索赔报告和有关资料后，于28d内给予答复；

（4）监理工程师在收到承包人送交的索赔报告和有关资料后，28d内未予答复或未对承包人提出进一步要求，视为该项索赔已经认可；

（5）当该索赔事件持续进行时，承包人应当阶段性向监理工程师发出索赔意向通知。在索赔事件终了后28d内，向监理工程师提供索赔的有关资料和最终索赔报告。

（四）资金使用计划编制与控制

1. 资金使用计划

资金使用计划是指为合理控制工程造价，做好资金的筹集与协调工作，在施工阶段，根据工程项目的设计方案、施工方案、施工总进度计划、机械设备，以及劳动力安排等编制的，能够满足工程项目建设需要的资金安排计划。资金安排计划能控制实际支出金额，能充分发挥资金的作用，能节约资金，提高投资效益。

2.施工阶段资金使用计划的编制

可采取按不同子项目编制资金使用计划和俺时间进度编制资金使用计划两种方式进行。

第五章　水利工程项目进度与质量监督管理

第一节　水利工程建设进度管理

一、进度控制的作用和任务

（一）建设工程进度控制的任务和作用

（1）设计准备阶段控制的任务是：收集有关工期的信息，进行工期目标和进度控制决策；编制工程项目建设总进度计划；编制设计准备阶段详细工作计划，并控制其执行；进行环境及施工现场条件的调查和分析。

（2）设计阶段进度控制的任务是：编制设计阶段工作计划，并控制其执行；编制详细的出图计划，并控制其执行。

（3）施工阶段进度控制的任务是：编制施工总进度计划，并控制其执行；编制单位工程施工进度计划，并控制其执行；编制工程年、季、月实施计划，并控制其执行。

为了有效地控制建设工程进度，监理工程师要在设计准备阶段向建设单位提供有关工期的信息，协助建设单位确定工期总目标，并进行环境及施工现场条件的调查和分析。在设计阶段和施工阶段，监理工程师不仅要审查设计单位和施工单位提交的进度计划，更要编制监理进度计划，以确保进度控制目标的实现。

（二）建设工程进度控制措施

1.组织措施

进度控制的组织措施主要包括：建立进度控制目标体系，明确建设工程现场监理组织机构中的进度控制人员及其职责分工；建立工程进度报告制度及进度信息沟通网络；建立进度计划审核制度和进度计划实施中的检查分析制度；建立进度协调会议制度，包括协调会议举行的时间、地点，协调会议参加人员等；建立图纸审查、工程变更和设计变更管理制度。

在监理工作中，监理单位召集现场各参建单位参加现场进度协调会议，监理单位协调承包单位不能解决的内外关系。因此，在会议之前监理人员要收集相关的进度控制资料，如承包商的人员投入情况、机械投入情况、材料进场和验收情况、现场操作方法和施工措施环境情况。这些都将是监理组织进度专题会议的基础资料之一。通过这些事实，监理人员才能对承包商的施工进度有一个真切的结论，除指出承包商进度落后这一结论和要求承包商进行改正的监理意思外，监理人员还要建设性地对如何改正提出自己的看法，对承包商将要采取的措施得力与否进行科学的评价。有时，监理单位可以组织现场专题会议。现场专题会议一般是由现场的项目经理、副经理、相关管理人员、各专业工种负责人、业主代表和监理人员参加，由项目总监理工程师主持，会议有记录，会后编制会议纪要。当实际进度与计划进度出现差异时，在分析原因的基础上要求施工单位采取以下组织措施：增加作业队伍、工作人数、工作班次，开内部进度协调会等。必要时同步采取其他配套措施：改善外部配合条件、劳动条件，实施强有力的调度，督促承包商调整相应的施工计划、材料设备供应计划、资金供应计划等，在新的条件下组织新的协调和平衡。

2.技术措施

进度控制的技术措施主要包括：审查承包商提交的进度计划，使承包商能在合理的状态下施工；编制进度控制工作细则，指导监理人员实施进度控制；采用网络计划技术及其他科学适用的计划方法，并结合电子计算机的应用，对建设工程进度实施动态控制。

进度控制很大程度上是基于对承包商的前期工作、期间工作及期后工作信息的收集和分析。作为监理工程师应该具备对承包商现场状态的洞察能力。进度控制无非是对承包商的资源投入状态、资源过程利用状态及资源使用后与目标值的比较状态三个方面内容的控制。对这三个方面的控制监理是对进度要素的控制。建立进度控制的方法即对这些要素具体的综合运用。工程开工时，监理机构指令施工单位及时上报项目实施总进度计划及网络图。总监理工程师审核施工单位提交的总进度计划是否满足合同总工期控制目标的要求，进行进度目标的分解和确定关键线路与节点的进度控制目标，制订监理进度控制计划。为了做好工期的预控，即施工进度的事前控制，监理人员主要按照《建设工程监理规范》的要求，审批承包单位报送的施工总进度计划；审批承包单位编制的年、季、月度施工进度计划；专业监理工程师对进度计划实施的情况检查、分析；当实际进度符合计划进度时，要求承包单位编制下一期进度计划；当实际进度滞后于计划进度时，专业监理工程师书面通知承包单位采取纠偏措施并监督实施技术措施，如缩短工艺时间、减少技术间歇、实行平行流水立体交叉作业等。

3.经济措施

进度控制的经济措施主要包括：及时办理工程预付款及工程进度款制度手续；对

应急赶工给予优惠的赶工费用；对工期提前给予奖励；对工程延误收取误期损失赔偿金；加强索赔管理，公正地处理索赔。

监理工程师应认真分析合同中的经济条款内容。监理工程师在控制过程中，可以与承包商进行多方面、多层次的交流。经济支付是杠杆，也是不可缺少的方法之一，而且是重要的进度控制手段。在进度控制的过程中，从对进度有利的前提出发，监理工程师也可以促使甲乙双方对合同的约定进行合理的变更。

4.合同措施

进度控制的合同措施主要包括：推行CM（建设管理）承发包模式，对建设工程实行分段设计、分段发包和分段施工；加强合同管理，协调合同工期与进度计划之间的关系，保证合同中进度目标的实现；严格控制合同变更，对各方提出的工程变更和设计变更，监理工程师应严格审查后再补入合同文件之中；加强风险管理，在合同中应充分考虑风险因素及其对进度的影响，以及相应的处理方法。

运用合同措施是控制工程进度最理性的手段，全面实际地履行合同是承包商的法律义务。当建设单位要求暂时停工，且工程需要暂停施工；或者为了保证工程质量而需要进行停工处理；或者施工出现了安全隐患，总监理工程师有必要停工以消除隐患；或者发生了必须暂时停止施工的紧急事件；或者承包单位未经许可擅自施工，或拒绝项目监理机构管理时，总监理工程师按照《建设工程监理规范》的规定，有权签发工程暂时停工指令。这往往发生在赶工时，重进度轻质量的情况下，此时监理人员要采取强制干预措施，控制施工节奏。

总之，在工程进度管理中，建设单位起主导作用，施工单位起中心作用，监理单位起重要作用。只有三者有机结合，再加上其他单位的大力配合，才能使工程顺利进行，按期竣工。

二、进度控制的方法

（一）编制和适时调整总进度计划

1.施工总进度计划的编制

（1）计算工程量

根据批准的工程项目一览表，按单位工程分别计算其主要实物工程量，只需粗略地计算即可。工程量的计算可按初步设计（或扩大初步设计）图纸和有关定额手册或资料进行。

（2）确定各单位工程的施工工期

各单位工程的施工工期应根据合同工期确定，同时还要考虑建筑类型、结构特征、施工方法、施工管理水平、施工机械化程度及施工现场条件等因素。

（3）确定各单位工程的开竣工时间和逻辑关系

确定各单位工程的开竣工时间和逻辑关系主要应考虑以下几点：同一时期平行施

工的项目不宜过多，以避免人力、物力过于分散；尽量做到均衡施工，以使劳动力、施工机械和主要材料的供应在整个工期范围内达到均衡；尽量提前建设可施工使用的永久性工程，以节省临时工程费用；急需和关键的工程先施工，以保证工程项目如期交工；对于某些技术复杂、施工周期较长、施工困难较多的工程，亦应安排提前施工，以利于整个工程项目按期交付使用；施工顺序必须与主要生产系统投入生产的先后次序相吻合，同时还要安排好配套工程的施工时间，以保证建设工程能迅速投入生产或交付使用；应注意季节对施工顺序的影响，使施工季节不导致工期拖延，不影响工程质量；安排一部分附属工程或零星项目作为后备项目，用以调整主要项目的施工进度；注意主要工种和主要施工机械能否连续施工。

（4）初拟施工总进度计划

按照各单位工程的逻辑关系和工期初拟施工总进度计划，施工总进度计划既可以用横道图表示，也可以用网络图表示。

（5）修正施工总进度计划

初步施工总进度计划编制完成后，要对其进行检查，主要是检查总工期是否符合要求，资源使用是否均衡且其供应是否能得到保证，从而确定正式的施工总进度计划。

2.单位工程施工进度计划的编制

（1）划分工作项目

工作项目是包括一定工作内容的施工过程，它是施工进度计划的基本组成单元。工作项目内容的多少和划分的粗细程度，应该根据计划的需求来确定。对大型建设工程，经常需要编制控制性施工进度计划，此时工作项目可以划分得粗一些，一般只明确到分部工程即可。如果编制实施性施工进度计划，工作项目就应该划分得细一些。在一般情况下，单位施工进度计划中的工作项目应明确到分项工程或更具体，以满足指导施工作业、控制施工进度的要求。

由于单位工程中的工作项目较多，故应在熟悉施工图纸的基础上，根据建筑结构的特点及已确定的施工方案，按施工顺序逐项列出，以防止漏项或重项。凡与工程对象有关的内容均应列入计划，而不属于直接施工的辅助性项目和服务性项目则不必列入。

另外，有些分项工程在施工顺序上和时间安排上是相互穿插进行的，或者是由同一专业施工队完成的，为了简化进度计划的内容，应尽量将这些项目合并，以突出重点。

（2）确定施工顺序

确定施工顺序是为了按照施工的技术规律和合理的组织关系，解决各个项目之间在时间上的先后次序和搭接问题，以达到保证质量、安全施工、充分利用空间、争取时间、实现合理安排工期的目的。

（3）计算工程量

工程量的计算应根据施工图和工程量计算规则，按所划分的每一个工作项目进行。计算工程量时应注意以下问题：工程量的计算单位应与相应定额手册中所规定的计量单位相一致，以便计算劳动力、材料和机械数量时直接套用定额，而不必进行换算；要结合具体的施工方案和安全技术要求计算工程量；应结合施工组织的要求，按已划分的施工段分层分段进行计算。

（4）计算劳动量和机械台班数

当某工作项目由若干个分项工程合并而成时，应分别根据各分项工程的时间额（或产量定额）及工程量计算出综合时间定额（或综合产量定额）。

（5）确定工作项目的持续时间

根据工作项目所需要的劳动量或机械台班数，以及该工作项目每天安排的工人数或配备的机械台数，即可计算出各工作项目的持续时间。

（6）绘制施工进度计划图

绘制施工进度计划图，首先应选择施工进度计划的表达形式。目前，常用来表达建设工程施工进度计划的有横道图和网络图两种形式。

（7）施工进度计划的检查与调整

在施工进度计划初始方案编制好后，需要对其进行检查和调整，以便使进度计划更加合理。进度计划检查的主要内容包括：各工作项目的施工顺序、平行搭接和技术间歇是否合理；总工期是否满足合同规定；主要工种的工人是否能满足连续、均衡施工的要求；主要机具、材料等的利用是否均衡和充分。在这一项中，首要的是前两方面的检查，如果不满足要求，则必须进行调整。只有在前两个方面均达到要求的前提下，才能进行后两个方面的检查与调整。前者是解决可行与否的问题，而后者则是优化的问题。

3.调整总进度计划

工期目标的按期实现，首要前提是要有一个科学合理的进度计划。如果实际进度与计划进度出现偏差，则应根据工作偏差对其后续工作和总工期的影响情况，调整后续施工的进度，以确保工程进度与目标实现。

在工程实施过程中，监理工程师严格执行施工合同中对进度、开工及延期开工、暂停施工、工期延误、工程竣工的承诺。建立实际进度监测与调整的系统过程。通过检查分析，如果发现原有进度计划已不适应实际情况，为确保进度控制目标的实现或需要确定新的计划目标，就必须对原有的进度计划进行调整，以形成新的进度计划，作为进度控制的新依据。

在实际工作中应根据具体情况进行进度计划的调整。施工进度调整的方法常用的有两种：一种是通过压缩关键工作的持续时间来缩短工期；另一种是通过组织搭接作业或平行作业来缩短工期。

（二）工序控制

1.施工机械、物资供应计划

为了实现月施工计划，对需要的施工机械、物资必须落实，主要包括机械需要计划、主要材料需要计划。

2.技术组织措施计划

合同要求编制技术组织措施方面的具体工作计划，如保证完成关键作业项目、实现安全施工等。对关键线路上的施工项目，严格控制施工工序，并随工程的进展实施动态控制；对于重要的分部、分项工程的施工，承包单位在开工前，应向监理工程师提交详细方案，说明为完成该项工程的施工方法、施工机械设备及人员配备与组织、质量管理措施及进度安排等，报请监理工程师审查认可后方能实施。

3.施工进度计划控制

总体工程开工前，首先要求承建单位报送施工进度总计划，监理部门审查其逻辑关系、施工程序和资源的投入均衡与否及其对工程施工质量和合同工期目标的影响。承建单位根据监理部门批准的进度计划，结合实际工程的进度，按月向监理部门报送当月实际完成的施工进度报告和下月的施工进度计划。

4.工程施工过程控制

监理工程师对施工开工申请单中陈述的人员、施工机具、材料及设备到场情况，施工方法和施工环境进行检查。例如，检查主要专业操作工持证上岗资料；检查五大员（施工员、质检员、材料员、安全员、试验员）是否到岗；检查施工机具是否完好，能否正常运行，能否达到设计要求；检查进场材料是否与设计要求品种、规格一致，是否有出厂标签、产品合格证、出厂试验报告单等。工程施工过程中，监理工程师应密切注意施工进度进展情况，并且通过计算机项目管理程序进行动态跟踪，如工程出现工期延误的情况，监理部门及时召开协调会议，查出原因，不管是不是由于建设单位造成的，都应及时与建设单位协商，尽快解决存在的问题。

（三）形象进度控制

施工进度表和材料进场计划表是控制和保证按期完工的形象图表。根据批准的施工技术方案计算各分项工程的工程量所需的劳动力和材料、设备，按照合同工期和劳动工日定额，排出各工序的开、竣工时间和顺序，形成施工进度安排。安排时要尽可能使主要工序和关键机械（如基槽土方的机械开挖）连续，均衡施工，避免尖峰和停顿。处理好时间和空间、需要和条件、进度和供应等方面的关系。工程进度表一般采用横道图或工程进度曲线，这样能直观、方便地检查和控制。在计划图上进行实际进度记录，并跟踪记录每个施工过程的开始日期、完成日期，记录每日完成数量、施工现场发生的情况、干扰因素的排除情况。跟踪形象进度对工程量、总产值，以及耗用的人工、材料和机械台班等的数量进行统计与分析，编制检查期内实际完成和累计完成工程量报表，进行实际进度与计划进度的比较。

第二节　水利工程质量监督管理

一、水利工程项目特点分析

水利工程是具有很强综合性的系统工程。水利工程，因水而生，是为开发利用水资源、消除防治水灾害而修建的工程。为达到有效控制水流，防止洪涝灾害，有效调节分配水资源，满足人民生产生活对水资源需求的目的，水利工程项目通常是由同一流域内或者同一行政区域内多个不同类型单项水利工程有机组合而形成的系统工程，单项工程同时需承担多个功能，涉及坝、堤、溢洪道、水闸、进水口等多种水工建筑物类型。例如，为缓解中国北方地区尤其是黄淮海地区水资源严重短缺，通过跨流域调度水资源的南水北调战略工程。

水利工程一般投资数额巨大，工期长，工程效益对国民经济影响深远，往往是国家政策、战略思想的体现，多由中央政府直接出资或者由中央出资，省、市、县分级配套。

工作条件复杂，自然因素影响大。水利工程的建设受气象、水文、地质等自然环境因素影响巨大，如汛期对工程进度的影响。我国北方地区通常每年8～9月为汛期，6～8月为主汛期。施工工期跨越汛期的工程，需要制定安全度汛专项方案，以便合理安排工期进度，若遇到丰水年，汛期提前到来，为完成汛前工程节点，需抢工确保工程进度。

按照功能和作用的不同，水利工程建设项目可划分为公益性、准公益性和经营性三类。

水利工程实行分级管理。水利部：部署重点工程的组织协调建设，指导参与省属重点大中型工程、中央参与投资的地方大中型工程建设的项目管理；流域管理机构：负责组织建设和管理以水利部投资为主的水利工程建设项目，除少数由水利部直接管理外的特别重大项目其余项目；省（直辖市、自治区）水行政主管部门：负责本地区以地方投资为主的大中型水利工程建设项目的组织建设和管理。

二、水利工程项目不同阶段质量监督管理

（一）施工前的质量监督管理

办理工程项目有关质量监督手续时，项目法人应提交详细完备的有关材料，经过质检人员的审查核准后，方可办理。包括：工程项目建设审批文件；项目法人与监理、设计、施工等单位签订的合同（或协议）副本；建设、监理、设计、施工等单位的概况和各单位工程质量管理组织情况等材料。质监人员对相关材料进行审核，准确无误后，方可办理质量监督手续，签订《水利工程质量监督书》。工程项目质量监督

手续办理及质量监督书的签订代表着水利工程项目质量监督期的开始。质量监督机构根据工程规模可设立质量监督项目站，常驻建设现场，代表水利工程质量监督机构对工程项目质量进行监督管理，开展相关工作。项目站人员的数量和专业构成，由受监项目的工作量和专业需要进行配备。一般不少于3人。项目站站长对项目站的工作全面负责，监督员对站长负责。项目站组成人员应持有"水利工程质量监督员证"，并符合岗位对职称、工作经历等方面的要求。对不设项目站的工程项目，指定专职质监员，负责该工程项目的质量监督管理工作。项目站与项目法人签订《水利工程质量监督书》以后，即进驻施工现场开展工作。对一般性工作以抽查、巡查为主要工作方式，对重要隐蔽工程、工程的关键部位等进行重点监督；对发现的质量缺陷、质量问题等，及时通知项目法人、监理单位，限期进行整改，并要求反馈整改情况；对发现的违反技术规范和标准的不当行为，应及时通知项目法人和监理单位，限期纠正，并反馈纠正落实情况；对发现的重大质量问题，除通知项目法人和监理单位外，还应根据质量事故的严重级别，及时上报。项目站以监督检查结果通知书、质量监督报告、质量监督简报的形式，将工作成果向有关单位通报上报。

项目站成立后，按照上级监督站（中心站）的有关要求，制定本站的有关规章制度，形成书面文件报请上级主管单位审核备案。主要包括：质量监督管理制度、质检人员岗位责任制度、质量监督检查工作制度、会议制度、办公规章制度、档案管理制度等。

为规范质监行为，有针对性地开展工作，项目站根据已签订的质量监督书，制定质量监督实施细则，广泛征求各参建单位意见后报送上级监督站审核。获得批准后，向各参建单位印发，方便监督工作开展。

《质量监督计划》和《质量监督实施细则》是质量监督项目站在建站初期编制的两个重要文件。《质量监督计划》是对整个监督期的工作进行科学安排，明确了时间节点，增强了工作的针对性和主动性，避免监督工作的盲目性和随意性，强调了工作目标，大大提高了工作效率。《质量监督实施细则》是《质量监督计划》在具体实施工程中的行为准则，也是项目站开展工作的纲领性文件，对质量监督检查的任务、程序、责任，对工程项目的质量评定与组织管理、验收与质量奖惩等作出明确规定。《质量监督计划》和《质量监督实施细则》在以文件形式印发各参建方以前，需要向各单位广泛征求意见，修改完善后报上级监督站审核批准。《质量监督计划》在实施过程中，根据工程进展和影响因素及时调整，并通报各有关单位。

除制定质监工作的规章制度和两个重要文件以外，项目站的另一项重要工作就是对施工、监理、设计、检测等企业的资质文件进行复核，检查是否与项目法人在鉴定监督书时提供的文件一致，是否符合国家规定；检查各质量责任主体的质量管理体系是否已经建立，制度机构是否健全；还需检查项目法人是否已经认真开展质量监督工作。

在取消开工审批，实行开工备案制度后，监督项目法人按规定进行开工备案，也是项目站的一项重要工作。项目施工前，项目站的主要工作内容包括对各参建企业资质的复核，对包括项目法人在内的各单位的质量管理组织、体系的检查，对项目法人质量责任履行情况的监督检查等。

（二）施工阶段的质量监督管理

工程开工后到主体工程施工前，质量监督管理的主要工作内容是对项目法人申报的工程项目划分进行审核确认。工程项目划分又称质量评定项目划分，是由项目法人组织设计、施工单位共同研究制定的项目划分方案，将工程项目划分单位工程、分部工程，并确定单元工程的划分原则。项目站依据《水利水电工程施工质量检验与评定规程》中的有关规定进行审核确认，报送上级监督站批复，方案审核通过后，项目法人以正式文件将划分方案通报各参建单位。项目划分在项目质量监督管理中占有重要地位，其结果不仅是组织进行法人验收和政府验收的依据，也是对工程项目质量进行评定的基本依据。

主体工程施工初期，质量监督管理的工作重点对项目法人申报的建筑物外观质量评定标准进行审核确认。项目站审核的依据包括《水利水电工程施工质量评定表》中"单位工程外观质量评定表"、设计文件、技术规范标准及其他文件要求，结合本项目特点和使用要求，并参考其他已验收类似项目的评定做法。建筑物外观质量评定标准是验收阶段进行工程施工质量等级评定的依据。

在主体工程施工过程中，主要监督项目法人质量管理体系、监理单位质量控制体系、施工单位质量保证体系、设计单位现场服务体系及其他责任主体的质量管控体系的运行落实情况。着重监督检查项目法人对监理、施工、设计等单位质量行为的监督检查情况，同时，对工程实物质量和质量评定工作不定期进行抽查，详细对监督检查的结果进行记录登记，形成监督检查结果通知书，以书面形式通知各单位；项目站还要定期汇总监督检查结果并向派出机构汇报；对发现的质量问题，除以书面形式通知有关单位以外，还应向工程建设管理部门通报，督促问题解决。

工程实体质量的监督抽查，尤其是隐蔽工程、工程关键部位、原材料、中间产品质量检测情况的监督抽查，作为项目质量监督管理的重中之重，贯穿整个施工阶段。对已完工程施工质量的等级评定既是对已完工程实体质量的评定，也是对参建各方已完成工作水平的评定。工程质量评定的监督工作是阶段性的总结，能够及时发现施工过程中的各种不利影响因素，便于及时采取措施，对质量缺陷和违规行为进行纠正整改，能够使工程质量长期保持平稳。

（三）验收阶段的质量监督管理

验收是对工程质量是否符合技术标准达到设计文件要求的最终确认，是工程产品能否交付使用的重要程序。依据《水利工程建设项目验收管理规定》，水利工程建设项目验收按验收主持单位性质不同分为法人验收和政府验收。在项目建设过程中，由项目法人组织进行的验收称为法人验收，法人验收是政府验收的基础。法人验收包括分部工程验收、单位工程验收。政府验收是由人民政府、水行政主管部门或其他有关部门组织进行的验收，包括专项验收、阶段验收和竣工验收。根据水利工程分级管理原则，各级水行政主管部门负责职责范围内的水利工程建设项目验收的监督管理工作。法人验收监督管理机关对项目的法人验收工作实施监督管理。监督管理机关根据项目法人的组建单位确定。

在工程项目验收时，工程质量按照施工单位自评、监理单位复核、监督单位核定的程序进行最终评定。按照工程项目的划分，单元工程、分部工程、单位工程、阶段工程验收，每一环节都是下一步骤的充要条件，至少经过三次检查才能核定质量评定结果，层层检查，层层监督，检测单位作为独立机构提供检测报告作为最后质量评定结果的有力佐证。施工、监理、工程项目监督站，分别代表不同利益群体的质量评定程序，是对工程质量最公平有效的保障。

在工程验收工作中，通过对工程项目质量等级（分部工程验收、单位工程验收）、工程外观质量评定结论（单位工程验收）、验收质量结论（分部工程验收、单位工程验收）的核备，向验收工作委员提交工程质量评价意见（阶段验收），工程质量监督报告（竣工验收）的形式，对工程质量各责任主体的质量行为进行监督管理，掌握工程实体质量情况，确保工程项目满足设计文件要求达到规定水平。

第三节　国外工程质量监督管理模式及启示

一、国外工程质量监督管理模式

（一）政府不直接参与工程项目质量监管——以法国为代表

法国政府主要运用法律和经济手段，而不是通过直接检查来促使建筑企业提高产品的质量。通过实行强制性工程保险制度以保证工程项目质量水平。为此，法国建立了全面完整的建筑工程质量技术标准法规为开展质量监督检查提供有力依据。建筑法规《建筑职责与保险》规定：工程建设项目各参与方，包括业主、材料设备供应商、设计、施工、质检等单位，都必须向保险公司投保。为保证实施过程中的工程质量，保险公司要求每个建设工程项目都必须委托一个质量检查公司进行质量检查，同时承诺给予投保单位一定的经济优惠（一般收取工程总造价的1%～1.5%），因此，法国式的质量检查又包含一定的鼓励性。

在法国，对政府出资建设的公共工程而言，"NF"（法国标准）和"DTU"（法国规范）都是强制性技术标准；对非政府出资的不涉及公共安全的工程，政府并未作出要求，反而强制性标准的要求是由保险公司提出的。保险公司要求，参与建设活动的所有单位对其投保工程必须遵守"NF"和"DTU"的规定，所以无论投资方是何种性质，"NF"（法国标准）和"DTU"（法国规范）都是强制性标准。根据技术手段、结构形式、材料类型的更新情况"NF"和"DTU"以每2到3年一次的频率进行修订。

法国为了其建筑工程产品质量得到保障，各建筑施工企业都建立健全了自己的质量自检体系，许多质量检测机构不但检查产品直接质量，而且企业的质量保证体系也是重点检查的项目之一。大公司均内设质检部门，配备检验设备，质量检查记录也细致到每道工序、每个工艺。

法国的工程质量监督机构以独立的非政府组织——质量检查公司的形式存在，具体执行工程质量检查活动。在从事质量检查活动前，政府有关部门组成的专门委员会将对公司的营业申请进行审批，公司必须在获得专门委员会颁布的认可证书后方可开展质量检查活动。许可证书每2到3年进行复审。

法律规定质量检查公司在国内不得参与除质检活动以外的其他任何商业行为，以确保其可以客观公正地位对工程质量进行微观监督，独立于政府外的第三方身份，保证了其质量检查结论能够客观公正。

在工程的招标投标阶段，公司在工程的各阶段对影响工程质量的因素进行检查，一是在设计前期充分掌握工程建设目标和标准，并将应当注意事项适时地给予业主提示；二是在设计阶段，公司在全面检查设计资料后，将检查出的问题报业主，业主再会同设计单位研究解决；三是施工阶段，质量检查公司的监督任务是：一方面根据业主和设计单位对工程的要求及工程的特点，制订工程质量检查计划，并送交给业主和承包商，指出检查重点部位和重点工序，明确质量责任；另一方面到施工现场对建筑材料、构配件的质量进行检查检测。正是因为采用了拉网式排查及重点部位、关键部位及时预检的措施，才将采用事后检查造成的不必要损失降到最低。法国的质量检查公司为了保障质量检查数据的精确度，配备了齐全的仪器设备。工程竣工后，检测人员出具工程质量评价意见并形成报告送参建各方。

（二）政府直接参与工程项目质量监督——以美国为代表

美国政府建设主管部门直接参与微观层次工程建设项目质量监督和检查。在政府部门中设置建设工程质量监督部，负责审查工程的规划设计；审批业主递交的建造申请并征求相关部门意见，同时对项目建设提出改进建议；对工程质量形成的全过程进行监督，此外，该部门还负责对使用中的建筑进行常规性的巡回质量检查。从事工程项目质量监督检查的人员一部分是政府相关部门的工作人员；另一部分则是根据质量监督检查的需要，由政府临时聘请或者要求业主聘请的，具有政府认可从业资质的专业人员。每道重要工序和每个分部分项工程的检查验收只有经这部分专业人员具体参与并认定合格后，方可进行下一道工序。对工程材料、制品质量的检验都由相对独立的法定检测机构检测。

质量监督检查一般分为随时随地和分阶段监督检查方法。在建筑工程取得准许建造证后，现场监督员即开始到施工现场查看现场状况和施工准备情况；施工过程中，现场监督员则经常到现场监督检查。当一个部位工程（相当于我国的某些分项工程或一个分部工程）完成后，通知质量监督检查部门，请他们到现场对该部位工程质量进行监督检查。如该部位工程质量符合统一标准规定的，即予以确认并准许其进行下一工序的施工。

根据工程的性质和重要程度，分别采取不同的监督方式。对一般性工程，现场监督员是以巡回监督的方式检查；如是重要或复杂的工程，派驻专职现场监督员，全天进行监督检查。对一些特殊的工程项目，需请专家进行监督检查，并在专家检查后签名以表示负责。在监督检查的深度上，也因工程性质及重要的程度而有所不同。如涉及钢结构焊接、高强螺栓的连接，防火涂层和防水涂膜的厚度等安全部位时，即要增大监督检查的深度。通过严格的检查和层层严格的把关，从而保证建设工程的质量安全。

美国的工程保险和担保制度规定，未购买保险或者获得保证担保的工程项目参与方是不具备投标资格，没有可能取得工程合同。在工程保险业务中，保险公司通过对建设工程情况、投保人信用和业绩情况等因素进行综合分析以确定保费的费率。承保后，保险公司（或委托咨询公司等其他代理人）参与工程项目风险的管理与控制，帮助投保人指出潜在的风险及改进措施，把工程风险降到最低。

（三）委托专业第三方开展工程项目质量监督管理——以德国为代表

德国政府对建筑产品的监督管理，是以间接管理为主，直接管理为辅。

间接管理方面：通过完善建筑立法，制定行业技术标准等宏观调控手段来规范建筑产品的施工标准和施工过程，引导建筑业健康发展；通过州政府建设主管部门授权委托质量监督审查公司的手段，由国家认可的质监工程师组建的质量审查监督公司（质监公司）对所有新建和改建的工程项目的设计、结构施工中涉及公众人身安全、防火、环保等内容实施强制性监督审查。

直接管理方面：对建筑产品的施工许可证和使用许可证进行行政审批。《建筑产品法》是对建筑产品的施工标准和施工过程的有关规定的法律，它是检测机构、监督机构、发证机构进行监督管理的依据；规定了检测机构、监督机构、发证机构的组成、职能及操作程序。

德国的质量监督审查公司是由国家认可的质监工程师组成，属于民营企业，代表政府而不是业主，对工程建设全过程的质量进行监督检查，保证了监督工作的权威性、公正性。质监公司在施工前要对设计图进行审查，并报政府建设主管部门备案，还要对施工过程进行监督抽查，主要针对结构部位，隐蔽工程，并出具检验报告，最后对工程进行竣工验收，并对整个检查结果负责。除此之外，质监人员还要到混凝土制品厂、构件厂等单位对建筑材料和构配件的质量进行抽查。

德国的质监公司是对微观层次的工程质量进行监督，其职能相当于我国的监理和质监机构的组合体，政府只对质监工程师的资质和行为进行监督管理，不对具体工程项目进行监督检查，有利于加强政府对工作质量的宏观控制。质监人员若在监督工作过程中徇私舞弊、收受贿赂或失职将会终生吊销执业执照。

自然人、法人、机构、专业团体或者是政府部门经过政府的同意，并取得相应的资质资格证书后，可以开展质量监督活动，称为"监督机构"。主要的监督活动是对施工单位生产控制的首次检查以及监督、评判和评估，并承担对施工单位的建筑产品质量控制系统进行初检，或对整个生产控制体系进行全过程的监督与评价。

二、国外工程质量监督管理模式特点

（一）质量监督管理认识方面

强调政府对工程质量的监督管理，把大型公共项目和投资项目作为监督管理的重点，以许可制度和准入制度为主要手段，在项目策划阶段就对建设项目进行筛选，去劣存优，保障了建设者（投资方）的经济效益，也保证了使用者的合法权益。

重视质量观念的建立，强调质量责任思想，突出建设工程项目质量管理的全过程全面控制管理的思想，建立健全工程质量管理的三大体系。

发达国家健全完善的法律法规体系，行之有效的市场机制，有效地规范了工程项目参建各方的质量行为，使参建各方自觉主动地进行质量管理；通过加大对可研立项阶段和设计阶段的质量控制和质量规划监督管理的力度，尽可能从根本上杜绝质量事故的发生，从而引导和规范各建设主体的质量行为和工程活动，提高各方主体的质量意识。

（二）质量监督管理体制方面

把健全完善的重点放在建设工程领域的法律法规和保证运行体系建设，规范统一、公开透明的市场秩序建设，市场准入标准和技术规范标准建设上，达到促进工程项目建设活动安全健康发展，规范市场行为，推进行业全面发展，实现政府对建设市场的宏观调控。突出对工程项目建设单位的专业资质、从业人员职业资格和注册、工程项目管理的许可制度建设，实现政府对建筑行业服务质量的控制和管理。

政府建设主管部门的管理方式，以依法管理为主，以政策引导、市场调节、行业自律及专业组织管理为辅，以经济手段和法律手段为首选方式。依法对建筑市场各主体从事的建筑产品的生产、经营和管理活动进行监督管理。充分发挥各类专家组织和行业协会的积极性和能动性，依靠专业人士具有的工程建设所需要的技术、经济、管理方面的专业知识、技能和经验，实现对建筑产品生产过程的直接管理。以专业人士为核心的工程咨询业对建筑市场机制的有效运行以政府充分及项目建设的成败起着非常重要的作用。为政府工程质量的控制、监督和管理提供保障。

（三）质量监督管理对象方面

重点是对业主质量行为的监督管理，因为业主是项目的发起人、组织者、决策者、使用者和受益者，在工程项目建设质量管理过程中起主导作用，对建设项目全过程负有较大的责任。监督管理的对象还包括工程咨询方、承包商和供应商等所有参与工程项目建设有关的其他市场主体，以及质量保证体系和质量行为。政府的干预较少，只限于维护社会生活秩序和保障人民公共利益。

重视工程项目可行性研究和工程项目的设计，把投资前期与设计阶段作为质量控制的重点。可行性研究阶段主要是控制建设规模、规划布局监管和投资效益评审。西方国家分析认为，由于设计失误而造成的工程项目质量事故占有很大比例。一个项目可行性研究工作一般要用1～2年完成，花费总投资额的3%～5%，排除了盲目性，减少了风险，保护了资金，争取了时间，达到少失而多得的目的。在设计开始前制定设计纲要，业主代表在设计全过程中进行检查。对设计进行评议，包括管理评议及项目队伍外部评议，全面发挥设计公司强有力的整体作用。

加大实行施工过程中（包含企业自检、质量保证和业主与政府的质量监督检查三个方面）的监督、检查力度。建材和设备全部要与FIDIC条款中相应品质等级及咨询工程师的要求相吻合。对质量符合技术标准的产品，由第三方认证机构颁发证书，保证材料质量。工程建设用材料、设备的质量好，给建筑工程质量奠定了基础。

三、先进工程质量监督管理经验与启示

在政府是否直接参与微观层次工程质量监督上，根据各国政体和国情的不同，发达国家采取的工程质量监督管理模式不尽相同，但是在质量监管的法律法规体系建设，对工程项目的全过程监督，质量保证体系建设方面均存在着为我国可借鉴之处。

（一）法律法规体系

建立健全工程质量管理法规体系是政府实施工程质量监督管理的主要工作和主要依据，是建筑市场机制有序运行的基本保证。大部分建设工程质量水平较好的国家一直重视建设行业的法制规范建设，对政府建设主管部门的行政行为、各主体的建设行为和对建筑产品生产的组织、管理、技术、经济、质量和安全都作出了详细、全面且具有可操作性的规定，从建设项目工程质量形成的全过程出发，探求质量监督管理的规律，基本上都已经形成了成熟完善的质量监管和保障执行的法律法规体系，为高效的质量监管提供了有力依据。

发达国家的建设法律法规体系大体上分为法律、条例和实施细则、技术规范和标准三个层次。法律在法律法规体系中位于最顶层，主要是对政府、建设方、质监公司等行为主体的职能划分、责任明确和权利义务的框架规定，以及对建设工程实施过程中的程序和管理行为的规定，是宏观上的规定。其次是条例和实施细则，是对法律规定的明确和细化，是对具体行为的详细要求。最后是各种技术规范和标准，是对工程

技术、管理行为的程序和行为成果的详细要求。一般分为强制性、非强制性和可选择采用三类。既有宏观规定，又有具体行为指导，既有对实体质量的标准要求，也有对质量行为和程序的条例规范，还有执行监督管理行为实施的法律保障，构成了全面完整的法律法规体系，将工程建设各个环节、项目建设参与各方的建设行为都纳入管理规定的范围。

发达国家的建设法律法规体系呈现国际化趋势，在法律法规的制定过程中积极同国际接轨，或者遵循国际惯例，促进国内企业的发展，同时也为国内企业参与国际竞争提供服务。

（二）普遍实行的工程担保或保险制度

完备的工程担保和保险制度是保障建设工程质量的经济手段。工程建设项目建设期一般以年为单位，时间跨度大，投资数额高，影响因素多，从项目策划到保修期结束存在各种不确定因素和风险。对建设工程项目的投资方而言，有可能会遭遇设计失误，施工工期拖延，质量不合格，咨询（监理）监督不到位等风险；对承包商（施工方）来说，有可能面临投标报价失误、工程管理不到位、分包履约问题及自身员工行为不当等风险。勘察设计、咨询（监理）方则承担的是职业责任风险。这些都是影响工程质量的风险因素。工程保险和担保制度对于分散或减小工程风险和保证工程质量起到了非常大的作用。

各参建单位必须进行投保，而且带有强制性。从立项到质保期结束，按照合同约定由责任负责方承担担保与保险责任，为工程寿命期提供经济保证。

由于担保与保险费率是保证、保险公司根据承包商的以往建设工程完成情况、业绩、信用情况，以及此次工程建设项目的风险程度等综合考虑确定的，所以浮动担保与保险费率有利于提高质量意识，改善质量管理。一旦失信，保证金及反担保资产将被用于赔偿，信用记录也会出现污点，造成再次投保或者担保的费率提高，没有保险担保公司承保，相当于被建设工程市场驱逐。守信受益，失信受制，通过利益驱动，在信用体系上建立社会保证、利益制约、相互规范的监督制衡机制，强化了自我约束与自我监督的力度，有效地保证参与工程各方的正当权益，同时对于规范从业者的商业行为，健全和完善一个开放的、具有竞争力的工程市场，使招标投标体系得以健康、平衡运行，可以起到积极的促进作用。

（三）严格建设工程市场准入制度

在市场经济模式下，国际上建设管理比较成功的国家都是按照市场运作规律进行调整，在工程建设市场投入大量的精力，制定严格的专业人员注册许可制度和企业资质等级管理制度，在有效约束从业组织和从业个人正当从事专业活动方面发挥着极其重要的作用。

注册许可制度对专业人员的教育经历、参加相关专业活动的从业经历等条件具有严格的要求。只有符合条件要求，通过考试评审，同时具有良好的职业道德操守的人员，才能够获得职业资格，获得注册许可后，专业人员仍需严格遵守职业行为规范等规定，定期完成对职业资格的复审。一旦出现失职或违法等行为将被记录在案，甚至被取消资格。严格的准入制度保证了专业人员的专业水准和职业活动的行为质量实现政府对行业服务质量的管理。

（四）工程质量监督模式变化

国际上建设水平较发达的国家普遍采用委托第三方——"审查工程师""质量检查公司"或者质量检查部门对工程实体进行质量监督控制，监督费用由政府承担，避免了第三方同被检查对象因存在经济关系而发生利益关系的可能，使得检查结果更加客观公正，有利于工程质量水平的提高。

例如，德国的审查工程师就代表政府实施工程质量监督检查，但是审查工程师需通过国家的认证与考核，而众多的审查工程师为了获得更多的业务，必然会在工程质量监督检查过程中客观公正地执法，全面提高自身的监督管理水平，否则会因此通不过认证或者考核；还有法国的质量检查公司也是独立于其他参建主体之外的第三方检查公司，一般均受工程保险公司的委托进行质量检查，也完全脱离了政府的授权或委托关系，当然，质量检查公司的资质认证和考核肯定要受政府的制约和控制。在这样的质量管理机制下，对促进施工企业的管理水平，对保障工程质量水平取得了实效，值得我们学习借鉴。

（五）规范工程专业化服务和行业协会的作用

建设工程质量监督管理体系较完善的国家，一般都有相当发达的专业人士组织和行业协会，通过对专业人员和专业组织实行严格的资格认证和资质管理，为工程项目的质量管理提供有效的服务。

政府以对专业人员资格认可和专业组织资质的审核许可为管理手段，以法律法规为专业人员和专业组织的行为规范，保证了专业组织的能力水平和从业行为质量。专业组织作为获政府委托授权的第三方机构，对建设工程项目的质量进行直接监督管理，充分发挥专业水平，成为政府对工程质量监督管理的有力助手。职业资格和资质的等级设置，激励了专业人员、专业组织不断提升自身专业水平、服务水平，主动规范行业行为，以获取更高级别的资格和资质，在带动行业整体水平发展的同时，有效高质的咨询服务也推动了建设工程项目质量水平的不断进步，为工程项目质量监督管理水平的提升起到了重要作用。

在行业积极向上发展的良好趋势下，要求其自身不断加强行业自律，主动约束行业从业人员的素质、专业水平、从业行为。以专业人士为核心的工程咨询方对市场机制的有效运行及项目建设的成败起着非常重要的作用。有利于提高行业从业人员的素质和从业组织市场竞争能力，对于提高工程质量起到了积极作用。

第四节　水利工程项目质量监督管理政策与建议

一、水利工程质量监督管理的发展方向

（一）健全水利工程质量监管法规体系

我国对水利工程质量实行强制性监督，建立健全的法律体系是开展质量监督管理活动的有力武器，是建筑市场机制有序运行的基本保证。

完善质量管理法律体系，制定配套实施条例。统一工程质量管理依据，改变建设、水利、交通等多头管理，各自为政，将水利工程明确纳入建设工程范畴。制定出台建设工程质量管理法律，将质量管理上升到法律层面。修订完善《水利工程质量管理条例》中陈旧条款，加入适应新形势下质量管理要求的新条款，作为建设工程质量法的实施细则，具体指导质量管理。增加中小型水利工程适用的质量监督管理法规标准，规范对其的质量监督管理工作，保证工程项目质量。

尽快更新现行法律法规体系。随着政府职能调整，行政审批许可的规范，原有法律法规体系对质量监督费征收、开工许可审批、初步设计审批权限等行政审批事项已被废止，虽然水利部及时发文对相关事项进行补充说明，但并未对相关法规进行修订，造成法规体系的混乱，干扰了市场的正常秩序。

加大对保障法律执行的有关制度建设，细化罚则要求。为促使各责任主体积极主动地执行质量管理规定，应制定相应的奖惩机制，制定保障执法行为的有关制度。在法治社会，失去强有力的质量法律法规体系的支撑，质量监督管理就会显得有气无力，对违法违规行为不能作出有力的处罚，不能有效地震慑违法行为主体。执行保障法律体系一旦缺失，质量监督管理就会沦为纸上谈兵。制定度量明确的处罚准则，树立质量法律威信，才能真正做到有法可依，有法必依，执法必严。对信用体系建设中出现的失信行为，也应从法律角度加大处罚力度，强化对有关法律法规的自觉遵守意识。

注重国际接轨。我国在制定本国质量监督管理有关法律规定时，应充分考虑国际通用法规条例，国际体系认证的标准规则，提升与国际接轨程度，有利于提高我国建设工程质量水平，也为增强我国建设市场企业的国际竞争力提供有利条件。

（二）完善水利工程质量监督机构

转变政府职能，将政府从繁重的工程实体质量监督任务中解脱出来。政府负责制定工程质量监督管理的法律依据，建立质量监督管理体系，确定工程建设市场发展方向，在宏观上对水利工程质量进行监督。工程质量监督机构是受政府委托从事质量监督管理工作，属于政府的延伸职能，属于行政执法，这就决定了工程质量监督机构的性质只能是行政机关。在我国事业单位不具有行政执法主体资格，所以需要通过完善

法律，给予水利工程质量监督机构正式明确独立的地位。质量监督机构确立为行政机关后，经费由国家税收提供，不再面临因经费短缺造成质量监督工作难以开展的局面。工程质量监督机构负责对工程质量进行监督管理，水行政主管部门对工程建设项目进行管理，监督与管理分离，职能不再交叉，有利于政府政令畅通，效能提升。工程质量监督机构接受政府的委托，以市场准入制度、企业经营资质管理制度、执业资格注册制度、持证上岗制度为手段，规范责任主体质量行为，维护建设市场的正常秩序，消除水利工程质量人和技术的不确定因素，达到保证水利工程质量水平的目的。工程质量监督机构还应加强自身质量责任体系建设，落实质量责任，明确岗位职责，确保机构正常运转。

（三）强化对监督机构的考核，严格上岗制度

质量监督机构以年度为单位，制定年度工作任务目标，并报送政府审核备案。在年度考核中，以该年度任务目标作为质量监督机构职责履行、目标完成情况年终考核依据。制定考核激励奖惩机制，促进质量监督机构职责履行水平、质量监督工作开展水平不断提高。质量监督机构的质监人员严格按照公务员考录制度，通过公开考录的形式加入质监人员队伍，质监人员的专业素质，可以在公务员招考时加试专业知识考试，保证新招录人员的专业水平。新进人员上岗前，除参加公务员新录用人员初任资格培训外，还应通过质监岗位培训考试，获得质监员证书后才能上岗。若在一年试用期内，新进人员无法获得质监岗位证书，可视为该人员不具有公务员初任资格，不予以公务员注册。公务员公开、透明的招考方式，是引进高素质人才的有效方式。质监员可采用分级设置，定期培训，定期复核的制度。根据业务工作需要，组织质监人员学习建设工程质量监督管理有关的法律、法规、规程、规范、标准等，并分批、分层次对其进行业务培训。质监人员是否有效地实施质量执法监督，是否可以科学统筹发挥质监人员的作用，是建设工程质量政府监督市场能否高效运行的关键。分级设置质监员对质监员本身既起到激励作用，又对质量责任意识起到强化作用。

二、水利工程项目质量监督的建议与措施

（一）工程项目全过程的质量监督管理

强调项目前期监管工作，严格立项审批。水利工程项目应突出可研报告审查，制定相关审查制度，确保工程立项科学合理，符合当地水利工程区域规划。水利工程项目的质量监督工作应从项目决策阶段开始。分级建立水利工程项目储备制度，各级水行政主管部门在国家政策导向作用下，根据本地水利特点，地方政府财政能力和水利工程规划，上报一定数量的储备项目。储备项目除了规模、投资等方面符合储备项目要求外，可研报告必须已经通过上级主管部门审批。水利部或省级水行政主管部门定期会同有关部门对项目储备库中的项目进行筛选评审。将通过评审的项目作为政策支持内容，未通过储备项目评审的项目发回工程项目建设管理单位，对可研报告进行完

善补充。做好可行性研究为项目决策提供全面的依据，减少决策的盲目性，是保证工程投资效益的重要环节。

全过程对质量责任主体行为的监督。项目质监人员在开展工作时，往往会进入对制度体系检查的误区。在完成对参建企业资质经营范围、人员执业资格注册情况及各主体质量管理体系制度的建立情况后，就误以为此项检查已经完成，得出存在即满分的结论。在施工阶段，质监人员把注意力完全放在了对实体质量的关注上，忽视了对上述因素的监控。全过程质量监督，不仅是对项目实体质量形成过程的全过程监督，也是对形成过程责任主体行为的全过程监督，在施工前完成相应制度体系的建立检查，企业资质、人员执业资格是否符合一致检查后，在施工阶段应着重对各责任主体质量管理、质量控制、质量服务等体系制度的运行情况、运行结果进行监督评价，对企业、人员的具体工作能力与所具有的资质资格文件进行衡量，通过监督责任主体行为水准，保证工程项目的质量水平。

（二）加大项目管理咨询公司培育力度

水利工程建设项目实行项目法人责任制，是工程建设项目管理的需要，也是保证工程建设项目质量水平的前提条件。在我国，水利工程的建设方是各级人民政府和水行政主管部门，由行政部门组建项目法人充当市场角色，阻碍了市场机制的有效发挥，对建设市场的健康发展，水利工程质量的监督管理都起到不利作用。水利部多项规章制度对项目法人的组建、法人代表的标准要求、项目法人机构的设置等都进行了明确的规定。但在工程项目建设中，由于政府的行政特性，项目法人并不能对工程项目质量负全责。

政府（建设方）应通过招标投标的方式，选择符合要求的专业项目管理咨询公司。授权委托项目管理咨询公司组建项目法人，代替建设方履行项目法人职责，对监理、设计、施工等责任主体进行质量监督。由专业项目咨询公司组建项目法人，按照委托合同履行规定的职责义务，与施工、设计单位不存在隶属关系，能更好地发挥项目法人的职责，发挥项目法人质量全面管理的作用。

工程项目管理咨询公司是按照委托合同，代表业主方提供项目管理服务的；监理单位与工程项目管理咨询公司在本质上都属于代替业主提供项目管理服务的社会第三方机构。但是监理只提供工程质量方面的项目管理服务，工程项目管理咨询公司是可以完全代替业主行使项目法人权利的专业咨询公司。市场机制调控，公司本身的专业性，对项目法人的管理水平都有极大的促进。

国家应该对监理公司、项目咨询管理公司等提供管理咨询服务的企业进行政策扶持，可以通过制定鼓励性政策，鼓励水利工程项目法人必须同项目管理咨询公司签订协议，由专业项目管理咨询公司提供管理服务，并给予政策或经济鼓励，在评选优质工程时，也可作为一项优先条件。

（三）修订开工备案制度

取消开工审批，实行开工备案制度，是国家为精简行政审批事项作出的决定，强化了项目法人的自主选择权。水利部《关于水利工程开工审批取消后加强后续监管工作的通知》规定，水利工程项目实行开工备案制度，项目法人自工程开工15日内到项目主管部门及其上级主管单位进行备案，以便监管。在备案过程中，如果发现工程项目不符合开工要求的，将予以相应处罚。属于事后纠正的措施，在开工已经实施的情况下，介入监督，发现违规情况，再采取纠正措施。若工程项目符合规定，则工程项目可以正常实施；若工程项目不符合相关规定，属于项目法人强行开工，则质量安全隐患已经形成，质量事故随时都有可能发生，不利于工程项目质量的管理监督。可以将"自项目开工15日内"，修订为"项目开工前15日内"办理开工备案手续，对备案手续办理时限进行明确，如"接到开工备案申请后的5个工作日内办理完成"，项目法人的自主决定权可以得到保障，同时对工程项目的质量管理监督也是一种加强，尽早发现隐患，确保工程项目顺利实施。

（四）严格从业组织资质和从业个人资格管理

对从业组织资质和从业个人执业资格的管理，是对工程项目质量技术保障的一种强化。严格的等级管理制度，限制了组织和个人只能在对应的范围内开展经营活动和执业活动，对工作成果和工作行为的质量是一种保障，也有效约束了企业的经营行为和个人的执业活动。对企业和个人也是一种激励，只有获得更高等级的资质和资格，经营范围和执业范围才会更广泛，有竞争更大型工程的条件，才有可能获得更大利益。制定严格的等级管理制度，对从业以来无不良记录的企业和个人给予证明，在竞争活动中比其他具有同等资质的竞争对手具有优势；同时，对违反规定，发生越级、在规定范围外承接业务的行为、挂靠企业资质和个人执业资格的行为进行行政和经济两方面的处罚。等级不但可以晋升也可以降级。

加大对企业年审和执业资格注册复审的力度。改变以往只在晋级或者初始注册时严审，开始经营活动和执业活动后管理松懈的状况。按照企业发展趋势，个人执业能力水平提升趋势，制定有效的年审和复审制度标准，对达不到年审标准和复审标准的企业与个人予以降级或暂缓晋级的处罚。改变以往的定期审核制度，将静态审核改为动态管理，全面管理企业和个人的执业行为。加大审核力度不能只依赖对企业或个人提供资料的审核力度，应结合信用体系记录，企业业绩、个人成绩的综合审核，综合评价。强化责任意识，利用行政、经济两种有效手段进行管理，促进企业、个人的自觉遵守意识，促进市场秩序的建立和市场作用的有效发挥。

三、应对方法

(一) 进一步深化和完善农村水利改革

首先要对如今的小规模水利项目的产权体系革新活动中存在的新问题，积极分析探讨，尽快制定一个规范化的指导意见，以推动小型农田水利工程产权制度改革健康深入发展。其次要以构建和完善农民用水户协会内部管理机制为重点，以行政区域或水利工程为单元，通过对基层水利队伍的改组、改造、改革和完善，推动农民用水户协会的不断建立和发展，加快大中小型灌区管理体制改革步伐。最后要不断深化农村水利改革。当前，农村出现了劳动力大量外出打工、水利工程占地农民要求补偿、群众要求水利政务公开等一系列新情况、新问题，迫切需要我们加强政策研究和制度建设，通过不断深化农村水利改革，培养典型，示范带动，逐步解决农村水利发展过程中出现的热点难点问题。

(二) 强化投入力度

导致项目得不到有效的维护，效益降低的关键原因是投入太少。农村的基建活动和城市的基建工作都应该被同等对待。开展不合理的话不但会干扰农村建设工作的步伐，还会干扰和谐社会的创建工作。通过分析当前的具体状态，我们得知，政府在城市基建项目中开展的投入，还是超过了对农村的投入，存在非常显著的过分关注城市忽略农村的问题。各级政府必须把包括小型农田水利工程在内的农村基础设施纳入国民经济与社会发展规划，加大投入。对农村水利基础设施来讲，当务之急是在稳定提高大中型灌区续建配套与节水改造及人饮安全资金的同时，尽快扩大中央小型农田水利工程建设专项资金规模，以引导和带动地方各级财政和受益农户的投入，加快小型农田水利设施建设步伐。

(三) 加快农田水利立法，从根本上改变小型农田水利设施建设

管理薄弱问题。目前，涉水方面的法律法规不少，但针对农田水利工程建设管理的还没有。尽快制定出台一部关于农田水利方面的法规条例，通过健全法律制度，明确各级政府、社会组织、广大群众的责任，建立保障农田水利建设管理的投入机制，建立与社会主义市场经济要求相适应的管理体制和运行机制，依法建设、管理和使用农田水利工程设施，已成为当务之急。

(四) 加强基层水利工程管理单位自身能力建设

基层水利工程管理单位自身能力建设是农村水利工作的重要内容。今后的农村水利建设要改变过去只注重工程建设而忽视自身建设的做法，工程建设与基层水管单位自身能力建设要同时审批、同时建设、同时验收。要进一步调整农村水利资金支出结构，允许部分资金用于包括管理手段、信息网络、办公条件等在内的管理单位自身能力建设，以不断提高基层水管单位服务经济、社会的能力和水平。

（五）积极探索和谐自主的建设管理模式

农田水利工程的建设施工和管理方面包括很多内容，也直接关系老百姓的经济利益。因此，我们要加强对农田水利工程施工和管理体系的建设，对水利工程进行统一管理，建立一个合理的、科学的施工程序和规范，并在施工工程中落实好，使得水利工程建设管理体系能够充分发挥作用。将水业合作组织模式应用于更为广泛的农村公益型水利基础设施的建设和管理中，将原有集体资产与农民投工投劳为主形成的小型水利设施按照市场化手段来评估资产，明晰产权，将公益性水利设施资产定量化、股份化，并鼓励受益农户资本入股，参照股份制模式来管理和运作。实行自主管理的模式。

第六章　水利工程建设项目投资管理

第一节　水利工程概算费用构成与投资控制的总体设计

　　水利工程建设关系着国计民生，投资巨大，通常与地质、水文、气象、环境等自然条件关系密切，施工技术复杂，工期长；同时，水利工程还与社会环境、国家政策密切相关，受到工程所在地移民、征迁和国家财政政策等多种因素制约，客观条件使得水利工程投资难以控制和掌握。我国水利行业长期以来又深受计划经济体制的影响，水利工程一般由政府投资或政府控股公司投资，项目法人在可行性研究获得审批后成立，在投资控制的责权利方面划分不够明确，缺乏必要的考核激励机制，不能充分调动项目法人投资控制的积极性。上述因素综合起来，导致水利工程建设投资控制缺乏系统性，投资控制效果不理想，具体表现在以下方面：忽视对设计阶段、招标投标阶段的投资控制。注重对投资单方面的控制，投资控制局限于被动地对因变更引起投资变化的审查控制，缺乏对项目投资控制的总体筹划。投资控制的责权利不清，特别是静态投资、动态投资控制的责任及承担划分不清，不能充分调动项目法人的积极性。

　　在我国现有建设体制下，水利工程项目法人并不是真正的投资人，水利工程的真正投资人一般为国家或地方政府，投资人并不直接参与管理，也不直接与承包商签订合同，一般都是由专门成立的项目法人与承包商签订合同并具体负责项目管理。在这种管理模式下，就会存在两种投资管理层次：第一层次是投资人与项目法人之间的投资管理层次，两者之间是一种委托与被委托的关系；第二层次是项目法人与承包商之间的投资管理层次，两者之间是合同关系。在两级投资管理层次中，项目法人处于中间地位，上要对投资人投资控制负责，下要对承包商进行投资管理，以保证投资按照已批复的初设概算进行总体控制，取得预期的社会效益和经济效益。从水利工程整体看，投资控制应以全寿命周期作为研究对象进行控制，包括决策阶段、实施阶段及运营阶段。但作为水利工程项目法人，其真正参与并直接管理的阶段是施工准备（含招标设计）阶段、建设实施阶段，决策阶段基本由投资人（包括水利部及其派出机构、各省（自治区）水利厅；各大流域（省）勘测设计院等）实施，运营阶段大都由专门组建的运行单位负责。项目法人在可行性研究报告批准后成立，其实际参与管理的工作包括初步设计、招标设计、招标投标、合同履行阶段。

一、水利工程概算费用构成

凡利用国家预算内基建拨改贷、自筹资金、国内外信贷，以及其他专项资金进行的以扩大生产能力或新增工程效益为目的的新建、扩建工程及有关工作，属于基本建设。凡利用企业折旧基金、国家更改措施预算拨款、企业自有资金、国内外技术改造信用贷款等资金、对现有企事业的原有设施进行技术改造，以及建设相应配套的辅助生产、生活福利设施等工作和有关工作，属于更新改造。

工程概预算就是对基本建设实行科学管理有效监督的工具。

按照建设项目的性质，基本建设可划分为新建、扩建、改建和恢复等项目。新建项目是指从无到有、新开始建设的项目；扩建是指在原有基础上为扩大生产效益、或增加新的产品的生产能力而新建的工程项目；改建是指对原有设备或工程进行技术改造以达到提高生产效率、改进产品质量或改变产品方向的目的。恢复项目是指由于某种原因（地震、战争、洪水）使原有固定资产报废而又按原规模恢复起来的项目。

按照建设项目的用途，基本建设可分为生产性和非生产性建设。前者指用于物质生产和直接为物质生产服务的建设，后者一般是指满足人们物质、文化生活需要的建设项目。

按基本建设项目的工作内容，基本可分为以下几类：

（1）建筑安装工程。

（2）设备工具的购置。

（3）其他基建工作。

建设项目是指按照一个总体设计进行施工，且在行政上有独立的组织形式，经济上独立核算的建设工程全体。一个基本建设项目具有建设周期长、规模大、施工条件复杂。实际将项目划分为单项工程、单位工程、分部工程和分项工程。

（1）单项工程。单项工程指具有独立的设计文件，可以独立施工，建成后能独立发挥生产能力或效益的工程。

（2）单位工程。单位工程是指具有独立设计，可以独立组织施工，但完成后不能独立发挥效益的工程。

（3）分部工程。它是按工程部位、设备种类和型号，使用材料的不同所作的分类，是在一个单位工程内划分的。

（4）分项工程。分项工程是通过较为简单的施工过程就能生产出来，并且可以用适当的计量单位来计算工料消耗的最基本的结构因素。

也可按建筑工程、机电设备及安装工程，金属结构设备及安装工程、施工辅助工程和费用划分为五大部分。

基本建设程序可用四大步骤和八项内容：

（1）四大步骤：规划—设计—施工—验收投产。

（2）八项内容：可行性研究设计任务书的编制—建设地点的选择—设计文件的编制—年度基本建设计划的制定—设备订货及施工准备—组织施工—生产准备—竣工验收、交付生产。

可行性研究是运用现代生产技术科学、经济学和管理学，对建设项目进行技术经济分析的综合性工作。任何一个建设项目，从时间上划分，大致可分为三个阶段：即投资前阶段，投资建设阶段，投产和使用阶段。

可行性研究工作可分为投资机会研究、初步可行性研究、详细可行性研究、评价报告四个阶段，各个阶段的目的、任务、要求以及所需时间和费用各不相同，其研究的深度和可靠程度也不相同。

所谓投资机会研究，又称投资机会鉴定。它是在一个确定的地区和部门，通过对工程项目的发展背景（如经济发展规划）、自然资源条件、市场情况等基础条件进行初步调查研究和预测之后，迅速而经济地做出建设项目的选择和鉴别，以便寻找最有利的投资机会。

初步可行性研究，又称为可行性研究。它是在经过投资机会研究之后，提出的项目投资建议被主管单位选定之后，确认了某工程项目具有投资意义，但尚未掌握足够的技术经济数据去进行详细可行性研究，或是对工程项目的经济性有怀疑时，尚不能决定项目的取舍，为避免过多的费用支出和时间的占用，而以较短的时间、较少的费用对工程项目的获利性做初步的分析和评价，得出是否进行更详细可行性研究的结论。

详细的可行性研究，它是在投资机会研究和可行性研究的基础上进行的，是一个关键性阶段，是对工程项目进行深入细致的技术经济论证，为投资决策提供技术、经济、商业方面的根据，是工程项目投资决策的依据。

评价报告是指由决策部门组织（或委托）投资银行、咨询公司、有关专家等，对可行性研究报告进行评价，检查该项目可行性研究报告的真实性和可靠性，以及该项目实际可能的技术经济效益，对此工程项目做出是否可行、应否投资和如何投资的决策，而提出的最后的评价报告，为投资者提供了决策性文件。

二、水利工程投资控制的总体设计

严格执行项目法人责任制、招标投标制、合同管理制、工程监理制，"四制"是水利工程投资控制的基础，投资控制的过程也是贯彻落实"四制"的过程，应通过组织措施、经济措施、合同措施、技术措施的贯彻落实来达到投资控制的目的。主要的管理思路如下所述。

（1）按照"静态控制、动态管理"的投资控制原则，明确项目法人是静态投资控制的责任主体，明确其责权利；投资人是动态投资增加的承担主体，从而调动项目法人投资控制的积极性、主动性。

（2）按照限额设计、鼓励设计优化的总体思路构建勘测设计合同，通过组建专家委员会、聘请设计监理等方式加强对勘察设计单位的管理，保证勘测设计质量。

（3）从提高招标设计质量、加强施工规划研究并合理分标、进行详细的现场调查以合理设定合同边界条件等方面入手，站位项目法人建设管理力量实际情况，做好监理标、施工标的分标和招标文件编制，择优选定签约单位，通过选择优秀合作伙伴共同构建项目建设管理团队，弥补项目法人自身在建设管理方面的不足。

（4）编制项目管理预算并结合项目法人组织机构进行分解，落实到具体部门、具体岗位。

（5）建立投资控制奖惩制度，实现投资控制事事有人管、人人愿意管。

（6）加强信息管理系统建设，保证信息快速传递，及时预警。

第二节　设计阶段与施工招标阶段投资控制

一、设计阶段投资控制

（一）设计阶段投资控制的意义

工程建设过程包括项目决策、项目设计、项目实施三大阶段。投资控制的关键在于决策和设计阶段，而在项目做出投资决策后，其关键就在于设计，根据国际行业权威的分析数据，在建设项目总投资额中，设计费用占工程造价的3%~5%，但项目建设过程中，设计环节对工程造价的影响程度却高达70%~80%。由于水利项目决策阶段的工作一般由投资人完成，项目法人在设计阶段才介入并主导工程建设，因此加强设计阶段管理对项目法人进行投资控制具有重要意义。本章所说的设计阶段包括初步设计、招标设计、施工图设计和现场设计服务。

（二）制度方面

对于水利工程，整个项目投资测算包括项目建议书阶段投资估算、可行性研究阶段投资估算、初步设计概算、招标投标阶段签约合同价、施工图预算、竣工结算等，每个阶段形成不同的投资计算额度。但这些过程分别由国家主管部门、设计单位、施工单位、咨询单位等编制管理，相互之间容易出现脱节现象，缺乏统一的控制标准。主要表现在：

（1）政府部门监督控制体系不够完善。在政府主管部门，主要把投资管理作为一种程序，没有建立有效的监督失误问责机制，法律法规体系也不够健全，没有建立对项目法人的责权利相统一的考核奖惩机制。

（2）缺乏动态控制机制。对于项目法人而言，对投资控制仅按照静态管理方式进行控制，没有建立动态的、系统的投资控制制度。

（3）缺乏设计监理及配套制度。在市场经济条件下，造价咨询单位为项目法人投资控制提供咨询服务，但目前造价咨询单位的咨询服务还不够全面，并没有很好地发挥其全过程投资控制咨询作用。监理单位也只是参与工程建设过程中的监理，在前期的设计阶段没有或很少参与，没有形成有效的设计监理模式，给后期的投资控制带来一定的困难。

（4）设计取费不合理。在目前的投资控制体制下，设计概算、施工图预算、招标控制价一般由设计单位编制，而设计费是以工程投资额作为取费基础，导致设计单位对投资控制的积极性不高。

2.技术方面

（1）对限额设计的认识不足。限额设计对控制工程投资十分有效，但业主对限额设计也要有正确的认识，限额设计并不是要求设计方案造价越低越好，而是要求在保证技术先进、可行的条件下进行造价优化，以实现工程投资价值最大化。

（2）技术与经济之间的结合不够深入。技术经济结合是控制造价的必需手段。目前，很多情况是"技术人员不懂造价、造价人员不懂技术"，在相互配合中，由于各自意见的不同，不仅不能从技术上与经济上合理优化设计方案，反而会产生一些矛盾，影响设计进度。特别是"技术人员不懂造价、造价人员不懂技术"这种情况不仅在项目法人单位存在，在设计单位也存在，造成投资浪费。

（3）对投资优化所采用的方案比选、价值工程等方法运用不熟练，没有应用价值工程的标准规范以及缺乏指导价值工程应用的专家体系，价值工程在方案优化方面的作用没有得到充分发挥。

3.管理方面

（1）设计管理工作不严谨。对设计管理工作不严谨，出图把关不严或干脆没有把关，出现图纸错漏，造成施工阶段设计变更频繁。

（2）设计费用缺乏奖励机制。设计人员一般注重在技术上优化以及创新，却不愿在投资上进行优化，主要是技术上的创新有可能得到奖励和表彰，而投资上的优化不仅得不到奖励，还可能承担一定的风险，导致设计人员缺乏投资优化的积极性。

（3）项目法人缺乏专业投资控制人才。设计阶段投资控制要求相关人员具有技术、造价、投资控制方面的专业知识，不然很难对设计方案的优化提出较为合理性的要求与建议，特别是在大中型水利工程勘察设计工作十分复杂的情况下，对投资控制人员的专业要求也很高。

（4）投资控制信息交流障碍。国外研究表明，建设项目10%～30%的投资增加都是由于信息交流不畅，特别是水利工程，项目多、内容复杂、参与主体众多、信息交流频繁，信息传递过程中普遍存在着信息扭曲、延误等，影响投资控制。

4.设计阶段投资控制的主要工作

设计阶段又可以细分为三个阶段的工作，包括初步设计、招标设计、施工图设计，其投资控制的主要任务如下：

（1）初步设计阶段投资控制的主要任务是：在可行性研究报告确定的投资估算的限额内，编制设计概算，确定投资目标，使设计深化严格控制在初步设计概算所确定的投资范围之内，编写项目施工组织设计。

（2）招标设计阶段投资控制的主要任务是：在批准的初步设计概算的限额内，开展招标设计，提高设计文件的深度和质量，编制招标预算和施工规划，按照批准的分标方案细化招标文件技术条款、工程量清单和合同的边界条件。

（3）施工图设计阶段投资控制的主要任务是：在批准的初步设计概算的基础上，按照限额设计的指导思路，编制施工图预算，在充分考虑满足项目功能的条件下，优化设计，控制投资。

（三）项目法人设计工作投资控制可采取的措施

1.切实提高设计阶段投资控制的意识

作为投资控制的主体，项目法人应切实树立全过程投资控制的意识，高度重视设计阶段对投资控制的重要作用，积极主动采取措施进行设计阶段投资控制，这是投资控制的基础条件。如果项目法人设计阶段投资控制意识淡薄，那么再好的想法、再好的制度也只能是"镜中花、水中月"，起不到应有的投资控制作用。

2.项目法人应加大对设计工作的管理力度

项目法人应努力加强自身建设，在设计管理中起主导作用的应该也必然是项目法人。为促进设计管理水平的提升，要更加重视设计管理机构的设置和优化，有专业人员专注于设计优化工作，技术部门、移民征迁部门等应提前介入，努力与设计单位一起提高设计质量。加大对设计成果的过程检查，争取做到不漏项、不漏量、不偏离标准规范、不偏离项目所在地市场价格水平。技术部门、移民征迁部门提前介入还有利于建设实施阶段的投资控制。

3.提前筹划，签好设计合同

主要措施包括：一是改变设计取费方式，改变按照基价费率计取设计费的合同价格确定方式，采取基本设计费加考核奖励费的方式确定设计合同价格；二是对设计优化节约投资额按照约定比例进行奖励；三是对设计服务（如图纸供应、现场代设服务等）进行考核，考核结果与设计费挂钩；四是通过合同要求设计单位对优化设计、降低投资的设计人员进行奖励，奖励落实情况作为考核指标之一。

4.推行设计招标。通过招标以竞争的方式选择优秀的设计单位

在设计招标文件中，项目法人可以明确设计单位需完成的设计任务、投资控制的

目标、限额设计的要求、优化设计方案的激励惩罚措施等，从而将设计阶段投资控制的目标、措施以合同条款的形式固定下来，将项目法人投资控制的基本思路、管理措施体现在合同中，为合同签订后的执行打好基础。

目前，大中型水利工程勘测设计招标还存在许多困难，主要原因是在计划经济时期，大中型河流的勘测设计工作由国家指定相关的水利勘测设计院负责，相应的水文、地质资料都由设计院整理，其他勘测设计单位要想进入该河流进行勘测设计需要花费大量的时间、精力、资金重新收集水文地质资料，造成原勘测设计单位在该河流水利项目的设计工作上具有相对优势。同时，水利项目的前期工作（规划、项目建议书等）一般由该河流的管理机构及其下属的勘测设计单位主导完成，行政上的分割管理加剧了勘测设计工作的垄断。为了尽可能调动设计单位投资控制的积极性，在勘测设计合同谈判时，要提前筹划，争取上级管理部门和勘测设计单位的支持，必要时让渡部分利益，把限额设计、设计费与设计质量和投资控制挂钩等管理思想融入到设计合同中，从而达到控制投资的目的。

5.进行限额设计

限额设计是指依据国家主管部门对拟建项目批准的可行性研究报告、初步设计报告，在确定建设项目所需功能的条件下控制工程投资，使建设项目的总体投资控制在国家规定的投资范围内。也就是依据投资估算对设计概算进行控制，依据设计概算对施工图预算进行控制并指导技术设计。按照总投资控制各单项工程投资，将总投资分配到各单项工程，各单项工程投资再分配到各专业工程，层层分配层层控制，从而保证总的投资额控制在预定范围内。

确定合理的限额设计目标是推行限额设计的关键，限额设计目标应在充分考虑国家和地方的有关法律法规及政策、目前市场价格信息、投资估算指标与业主的要求等因素后由业主和设计单位协商确定，但不能突破可行性研究批复的投资估算。限额目标确定后，下一步就是指标分解，将限额目标分配到具体单项工程、单位工程中去，这是推广限额设计的重点和难点。限额目标分解时要合理、科学地进行，切忌厚此薄彼，一般各专业分配的比例可参照批准的投资估算中各专业造价所占投资估算的份额进行分配。限额设计的控制过程是合理确定项目投资限额，科学分解投资目标，进行分目标的设计实施和跟踪检查，检查信息反馈用于再控制的循环过程。

6.聘请设计监理

项目法人在可行性研究批复以后成立，作为组建时间不长的建管单位，客观上无法立即有效介入设计工作。客观要求有一支懂专业、会管理的咨询单位来协助项目法人加强设计管理工作，这就是设计监理，实施设计监理对投资控制的意义如下。

（1）监督设计工作，保证设计单位严格执行合同。

（2）对设计方案的可靠性、先进性、施工可行性、运行方便性进行审核。在保证工程安全和使用功能的前提下，最大程度优化设计，减少工程量，保证投资控制目标实现。

（3）防止设计错漏问题出现，减少以致于避免施工过程窝工、返工，为施工过程顺利进行提供技术保证，减少施工索赔。

7.建立专家咨询委员会

勘测设计工作是一项高强度、高智慧的脑力劳动，大中型水利工程技术复杂，涉及的专业很多。作为项目法人特别是在可行性研究批复以后才组建的项目法人，客观上难以迅速组建一支足够的具有涵盖所有专业的技术、经济管理队伍，在依靠自身力量难以对勘测设计工作进行必要的监督管理的情况下，借助外部专家的力量提高项目法人对勘测设计质量的把控是十分必要的。咨询专家应在行业内具有一定的权威性，根据工作需要可分为长期聘用专家和临时聘用专家，专家委员会协调服务工作可由工程技术部（总工办）负责。

8.实行设计文件审核制度

工程技术部负责设计文件审核管理，所有设计文件提交项目法人后必须组织审核，主要针对设计文件的可实施性、经济合理性、有效性，以及与初步设计文件、招标文件的差异、投资增减情况等逐一审核，通过审核后再分发参建各方。

（四）价值工程在设计优化中的应用

通过优化设计来控制工程投资是一个综合性问题，既不能片面要求节约投资，忽视技术上的合理要求，使项目达不到功能需求；也不能过度重视技术，设计过于保守，导致投资增加。正确处理技术与经济的对立统一是优化设计、控制投资需要把握的关键问题，在优化设计的过程中，必须以实现项目目的、实现价值最大化为总的指导原则。

1.价值工程在设计阶段投资控制的意义

（1）可以使设计产品的功能更加合理。工程设计实质上就是对产品功能进行设计，而价值工程的核心就是功能分析。价值工程的实施，可以使设计人员更准确了解项目法人所需和设计产品各项功能之间的比重，同时吸收各方建议，使设计更加合理。

（2）可以有效控制工程造价。价值工程需要对研究对象的功能与成本之间的关系进行系统分析。设计人员参与价值工程，在明确功能的前提下，发挥设计人员的创造精神，从多种实现功能的方案中选取最合理的方案，从而有效控制工程造价。

（3）可以节约社会资源。实施价值工程，可以使工程造价、使用成本及功能合理匹配，节约社会资源消耗。

2.价值工程的基本原理

价值工程是提高产品价值的科学方法，是以最低的寿命周期成本可靠地实现必要功能，着重于功能分析的有组织的活动。

提高设计产品的价值有以下五种途径：

（1）功能提高，成本降低，这是最理想的途径。

（2）功能不变，成本降低。

（3）成本不变，功能提高。

（4）成本稍有增加，功能水平大幅提高。

（5）功能水平稍有下降，成本大幅下降。

3.价值工程在优化设计方案中的分析步骤

（1）功能分析。明确项目功能具体有哪些，哪些是主要功能，并对功能进行定位和处理，绘制功能系统图。

（2）功能评价。运用0～1评分法、0～4评分法或环比评分法计算功能评价系数，作为该功能的重要度权数。

（3）方案创新。根据功能分析的结果，提出各种实现功能的方案。

（4）方案评价。根据打分与功能评价系数计算各方案的价值系数，以价值系数最大值为优。

价值工程中，最核心的问题是进行功能评价分析，功能评价方法常见有功能成本法、功能指数法。功能指数法是一种相对值法，是通过评定各功能的重要程度，用功能指数来表示其功能程度的大小，然后将各评价对象的功能指数与相应的成本指数进行比较，得出评价对象的价值指数，由价值指数来评价方案的优劣或改进对象的成本。

价值工程分析中，要根据项目的具体情况，确定工程项目应用价值工程的对象和需要分析的问题。水利工程价值工程的对象可以选择泄水建筑物、挡水建筑物、厂房布置形式、金属结构安装、机组选型等。在应用价值工程进行有组织活动时，可把价值工程活动同质量管理活动结合起来，把各专业人员组织起来，发挥集体力量。设计阶段开展价值工程活动非常有效，成本降低的潜力比较大。

二、施工招标阶段投资控制

在水利工程建设实施阶段，经常因工程量清单漏项，招标文件技术条款和商务条款自相矛盾，场内外交通和水、电供应等项目法人提供的建设条件不完全具备，合同界面划分不合理导致施工干扰而引发工程变更和承包商索赔。变更、索赔虽然发生在建设实施阶段，但产生的主要原因则在施工招标阶段。施工招标投标阶段前承初步设计、后启建设实施，是水利工程建设过程中非常重要的一个时期。在该阶段，项目法人通过招标方式确定了监理单位、施工单位和合同价格，同时明确了参建各方承担的权利、责任、义务，参建各方权利、责任、义务关系的确定一定程度上反映了项目法人的工程管理思路并直接影响后续的现场施工。特别指出的是，招标阶段不仅仅是通过招标确定签约单位这一件事情，协调设计单位积极进行招标设计、结合项目实际情况合理分标并确定各标段边界条件、编制项目管理预算都是该阶段投资控制的重要工作，其工作质量的好坏直接影响着建设实施阶段的投资控制。

（一）施工招标阶段投资控制主要工作

1.督促协调设计单位提高招标设计质量

设计是工程的灵魂，初步设计批准后，项目法人要尽可能留出足够多的时间给设计单位进行招标设计，从时间方面保证招标设计的质量。招标设计启动后，要充分利用设计监理、专家委员会等智力支撑机构的力量，对招标设计进行审查把关，提高招标设计质量。项目法人要主动加强设计管理，技术、移民、工程管理等业务部门主动介入，在督促设计单位提高工作质量的同时熟悉工程内容，为建设实施阶段的项目管理和投资控制打好基础。

2.做好分标规划

聘请有丰富经验的咨询单位认真研究初步设计、施工规划、工程项目所在地社会经济环境、项目法人管理力量等与项目建设实施相关的实际情况，并据以编制分标方案，分标方案应按照有利于工程建设、贴合工程项目所在地社会自然环境、与项目法人管理实际相匹配等原则编制。其要点包括：

（1）标段划分既要方便项目法人的管理，又要方便承包商的施工组织。

（2）标段划分不宜过大而超过承包商的能力，也不宜过小而造成成本增加、投资浪费。

（3）标段划分要与施工道路、施工供电、施工供水、施工通信等临时工程的布置相结合。

（4）标段划分要与现场施工场地、料场、渣场、生活场地等生产、生活设施的布置相结合。

（5）标段划分应能发挥各承包商的专业优势，同时尽量减少承包商之间的施工交叉。

（6）重视临时工程标段的划分，特别是要在充分考虑工程所在地基础设施条件的基础上，合理确定水、电供应和场内外交通、砂石料及混凝土系统标段的划分。

（7）重视监理标的划分，要结合项目法人自身建管力量和项目整体管理思路划分监理标，监理标既不宜小也不宜多，大的监理标可以吸引高水平的监理单位参加投标。

3.合理确定合同边界条件

按照施工规划、分标方案和工程项目所在地实地调研结果，合理划分项目法人、承包商各自承担的风险，确定合同边界条件。对于项目法人提供水、电、水泥、砂石骨料、火工品及修建场内外公路的，相关项目务必提早规划实施，保证供应质量、供应时间，以免不能按时、保质供应，从而影响工程进度且导致工期、费用索赔。

4.建立招标文件审查机制，提高招标文件编制质量

建立招标文件审查制度，成立由总经济师、总工程师牵头，计划合同部、工程技

术部（总工办）、工程建设部参加的招标文件审查工作组，自身力量不足时聘请专家参与审查，审查过程中要高度重视招标文件商务部分、技术部分和招标控制价之间的关联契合，保证招标文件的编制质量。招标文件要合理确定评标赋分标准，选择信誉良好、实力雄厚、具有丰富经验的监理单位与施工单位。

5.提早筹划编制项目管理预算

按照"静态控制、动态管理"的思路，聘请有丰富经验的咨询单位编制项目管理预算，使分标方案、分标预算、项目管理预算、建设实施过程中的统计核算口径一致，方便项目管理及投资控制。根据项目实际情况及咨询单位实际情况，分标方案编制单位和项目管理预算编制单位最好为一家，有利于保证工作连续性和工作质量。

（二）水利工程标准施工招标文件专业合同条款编制需要重点关注的内容

大中型水利工程施工招标普遍采用《水利水电工程标准施工招标文件》，技术条款一般由设计单位牵头编制，项目执行过程中，容易引起变更与索赔的是水文、气象、地质条件，因此技术部分编制应重视一般规定、施工临时设施、施工导流工程等内容，商务部分的编制重点应放在专用条款上。

第三节　"静态控制、动态管理"的投资管理模式

一、"静态控制、动态管理"的基本内涵

静态控制是指在保证工程质量、进度、安全的前提下，把工程建设静态投资控制在国家批复的初步设计概算静态总投资限额内。审批的初步设计概算静态总投资是工程实施静态投资控制的最高限额，是静态控制的核心，它不仅明确了项目法人投资控制的基本目标和职责，而且也促使项目法人根据工程实际情况，采取组织措施、经济措施、技术措施、合同措施加强管理，使方案更加优化、资金使用更加高效。

动态管理是指对工程建设期因物价上涨、政策变化、融资成本增加及重大设计变更导致的投资变化进行有效管理，通过逐年计算价差和融资成本，同时考虑政策影响和经审批的重大设计变更增加的投资，将上述投资作为动态投资进行管理，该部分投资对项目法人来说无法通过有效的管理进行控制，因此动态投资增加由投资人承担。动态管理对由于项目法人自身无法控制的因素所导致的投资变动进行了确认，有利于调动项目法人加强投资管理的积极性。

"静态控制、动态管理"模式下投资增加的处理原则：

（1）属于可行性研究范围内的设计变化造成的静态投资增加额，在设计概算静态总投资内通过合理调整、优化设计等措施自行消化。

（2）属于可行性研究范围之外的重大设计变更导致投资增加突破设计概算静态总

投资时，由项目法人编制重大设计变更专题报告上报投资人专项审批。

（3）属于价格、利率等因素变化增加的动态投资，通过分年度编制价差报告和据实计列建设期贷款利息方式，对动态投资进行有效管理并由投资人承担。

二、"静态控制、动态管理"的基本管理体系

按照"静态控制、动态管理"的投资控制模式，项目法人承担静态投资控制风险和责任，投资人承担动态风险引起的投资增加。在该模式下，静态投资控制主要是指将工程投资变化的概算调整风险、设计风险以及工程建设组织管理风险划归为静态投资控制内容，并以固定的价格水平确定量化为静态投资额度，由项目法人通过优化设计、提高组织管理（包括严格地、高质量地组织实施招标投标制、合同管理制、工程监理制）水平等手段全面进行工程投资控制管理。从纵向来说包括设计阶段的投资管理、招标投标阶段投资管理、建设实施阶段投资管理，从横向来说包括完善投资管理制度、建立全员投资管理体系、编制项目管理预算等。静态投资控制的基本手段是进行限额设计、编制项目管理预算并建立与之对应的投资控制责任分解和管理制度体系。动态管理的基本手段是编制年度价差报告、计算政策变化等引起的投资增加等。

三、项目管理预算

（一）项目管理预算的内涵

项目管理预算是按照项目法人管理机构及分标方案，对概算投资实行切块分配的技术经济文件，其按照批准的初设概算并以初设概算总额作为最大限额，按照施工规划、分标方案、招标设计和项目实际情况，通过适当调整、细化概算项目，将初设概算优化并合理划分，以利于投资的归口管理。项目法人依据项目管理预算和内控管理制度，将项目管理预算分解到各部门、具体到各岗位，形成全员、全方位、全过程的项目成本管理体系，真正做到人人责任明确，并据此确定绩效考核指标，为静态投资控制管理夯实基础，是项目法人管理和控制投资的重要依据。

（1）项目管理预算是工程建设实施阶段的重要投资管理文件，对于工期较长的大型水利工程来说，它是在项目的招标设计或项目的招标阶段，以设计概算的静态总投资为宏观投资控制目标，以项目施工总规划、分标方案、招标设计工程量和施工方案为依据，根据项目法人的管理要求，在对设计概算的静态总投资分解、细化、重组的基础上，按照设计概算的价格水平，结合工程招标和工程设计的实际情况进行编制，其编制主体是项目法人，一般委托专业的咨询机构进行编制。

（2）项目管理预算包括单项项目管理预算和总项目管理预算两部分内容。单项项目管理预算是根据分标方案、招标设计等基础资料，在招标的同时或之后，按照设计概算的价格水平，编制与合同项目工程量和施工方案完全对应的造价管理文件。另外，当项目招标达到一定的规模，技术设计达到一定深度后，可择机编制总项目管理

预算。总项目管理预算是业主编制投资计划、列报年度投资完成、计算年度价差、指导施工阶段合同管理的主要经济文件，是工程项目静态投资过程控制的主要控制指标。

（3）项目管理预算一般从招标阶段开始编制，其基本框架应与分标方案、招标设计、招标预算相适应，以方便后期管理和调整。

（4）项目管理预算不是一次编制完成的，随着工程建设从施工招标阶段逐渐过渡到现场施工阶段，设计深度不断加深，各种风险、矛盾不断暴露。项目管理预算应随工程进展不断进行调整，适应投资控制的需要。一般情况下，施工招标工作基本结束、现场施工进入中后期时项目管理预算成熟定稿。

（二）项目管理预算的作用

（1）是控制静态投资的依据。项目管理预算是在招标设计基本完成之后开始编制的，工程设计、施工方案及施工工艺等较初步设计阶段更加明确、更趋合理，对工程项目所在地的社会经济情况更加了解。因此，该阶段编制的项目管理预算更接近工程的实际成本，作为投资控制目标更具有操作性。

（2）是投资人编报年度价差计算报告的依据。工程进入建设实施阶段后，合同管理是投资管理的中心工作，通过按设计概算价水平编制项目管理预算，实现以分年度实际完成合同工程量和相应的项目管理预算单价计算静态投资完成额，据以计算年度工程价差。

（3）是考核设计单位绩效的依据。工程投资控制管理工作的龙头是设计管理。项目管理预算一方面可以反映招标设计相对初步设计在投资方面的变化，以及工程条件变化和招标设计优化的结果；另一方面可以反映工程施工图设计和单项技术设计相对招标设计的变化，可以作为考核设计单位绩效的依据，有利于鼓励设计单位进一步优化设计和降低工程造价。

（4）是进行分标投资管理的依据。项目管理预算特别是建筑安装工程采购、金属结构及机电设备采购等主体工程建筑安装部分与标段划分保持一致，条块划分清晰，投资增减变化一目了然，便于细化投资管理目标，明确责任部门及其投资管理责任。

（5）是编制投资计划、统计报表的依据。根据各年度工程进度计划项目及工程量，以项目管理预算单价编制静态投资，参考上年度审定的价格指数预测价差，根据资金来源测算融资费用，编制投资计划报表；根据实际完成的工程项目及工程量，以项目管理预算单价编制静态投资完成额，计入投资人批准的价差和实际发生的融资费用，编制投资完成统计报表。同时，合同台账、变更台账、结算台账等统计标准与项目管理预算的划分保持一致，从而建立便于统计、对比、分析的台账体系。

（三）项目管理预算的编制原则

（1）项目管理预算静态投资控制在设计概算限额之内，可以对概算项目、工程量、工程单价、基本预备费等进行合理调整。

（2）按"两分开"原则编制项目管理预算，为满足建立"静态控制、动态管理"投资管理模式的需要，应将枢纽工程静态投资和征地移民静态投资分开，将静态投资和动态投资分开。

（3）项目管理预算的项目划分应满足工程项目管理、计划统计和财务核算的要求，原则上与建筑、安装、设备采购的招标口径保持一致，同时与设计概算项目划分建立有机联系，纵向按管理层次划分项目，横向按管理职责划分费用。

（4）项目管理预算的基础价格和取费费率水平应与设计概算保持一致，施工效率应结合工程实际情况及现场测量定额水平合理确定。

（5）项目管理预算的表现形式应满足不同层次和部门的管理需要。

（6）项目管理预算编制应结合工程实际，综合考虑工程项目实施过程中可能存在的各种风险，适度留有余地。

（7）项目管理预算编制工作应在初步设计批复以后启动，在招标设计阶段编制完成。作为投资控制的基础依据；除编制项目管理预算外，项目法人应建立与项目管理预算配套的投资控制目标分解及奖惩制度体系。

（四）编制程序

大中型水利工程项目管理预算的编制程序一般如下：

（1）确定编制大纲。

（2）根据工程进展情况按招标项目划分编制单项工程项目管理预算，在主体工程招标完成后，通过汇总单项工程项目管理预算编制总预算。

（3）项目法人组织专家进行内部审查，编制单位根据审查意见修改完善。

（4）项目管理预算报投资人审批，作为投资控制的依据。

（五）项目管理预算的项目划分

项目管理预算一般可划分为建筑安装工程采购、金属结构及机电设备采购、专项采购、项目管理费、技术服务采购、生产准备费、建设征地移民补偿费、其他费用、可调剂预留费用、基本预备费十部分。每个部分之下的项目，原则上根据招标项目和建设管理体制，以及工程的具体情况进行设置。其中，建筑安装工程采购、金属结构及机电设备采购、专项采购宜按照标段（或分标方案）列示工程项目，单独列示尚未招标的概算项目，并单独列示合同外实际完成工程项目。

（1）建筑安装工程采购。建筑安装工程采购指永久工程和临时工程建筑安装工程的采购，设备安装工程与设备采购一起招标时，可将安装工程列入建筑安装工程采购项目。未招标的建筑安装工程项目可按照分标方案列项。

（2）金属结构及机电设备采购。一般按标段列示采购项目，未招标的金属结构及机电设备采购项目可按照分标方案列项。

（3）专项采购。一般包括永久和临时房屋建筑工程、水情自动测报系统、安全监测系统、信息管理系统、水土保持工程、环境保护工程等。以上项目可根据初步设计概算对项目进行调整，但未经批准不得随意增减项目。

（4）项目管理费。包括建设单位项目管理费、联合试运转费等。

（5）技术服务采购费。包括工程勘测设计费、监理费、招标业务费、科学研究试验费、技术经济咨询费等。

（6）生产准备费。包括生产及管理单位提前进厂费、生产职工培训费、管理用具购置费、备品备件购置费、工器具及生产家具购置费。

（7）其他费用。包括工程保险费、工程质量监督费、定额编制管理费等。

（8）建设征地移民补偿费。

（9）可调剂预留费用。

（10）基本预备费。

（六）项目管理预算编制方法

根据工程特点，结合项目实际情况，参照行业定额，考虑现阶段水利施工企业可达到的平均水平，编制建筑安装工程预算；根据招标预算，编制金属结构及机电设备预算；根据工程建设管理体制、国家有关规定和工程建设实际，编制专项采购、项目管理费、技术服务费、生产准备费、其他费用的项目管理预算；建设征地移民补偿费按初步设计概算列示。

1.建筑安装工程采购项目管理预算

（1）工程量。已完成的工程项目，采用合同工程量和已履行相关手续的变更工程量；已完成招标的项目，采用合同工程量；未完成招标的项目，采用招标设计工程量。

（2）价格。主要建筑安装工程项目，按单价法编制工程单价；次要项目尽可能采用单价法；个别项目可采用指标法或比例法编制。

（3）工程单价。

①按照招标设计的施工组织设计所确定的施工方法选用定额，已完成招标的项目可结合中标单位的施工组织设计确定施工方法并编制单价。

②工程单价原则采用相应行业预算定额进行编制，在此基础上可考虑超挖、超填、施工附加量等工程实际情况适当调整。

③基础单价（包括人工、水、电、风、砂石骨料、柴油、火工品等），采用初步设计概算相应价格。

④其他直接费、间接费，一般采用行业规定的费率进行计算，可以根据工程情况适度调整。

⑤企业利润。采用行业规定费率。

⑥税金。按照初步设计概算税率计算。

2.金属结构及机电设备采购项目管理预算

（1）设备数量。已完成安装的设备，采用合同数量和已履行相关手续的变更数量；已招标采购的，采用合同数量；未招标采购的，采用招标设计数量。

（2）设备价格。可采用招标设计预算值。

3.专项采购

根据专项工程的具体情况，分别采用以下方法编制：

（1）采用招标设计预算值。

（2）采用与专业部门签订的协议价格。

（3）按不同项目特点分别计算，基于建筑工程采购相近的项目参照建筑安装工程的编制方法计算；与设备采购相近的项目参照设备采购的编制方法计算；与费用相近的项目参照费用项目的编制方法计算。

4.项目管理费

按照工程具体建设管理模式，根据当年价格水平进行编制。

5.技术服务采购

（1）工程勘测设计费。已招标或已签订勘测设计合同的，采用合同价；未招标的采用初步设计概算值。

（2）工程建设监理费。已招标项目采用合同价，未招标的采用初步设计概算值；未全部招标项目在已签订合同额基础上计入未招标部分的监理费。

（3）招标业务费。包括招标代理服务费和其他招标工作经费，如项目法人对招标文件的咨询、审查等工作所需费用。已招标项目按实际发生额列计招标代理服务费，未招标项目根据国家发展计划委员会"计价格〔2002〕1980号"文发布的招标代理服务收费标准进行计算。按招标代理服务费标准的20%～30%计列招标业务费。

（4）科学研究试验费。采用初步设计概算值。

（5）技术经济咨询费。项目建设进行技术、经济、法律咨询发生的相关费用及国家有关部门进行的项目评审、项目后评价等相关费用。技术经济咨询费原则按项目管理预算一至三部分（建筑安装工程、金属结构及机电设备、专项采购）投资之和的0.5%～1%计列（投资基数大的取下限，投资基数小的取上限，其他取中间）。

6.生产准备费

采用初步设计概算值。

7.建设及施工场地征用费

采用初步设计概算值。

8.其他费用

（1）工程保险费。采用初步设计概算值。

（2）工程质量监督费。按水利部相关标准执行。

（3）其他税费。采用初步设计概算值。

9.可调剂预留费用

为项目管理预算与初步设计概算投资对比减少的建筑安装工程、设备工程和费用投资之和。

10.基本预备费

按初步设计概算工程部分基本预备费计列，不包括建设征地移民补偿费、水土保持工程和环境保护工程所含基本预备费。

四、价差调整

（一）价差调整的两个层次

价差调整包括投资人与项目法人、项目法人与承包商两个层次，两个层次的价差调整既有区别也有联系，主要有：

（1）投资人与项目法人之间的价差调整，按照投资人批准的价格指数和项目管理预算单价、实际完成工程量计算的投资完成额作为计算依据。

（2）项目法人与承包商之间的价差结算严格执行合同约定的调整方式，比如定值权重、变值权重的确定等。

（3）两个层次的价差结算冲抵后的盈亏，由项目法人负责。

（二）影响因子的选择

（1）长耗材料均应作为影响因子，比如混凝土浇筑工程中用到的水泥、水、电等。

（2）对预计涨价幅度较大且参与调整的费用总额较高的材料应作为影响因子。

（3）人工费及建筑材料应作为影响因子的首选项目。

（4）影响因子的选择应注意其需要具有严格对应或者是可以核实的统计价格指数，这样有利于避免使用替代指数对价格指数计算精度的影响。

（5）影响因子的数目选择不宜少于5个，也不宜过多，应按照上述四项原则选择变动幅度较大或费用调整额较高的材料。

（三）定值权重的设定

定值权重的实质是合同价格中不能参与调价的部分与合同总价的比值，固定系数测算的原则一般是合同价格中不因物价变动而变化的部分。世界银行项目推荐的固定系数在0.15左右，如小浪底发电设备工程采用的调价公式固定系数为0.15；而实际工程项目中所用的固定系数值变化较大，其数值变化大致为0.10～0.35。对于项目法人来说，其一般希望选择一个较大的定值权重，这样项目后期调整价差的金额相对较小；承包商则正好相反，其希望定值权重尽可能小，这样项目后期调整价差的金额就大。定值权重的设定

体现了项目法人、承包商之间相互博弈的过程，也体现了风险共担的合作理念。从公平公正、有利于工程建设角度考虑，项目法人应在预测物价上涨趋势的基础上合理确定定值权重。

（四）变值权重的设定

变值权重计算的基本原则是影响因子按成本比例原则进行确定，其包括两个方面的内容：一是变值权重的计算主要是通过计算各个影响因子在项目总的静态投资额中的比例，比如依据影响因子在总项目管理预算中所占的比例来确定其变值权重的数值；二是变值权重的最终确定还需要在分项计算的基础上，通过逐级汇总的方式进行综合，也就是逐级加权汇总。

对于项目法人来说，也可以在招标文件中对各项系数给出一个范围，由投标人在规定的范围内选取；如招标文件规定投标人可自主确定变值权重，其一般是以投标单价中"人、材、机"及其他费用的构成比例来确定变值权重。一般而言，项目法人总希望将预计价格上涨幅度较大的影响因子权重设置小一点，而承包商则恰恰相反。对于项目法人来说，变值权重也不是越小越好，在设定或确定取值区间时，要站位工程建设全局，从风险均摊、实现双赢的角度合理确定，毕竟让承包商赔本干工程是十分困难的。

（五）影响因子价格及价格指数信息的采集方式

一般情况，水利工程项目价格指数计算中影响因子的价格信息采集主要包括建筑安装工程、金属结构及机电设备工程以及独立费用三部分。

（1）建筑安装工程的价格信息采集方式。建筑安装工程价格信息的采集主要指构成建筑安装工程的人工、材料、机械及各项费用的有关价格的采集，其主要原则包括：属于国家定价的产品，如电价、火工产品价格，以国家颁布的价格为依据；以市场价为主的产品，如钢筋、木材、水泥等，以各地区价格信息中心或地方造价管理部门发布的信息价为依据；其他各费用项目中，如果采用替代价格指数，应尽量采用国家统计局等权威部门发布的近似价格指数。

（2）金属结构及机电设备工程的价格信息采集方式。水利工程项目的设备工程主要可划分为主要设备、专用设备及通用设备三种。其中，主要设备和专业设备价格指数的计算是以合同价以及各主要设备的静态投资额分类为依据的；通用设备直接采用国家统计局发布的固定资产投资价格指数中的设备价格指数计算；一些大型非标设备，由于无相应定型设备价格对比资料，某些项目进口设备又占相当大的比重，且设备是通过招标定价，也可以采用设备的合同价格作为依据。

（3）独立费用价格指数的计算。独立费用的价格指数按物价部门发布的价格指数或采用相关费用价格指数计算。

第四节　建设实施阶段投资控制

一、建设实施阶段的特点

建设实施阶段是指施工单位进场施工至主体工程完工的时间段，也是项目规划目标从蓝图变成现实的阶段。此阶段节约投资的可能性虽然不多，但管理不善浪费投资的可能性却很大。在建设实施阶段，随着现场施工进行，工程设计不完善的地方开始暴露出来，导致工程变更、现场停工并引发工程索赔；移民征迁、社会环境、材料供应等各方面的因素相对合同签订时的条件也在不断变化并引发变更、索赔；项目参与各方都希望在工程建设中利益最大化，各种利益主体相互影响、相互交叉，项目法人作为投资控制主体，其协调控制不仅必要而且更加复杂。

建设实施阶段的投资控制工作虽然十分复杂，但也有规律可循。首先，任何工作的开展都必须有计划指导，施工投资控制也不例外，项目管理预算和基于项目管理预算、施工总进度计划编制的总投资计划、分年度投资计划是建设实施阶段投资控制的基础；其次，建设实施阶段投资支出主要以执行建安合同的形式完成，合同是甲乙双方发生经济利益关系的法律文书，因此应充分依靠合同，有理有据积极主动处理变更；最后，项目法人要加强内外部管理，树立双赢理念，努力营造好的移民征迁环境，加强大宗材料供应，协调和水、电供应管理，为承包商施工创造好的施工条件。

二、建设实施阶段投资控制的影响因素

在建设实施阶段，条件复杂、影响因素多，各种信息流、人流、物资流、资金流不断交换，都对工程建设和工程投资产生着影响，对投资产生影响的因素可分为社会经济因素、自然因素和人为因素等。

（一）社会经济因素

（1）物价因素。水利工程建设周期长、规模大，物价波动必然会影响工程造价，因此项目法人、承包商都会非常关心物价波动，对于可调价合同，物价变化对工程投资会产生较大影响。

（2）国家政策调整。工程施工过程中，国家财政及税收政策发生变化。一般情况下，国家政策调整引起的投资变化不属于承包商承担的风险，该部分导致的投资增加由项目法人承担。

（3）利率、汇率调整。利率的调整会影响工程建设期内贷款利息的支出额，对工程投资的动态管理有一定影响。对于涉及外汇的项目，汇率的调整对投资也会产生一定影响。

（二）自然因素

（1）自然条件因素。水利工程施工受地理位置、水资源、气候、地质条件及施工条件等多方面的影响，这些自然条件具有很大的不确定性，在建设过程中可能会比勘测设计所掌握依据的资料发生较大变化，从而导致工程变更、投资增加。

（2）不可抗力因素。不可抗力事件发生具有随机性，无法准确预测及防范，但是不可抗力事件一旦发生对工程投资的影响都十分巨大。如洪水、地震、战争、台风、泥石流等不可抗力事件都将导致工程投资增加。

（三）人为因素

（1）业主行为。建设过程中，业主要求赶工、增加变更、资金延迟支付等行为都会对工程投资产生影响。

（2）合同缺陷。项目法人、承包商的权利、义务及合同风险是按照合同确定的，如果合同有缺陷，必然会对合同执行产生影响，进而导致纠纷发生、费用增加。

（3）设计质量。由于勘测设计深度不够，合同履行过程中发生大量变更，造成投资增加、工期滞后；设计单位出图进度滞后，导致现场停工、窝工，造成索赔并影响工程建设。

（4）监理工程师行为。由于人的有限理性，可能会导致工程师发出错误的指令，导致工程投资增加。

（5）现场管理因素。施工管理中，内容多，项目复杂，影响因素多。比如甲供材料、设备没有按期到货，甲施工单位没有按照约定的时间提供工作界面导致乙施工单位窝工等，这些问题都会影响工程建设并影响工程投资。

（6）其他因素。在建设实施中建设征地、移民进度滞后，比如砂石料开采区征迁不及时导致无法正常供料、移民补偿不到位导致群众阻工等，这些问题也会影响工程建设并影响工程投资。

分析以上影响投资控制的三类因素可以看出，社会经济因素、自然因素基本属于通过加强管理仍无法有效避免的投资管理风险，人为因素所造成的投资风险则可以通过加强管理有效避免或降低。按照"静态控制、动态管理"的投资控制管理思路，将社会经济因素、自然因素纳入动态控制的管理范围，由投资人承担投资增加的风险，其中的不可抗力因素所导致的投资增加也可以通过投保工程保险进行风险转移。人为因素可能造成的投资风险增加由项目法人通过加强管理进行有效避免或降低，由项目法人在总项目管理预算的框架内部消化解决。

三、建设实施阶段投资控制措施

水利工程投资管理是一项复杂的系统工程，包括纵向和横向两个方面。纵向涉及与投资管理相关的项目法人、设计单位、施工单位、监理单位、制造厂家、贷款银行、保险公司等；横向涉及工程安全、质量、工期、投资及风险等各管理要素。构成投资控制系统的纵横向因素之间互相关联、互相影响，共同影响工程投资。在投资控制目标已定的情况下，投资控制管理可从宏观、微观两个层面综合发力，宏观层面主要是严格执行"四制"，微观层面是在严格执行"四制"的基础上采取的具体措施。

（一）严格执行项目法人责任制、合同管理制、招标投标制、建设监理制

"四制"是我国现行政策法规的要求，也是被实践证明了的行之有效的建设管理模式，项目法人应结合项目实际情况贯彻执行"四制"，保证工程建设顺利进行。

（1）项目法人责任制。有效明确了投资责任主体，特别是在"静态控制、动态管理"模式下。概算范围内，项目法人拥有决策权，在享受投资效益和权利的同时也承担着投资控制风险，项目法人责任制的平衡约束，可有效保证投资人投资经济效益和社会效益的实现。

（2）合同管理制。工程建设过程中，通过各种形式的合同将参建各方组成一个复杂、庞大而又紧密联系的关联网络，并依法明确工程参建各方彼此间的责权利，从而将参建各方组成一个松散的集体。通过合同设定的边界条件和规则标准，当发生工程变更、索赔时，可以按照事先设定的条件进行处理，从而有效控制工程投资。

（3）招标投标制。提供了一种更为公平、公正的竞争环境和交易形态，随着招标项目进入各地公共资源交易中心、网络评标等招标投标方式的推行，招标投标越来越公正、透明，有利于建筑市场的良性发展。对于项目法人来说，通过招标投标可以选择最适合工程项目的监理单位、施工单位。

（4）建设监理制。作为工程建设的第三方，监理工程师承担着质量、安全、进度、投资控制的职责；作为项目法人工程管理的助手，监理工程师在协助项目法人进行工程管理的同时，还承担着调解纠纷、互相制衡的作用，在项目法人、施工单位之间起着桥梁纽带作用。另外，作为项目法人设计阶段投资控制的重要举措之一，设计监理在控制设计质量、设计进度方面正发挥着越来越重要的作用。

（二）投资控制管理的具体措施

"四制"是投资控制的基础，把"四制"落到实处的过程也就是投资控制的过程，其具体采取的措施包括以下几点。

（1）针对大中型水利工程投资管理的复杂性和多变性，按照"总量控制、合理调整"的原则编制项目管理预算，项目法人以项目管理预算作为控制投资的主要依据。项目法人以审定的项目管理预算控制工程造价、筹措建设资金、测算工程价差、编报年度投资计划和年度投资完成统计报表。

（2）建立运转高效的生产调度管理组织体系，实现技术、工程建设、移民环保、计划合同等部门的联动，一方面保证各自职责范围内的工作有序开展；另一方面当不可预见风险发生时，能有效联动，及时响应，将风险降到最低。

（3）强化合同管理。确定施工单位后，项目法人应组织工程建设部、技术管理部、计划合同部对中标单位的报价清单、施工方案、不平衡报价、可能发生的工程变更及索赔等内容进行分析讨论，理清项目管理、投资控制的重点和难点。

（4）建立信息化投资管理系统。大中型水利工程影响因素多、建设周期长、资金流量大，产生的数据多，各种信息繁杂。在工程实施中涉及投资控制的信息包括设计、质量、进度、设备、材料、移民、征地等方面，各方面的进度都应在充分讨论、科学论证的工程总进度计划指导下进行，任何一方面出现时间或质量标准上的偏差，都会引发工期滞后和变更索赔的产生，造成投资增加。而在繁杂的信息面前，单纯依靠人力进行信息传递，不但慢而且容易失真，建立一个系统、科学的信息管理系统，实现对工程进度、质量、安全、投资等信息的综合管理，可以加快信息的传递和信息加工，从而即时生成各种报表，使项目管理人员可以了解设计、质量、进度、移民、征迁等各方面的进展情况，发现偏离的及时采取纠偏措施，使工程建设按照预定的轨道前进，保证工程建设顺利进行的同时也实现了投资控制的目标。

（5）建立投资控制监督体系。建立内外部监督相结合的投资控制监督机制，对投资控制及建设管理进行全过程的监督管理。内部监督是以内部审计及资金综合管理为主的内部投资监督体系，实行内部监督可以保证以项目管理预算为核心的投资控制体系得以有效运行，以监督、考核、奖惩促使制度落地，使公司管理层的投资控制安排部署落到实处。外部监督主要指投资人监督项目管理所组织的检查、审计等外部投资监督体系以及政府派驻的质量监督和社会舆论监督等。

（6）加强优化管理，提高综合效益。对于大中型水利工程，在建设实施过程投资控制中，有大量可以优化管理的内容，如投资资本结构优化降低融资费用、采购优化降低采购费用、库存优化降低存储费用、工期优化节省监管费用并提前发挥工程效益等。

（7）合理及时核定工程价差，科学管理动态投资。大中型水利工程建设周期长，物价的变化是必然发生的，为保证工程建设顺利进行，必须考虑物价上涨因素，合理及时核定工程价差，进行价差结算。价差分为概算价差及合同价差两个体系，分别对应投资人与项目法人、项目法人与承包商两个层次。概算价差是投资人对项目法人结算的价差，是工程总投资的一部分。合同价差是指项目法人根据有关合同条款结算给承包商的价差。项目法人价差管理中的工作重点是建立和规范两个层次的价差管理体系，把概算价差和合同价差严格区分开来。

（8）开展投资风险分析，主动控制工程投资。大中型水利工程项目建设周期长、涉及主体多、影响范围广，实施过程中存在许多不确定性，如不能很好地进行风险管理，可能遭受各种各样的意外损失，这些损失都可能加大工程投资。项目法人在建设实施阶段，要树立风险意识，建立投资风险分析和管理机制，根据工程进展情况、各年度项目资金到位和投资完成情况，逐年分析项目静态投资、价差、利息及资金结构变化，定期对工程进度计划、主要合同执行情况进行分析，总体把控投资变化趋势，预测未来投资控制的风险和项目预期收益，针对可能存在的风险提出防范措施。通过风险分析，对已经完成的投资和项目管理活动进行总结，指导后续项目加强投资控制，降低投资成本，为提升项目竞争力夯实基础。

（9）发挥中介机构专业优势，提供工程建设咨询服务。工程咨询的实质是咨询单位在项目决策、实施及管理过程中，为项目法人提供智力服务，其依托先进的管理技术和丰富的实践经验，将先进的、前瞻性的投资管理理念应用到工程项目投资控制中，通过专业化的服务，有效控制工程质量、进度、安全和投资，促进建设项目管理和投资效益提升。其具体服务涵盖从项目决策到建设实施的全过程，比如编制投资管理制度、编制项目管理预算、测算工程价差、进行工程投入和产出风险分析、进行全过程造价审计、项目后评价等。项目法人应重视中介机构在投资控制方面的重要作用，委托优秀的咨询单位提供咨询服务，提高投资控制的质量。

（10）合理进行风险转移。对于可通过工程保险化解的风险（如超标准洪水等），通过购买工程保险的办法化解风险，进行风险转移。

（11）建立基于项目管理预算的投资控制体系。建立以项目管理预算为核心的投资控制体系，将项目管理预算按照工程、移民、独立费用等进行分解，明确承担预算控制的责任部门、责任岗位，制定相应的管理制度，明确奖惩措施，建立横向到边、纵向到底的投资控制体系。

第七章 水利工程建设合同管理

第一节 工程建设合同相关知识

一、合同的概念及内容

《民法典》规定："合同是平等主体的自然人、法人、其他组织之间设立、变更、终止民事权利义务关系的协议。"合同作为一种协议，必须是当事人双方意思表示一致的民事法律行为。合同是当事人行为合法性的依据。合同中所确定的当事人的权利、义务和责任，必须是当事人依法可以享有的权利和能够承担的义务与责任，这是合同具有法律效力的前提。当事人依法享有自愿订立合同的权利，任何单位和个人不得非法干预。

任何合同都应具有三大要素，即合同的主体、客体和合同内容。

（1）合同主体，即签约双方的当事人。合同的当事人可以是自然人、法人或其他组织，且合同当事人的法律地位平等，一方不得将自己的意志强加于另一方。依法签订的合同具有法律效力。当事人应按合同约定履行各自的义务，不得擅自变更或解除合同。

（2）合同客体，指合同主体的权利与义务共同指向的对象，如建设工程项目、货物、劳务、智力成果等。客体应规定明确，切忌含混不清。

（3）合同内容。合同双方的权利、义务和责任。

二、工程建设合同的概念及特征

（一）工程建设合同的概念

工程建设合同是承包商进行工程建设，发包人支付工程价款的合同。工程建设合同是一种诺成合同，合同订立生效后双方均应严格履行。同时，建设工程合同也是一种有偿合同，合同双方当事人在执行合同时，都享有各自的权利，也必须履行自己应尽的义务，并承担相应的责任。

（二）工程建设合同的特征

1.合同主体的严格性

工程建设合同主体一般只能是法人。发包人一般只能是经过批准进行工程项目建设的法人，必须有国家批准的建设项目、落实投资计划，并且应当具备相应的协调能力；承包人则必须具备法人资格，而且必须具备相应的从事勘察、设计、施工、监理等业务的资质。

2.合同客体的特殊性

工程建设合同的客体是各类建筑产品。建筑产品的形态往往是多种多样的。建筑产品的单件性及固定性等其自身的特点，决定了工程建设合同客体的特殊性。

3.合同履行期限的长期性

由于建设工程结构复杂、体积大、工作量大、建筑材料类型多、投资巨大，使得其生产周期一般较长，从而导致工程建设合同履行期限较长。同时，由于投资额巨大，工程建设合同的订立和履行一般都需要较长的准备期。而且，在合同的履行过程中，还可能因为不可抗力、工程变更、材料供应不及时等原因而导致合同期限的延长，这就决定了工程建设合同履行期限的长期性。

4.投资和建设程序的严格性

由于工程建设对国家的经济发展和广大人民群众的工作与生活都有重大的影响，因此国家对工程项目在投资和建设程序上有严格的管理制度。订立工程建设合同也必须以国家批准的投资计划为前提。即使是以非国家投资方式筹集的其他资金，也要受到当年的贷款规模和批准限额的限制，该投资也要纳入当年投资规模，进行投资平衡，并要经过严格的审批程序。工程建设合同的订立和履行还必须遵守国家关于基本建设程序的有关规定。

三、工程建设合同的作用

（一）合同确定了工程建设和管理的目标

工程建设地点和施工场地、工程开工和完工的日期、工程中主要活动的延续时间等，是由合同协议书、工程进度计划所决定的；工程规模、范围和质量，包括工程的类型和尺寸、工程要达到的功能和能力，设计、施工、材料等方面的质量标准和规范等，是由合同条款、规范、图纸、工程量清单、供应单等决定的；价格和报酬，包括工程总造价，各分项工程的单价和合价，设计、服务费用和报酬等，是由合同协议书、中标函、工程量清单等决定的。

（二）合同是工程建设过程中双方解决纠纷的依据

在建设过程中，由于合同实施环境的变化、合同条款本身的模糊性、不确定等因素，引起纠纷是难免的，重要的是如何正确解决这些纠纷。在这方面合同有两个决定性作用：一是判定纠纷责任要以合同条款为依据，即根据合同判定应由谁对纠纷负责，以及应负什么样的责任；二是纠纷的解决必须按照合同所规定的方式和程序进行。

（三）合同是工程建设过程中双方活动的准则

工程建设中双方的一切活动都是为了履行合同，必须按合同办事，全面履行合同所规定的权利和义务，并承担所分配风险的责任。双方的行为都要受合同约束，一旦违约，就要承担法律责任。

（四）合同是协调并统一参加建设者行为的重要手段

一个工程项目的建设，往往有相当多的参与单位，有业主、勘察设计、施工、咨询监理单位，也有设备和物资供应、运输、加工单位，还有银行、保险公司等金融单位，并有政府有关部门、群众组织等。每一个参与者均有自身的目标和利益追求，并为之努力。要使各参与者的活动协调统一，为工程总目标服务，就必须依靠为本工程顺利建设而签订的各个合同。项目管理者要通过与各单位签订的合同，将各合同和合同规定的活动在内容上、技术上、组织上、时间上协调统一，形成一个完整、周密、有序的体系，以保证工程有序地按计划进行，顺利地实现工程总目标。

四、工程建设合同的类别

工程建设合同根据管理角度的不同有多种分类方式。

（一）按承、发包的范围和数量分类

按承、发包的范围和数量，可以将工程建设合同分为建设工程总承包合同、建设工程承包合同、分包合同三类。

建设工程总承包合同是指发包人将工程建设的全过程发包给一个承包人的合同。

建设工程承包合同是指发包人将建设工程的勘察、设计、施工等的每一项发包给一个或多个承包人的合同。

分包合同是指经合同约定和发包人认可，分包商从工程承包人的工程中承包部分工程而订立的合同。

（二）按工程承包的内容分类

按工程承包的内容来划分，工程建设合同可以分为建设工程勘察合同、建设工程设计合同、建设工程监理合同和建设工程施工合同等类型。

（三）按计价方式分类

按计价方式不同，业主与承包商所签订的合同可以划分为总价合同、单价合同和成本加酬金合同三大类。

建设工程勘察、设计合同和设备加工采购合同，一般为总价合同；建设工程委托监理合同大多数为成本加酬金合同。

建设工程施工合同根据招标准备情况和工程项目特点不同，可选择其适用的一种合同。

1.总价合同

总价合同又分为固定总价合同、固定工程量总价合同和可调整总价合同。

（1）固定总价合同。合同当事人双方以招标时的图纸和工程量等招标文件为依据，承包商按投标时业主接受的合同价格承包并实施。在合同履行过程中，如果业主没有要求变更原定的承包内容，承包商实施并圆满完成所承包工程的工作内容，不论承包商的实际成本是多少，业主都应当按合同价支付项目价款。

（2）固定工程量总价合同。在工程量报价单中，业主按单位工程及分项工程内容列出实施工程量，承包商分别填报各项内容的直接费单价，然后再汇总出总价，并据此总价签订合同。合同内原定工作内容全部完成后，业主按总价支付给承包商全部费用。如果中途发生设计变更或增加新的工作内容，则用合同内已确定的单价来计算新增工程量而对总价进行调整。

（3）可调整总价合同。这种合同与固定总价合同基本相同，但合同期较长（一般一年以上），只是在固定总价合同的基础上，增加了合同执行过程中因市场价格浮动等因素对承包价格调整的条款。常见的调价方式有票据价格调整法、文件证明法、公式调价法等。

2.单价合同

单价合同是指承包商按工程量报价单内分项工作内容填报单价，以实际完成工程量乘以所报单价计算结算款的合同。承包商所填报的单价应为计入各种摊销费以后的综合单价，而非直接费单价。合同执行过程中如无特殊情况，一般不得变更单价。单价合同的执行原则是，工程量清单中分项开列的工程量，在合同实施过程中允许有上下浮动变化，但该项工作内容的单价不变，结算支付时以实际完成工程量为依据。因此，按投标书报价单中预计工程量乘以所报单价计算的合同价格，并不一定就是承包商保质保量完成合同中规定的任务后所获得的全部款项，可能比它多，也可能比它少。

单价合同大多用于工期长、技术复杂、实施过程中发生各种不可预见因素较多的大型复杂工程的施工，以及业主为了缩短项目建设周期，初步设计完成后就进行施工招标的工程。单价合同的工程量清单内所列出的工程量一般为估算工程量，而非准确工程量。

常用的单价合同有估计工程量单价合同、纯单价合同和单价与包干混合合同三种。

（1）估计工程量单价合同。承包商在投标时，以工程量报价单中列出的工作内容和估计工程量填报相应的单价后，累计计算合同价。此时的单价应为计入各种摊销费后的综合单价，即成品价，不再包括其他费用项目。合同履行过程中应以实际完成工程量乘以单价作为结算和支付的依据。这种合同方式较为合理地分担了合同履行过程中的风险。估计工程量单价合同按照合同工期长短也可以分为固定单价合同和可调单价合同两类。

（2）纯单价合同。招标文件中仅给出各项工程的分部分项工程项目一览表、工程范围和必要的说明，而不提供工程量。投标人只要报出各分部分项工程项目的单价即可，实施过程中按实际完成工程量结算。由于同一工程在不同的施工部位和外部环境条件下，承包商的实际成本投入不尽相同。因此，仅以工作内容填报单价不易准确，而且对于间接费分摊在许多工种中的复杂情况，以及有些不易计算工程量的项目内容，采用纯单价合同往往会引起结算过程中的麻烦，甚至导致合同争议。

（3）单价与包干混合合同。这种合同是总价合同与单价合同结合的一种形式。对内容简单的工程量采用总价合同承包；对技术复杂、工程量为估算值部分采用单价合同方式承包。

3.成本加酬金合同

成本加酬金合同是将工程项目的实际投资划分为直接成本费和承包商完成工作后应得酬金两部分。实施过程中发生的直接成本费由业主实报实销，另按合同约定的方式付给承包商相应的报酬。成本加酬金合同大多使用于边设计边施工的紧急工程或灾后修复工程，以议标方式与承包商签订合同。由于在签订合同时，业主还提供不出可供承包商准确报价的详细资料，因此在合同中只能商定酬金的计算办法。按照酬金的计算方式不同，成本加酬金合同又可分为成本加固定百分比酬金合同、成本加固定酬金合同、成本加浮动酬金合同及目标成本加奖惩合同四种类型。

五、水利工程建设监理合同管理

监理单位受项目法人委托承担监理业务，应与项目法人签订工程建设监理合同，这是国际惯例，也是《水利工程建设监理规定》中明确的。工程建设监理合同的标的，是监理单位为项目法人提供的监理服务，依法成立的监理委托合同对双方都具有法律约束力。

（一）建设监理合同的组成文件

在《水利工程建设监理合同示范文本》中，建设监理合同的组成文件及优先解释顺序如下：

（1）监理委托函或中标函。

（2）监理合同书。

（3）监理实施过程中双方共同签署的补充文件。

（4）专用合同条款。

（5）通用合同条款。

（6）监理招标书（或委托书）。

（7）监理投标书（或监理大纲）。

上述合同文件为一整体，代替了合同书签署前双方签署的所有协议、会谈记录及有关相互承诺的一切文件。

凡列入中央和地方建设计划的大中型水利工程建设项目应使用监理合同示范文本，小型水利工程可参照使用。

（二）《水利工程建设监理合同示范文本》的组成

1.监理合同书

监理合同书是发包人与监理人在平等的基础上协商一致后签署的，其主要内容是当事人双方确认的委托监理工程的概况，包括工程名称、工程地点、工程规模及特性、总投资、总工期，监理范围、监理内容、监理期限、监理报酬，合同签订、生效、完成时间，明确监理合同文件的组成及解释顺序。

2.通用合同条款

通用合同条款适用于各个工程项目建设监理委托，是所有签约工程都应遵守的基本条件，通用合同条款应全文引用，条款内容不得更改。

通用合同条款内容涵盖了合同中所涉及的词语涵义、适用语言，适用法律、法规、规章和监理依据，通知和联系方式，签约双方的权利、义务和责任，合同生效、变更与终止，违约行为处理，监理报酬，争议的解决及其他一些情况。

3.专用合同条款

由于通用合同条款适用于所有的工程建设监理委托，因此其中的某些条款规定得比较笼统。专用合同条款是各个工程项目根据自己的个性和所处的自然、社会环境，由项目法人和监理单位协调一致后进行填写的，专用合同条款应当对应通用合同条款的顺序进行填写。

4.合同附件

合同附件是供发包人和监理人签订合同时参考用的，明确监理服务工作内容、工作深度的文件。它包括监理内容、监理机构应向发包人提供的信息和文件。监理内容应根据发包人的需要，参照合同附件，双方协商确定。

六、水利工程施工合同管理

一般来说，构成合同的各种文件是一个整体，应能相互解释、互为说明。但是，由于合同文件内容众多、篇幅庞大，很难避免彼此之间出现解释不清或有异议甚至互相矛盾情况。因此，合同条款中必须规定合同文件的优先次序，即当不同文件出现模糊或矛盾时，以哪个文件为准。根据《水利水电土建工程施工合同条件》（示范文本），组成合同的各种文件及优先解释顺序如下：

（1）协议书（包括补充协议）。

（2）中标通知书。

（3）投标报价书。

（4）专用合同条款。

（5）通用合同条款。

（6）技术条款。

（7）图纸。

（8）已标价的《工程量清单》。

（9）经双方确认进入合同的其他文件。

如果建设单位选定不同于上述的优先次序，则应当在专用条款中予以说明；建设单位也可将对出现的含糊或异议的解释和校正权赋予监理工程师，即由监理工程师向承包单位发布指令，对这种含糊或异议加以解释和校正。

第二节　工程变更与施工索赔

一、工程变更

（一）变更的概念

变更是指对合同所作的修改、改变等。从理论上来说，变更就是施工合同状态的改变，施工合同状态包括合同内容、合同结构、合同表现形式等，合同状态的任何改变均是变更。对于具体的工程施工合同来说，为了便于约定合同双方的权利义务关系，便于处理合同状态的变化，对于变更的范围和内容一般均要作出具体的规定。水利水电土建工程受自然条件等外界的影响较大，工程情况比较复杂，且在招标阶段未完成施工图纸，因此在施工合同签订后的实施过程中不可避免地会发生变更。

变更涉及的工程参建方很多，但主要是发包人、监理机构和承包人三方，或者说均通过该三方来处理，如涉及设计单位的设计变更时，由发包人提出变更；涉及分包人的分包工程变更时，由承包人提出。但其中，监理机构是变更管理的中枢和纽带，无论是何方要求的变更，均需通过监理机构发布变更令来实施。《水利水电土建工程施工合同条件》明确规定：没有监理机构的指示，承包人不得擅自变更；监理机构发布的合同范围内的变更，承包人必须实施；发包人要求的变更，也要通过监理机构来实施。

（二）变更的范围和内容

在履行合同过程中，监理机构可根据工程的需要并按发包人的授权指示承包人进行各种类型的变更。变更的范围和内容如下：

（1）增加或减少合同中任何一项工作内容。

（2）增加或减少合同中关键项目的工程量超过专用合同条款规定的百分比。当合同中任何项目的工程量增加或减少在规定的百分比以下时，不属于变更项目，不作变更处理；超过规定的百分比时，一般应视为变更，应按变更处理。

（3）取消合同中任何一项工作。此规定主要是为了防止发包人在签订合同后擅自取消合同价格偏高的项目，而使合同承包人蒙受损失。

（4）改变合同中任何一项工作的标准或性质。对于合同中任何一项工作的标准或性质，合同技术条款都有明确的规定，在施工合同实施过程中，如果根据工程的实际情况，需要提高标准或改变工作性质，同样需监理人按变更处理。

（5）改变工程建筑物的形式、基线、标高、位置或尺寸。如果施工图纸与招标图纸不一致，包括建筑物的结构形式、基线、高程、位置及规格尺寸等发生任何变化，均属于变更，应按变更处理。

（6）改变合同中任何一项工程的完工日期或改变已批准的施工顺序。对合同中任何一项工程，都规定了其开工日期和完工日期，而且施工总进度计划、施工组织设计、施工顺序已经监理人批准，要改变就应由监理人批准，按变更处理。

（7）追加为完成工程所需的任何额外工作。额外工作是指合同中未包括而为了完成合同工程所需增加的新项目，如临时增加的防护工程或施工场地内发生边坡塌滑时的治理工程等额外工作项目。这些额外的工作均应按变更项目处理。若工程建筑物的局部尺寸稍有修改，虽将引起工程量的相应增减，但对施工组织设计进度计划无实质性影响时，不需按变更处理。

（三）变更的处理原则

由于工程变更有可能影响工期和合同价格，一旦发生此类情况，应遵循以下原则进行处理。

1.变更需要延长工期

变更需要延长工期时，应按合同有关规定办理；若变更使合同工作量减少，监理人认为应予提前的，由监理人和承包人协商确定。

2.变更需要增加费用

当工程变更时，可按以下四种不同情况确定其单价或合价：

（1）若施工合同工程量清单中有适用于变更工作内容的子目，采用该子目的单价。

（2）若施工合同工程量清单中无适用于变更工作内容的子目，但有类似子目的，可采用合理范围内参照类似子目单价编制的单价。

（3）若施工合同工程量清单中无适用或类似子目的单价，可采用按照成本加利润原则编制的单价。

（4）当发包人与承包人就变更价格和工期协商一致时，监理机构应见证合同当事人签订变更项目确认单。当发包人与承包人就变更价格不能协商一致时，监理机构应认真研究后审慎确定合适的暂定价格，通知合同当事人执行；当发包人与承包人就工期不能协商一致时，按合同约定处理。

按合同规定的变更范围进行任何一项变更可能引起合同工程或部分工程原定的施工组织和进度计划发生实质性变动，不仅会影响变更项目的单价或合价，而且可能影响其他有关项目的单价或合价。例如，《工程量清单》中一般包括多个混凝土工程项目，而这些项目的混凝土常由一座或几座混凝土工厂统一供应，若一个混凝土工程项目的变更引起原定的混凝土工厂的变动，不仅会改变该项目单价中机械使用费，还可能影响其他由该工厂供应的所有混凝土工程项目的单价。若发生此类变更，发包人和承包人均有权要求调整变更项目和其他项目的单价或合价，监理机构应在进行评估后与发包人和承包人协商确定其单价或合价。

（四）　变更指示

不论是由何方提出的变更要求或建议，均需经监理机构与有关方面协商，并得到发包人批准或授权后，再由监理机构按合同规定及时向承包人发出变更指示。

变更指示的内容应包括变更项目的详细变更内容、变更工程量和有关文件图纸，以及监理机构按合同规定指明的变更处理原则。

（五）　变更的报价

承包人在收到监理机构发出的变更指示后，向监理机构提交一份变更报价书，并抄送发包人。应在合同规定的时限内（一般为28天），向监理机构提交变更项目价格申报表。变更报价书的内容应包括承包人确认的变更处理原则和变更工程量及其变更项目的报价单。

（六）　变更处理决定

监理机构应在发包人授权范围内按合同规定处理变更事宜。对在发包人规定限额以下的变更，监理机构可以独立作出变更决定；如果监理机构作出的变更决定超出发包人授权的限额范围，应报发包人批准或者得到发包人进一步授权。

1. 一般变更的处理

（1）监理机构应在收到承包人变更报价书后，在合同规定的时限（一般为28天）内对变更报价书进行审核，并作出变更处理决定，而后将变更处理决定通知承包人，抄送发包人。

（2）若发包人和承包人未能就监理机构的决定取得一致意见，则监理机构有权暂定他认为合适的价格和需要调整的工期，并将其暂定的变更处理意见通知承包人，抄送发包人。为了不影响工程进度，承包人应遵照执行。对已实施的变更，监理机构可将其暂定的变更费用列入合同规定的月进度付款中予以支付。但发包人和承包人均有权在收到监理机构变更决定后，在合同规定的时间（一般为28天）内要求按合同规定提请争议评审组评审。若在合同规定时限内发包人和承包人双方均未提出上述要求，则监理机构的变更决定即为最终决定。

2.合同价格增减超过15%时的处理

《水利水电土建工程施工合同条件》规定：工程结算时，若出现由于变更工作引起合同价格增减的金额（实际工程量与本合同工程量清单中估算工程量的差值引起合同价格增减的金额）超过合同价格（不包括备用金）15%，还需对合同价格进行调整，其调整金额由监理人与发包人和承包人协商确定。

若协商后未达成一致意见，则应由监理机构在进一步调查工程实际情况后提出调整意见，取得发包人同意后将调整结果通知承包人。上述调整金额仅考虑变更引起的增减总金额（实际工程量与本合同工程量清单中估算工程量的差值引起的增减总金额）超过合同价格（不包括备用金）的15%的部分。

3.承包人原因引起的变更的处理

由承包人原因引起的变更，一般有以下几种情况：

（1）承包人根据其施工专长提出合理化建议，需要对原设计进行变更，可以提高工程质量、缩短工期或节省工程费用，对发包人和承包人均有利。这类变更经发包人采用并成功实施后，应给予承包人奖励。这种变更应由承包人向监理机构提交一份变更申告，监理机构批准后，才能变更，未经监理机构批准，承包人不得擅自变更。

（2）承包人受其自身施工设备和施工能力的限制，要求对原设计进行变更或延长工期。这类变更纯属由承包人原因引起，即使得到监理机构的批准，还应由承包人承担增加的费用和工期延误的责任。

（3）由于承包人违约而必须作出的变更，不论是由承包人提出的变更，还是由监理机构指示的变更，均应由承包人承担变更增加费用和工期延误的责任。

二、施工索赔

（一）施工索赔概述

1.索赔含义

由于工程建设项目规模大、工期长、结构复杂，实施过程中必然存在着许多不确定因素及风险。加之由于主、客观原因，双方在履行合同、行使权利和义务的过程中会发生与合同规定不一致之处。在这种情况下，索赔是不可避免的。

所谓索赔，是指根据合同的规定，合同的一方要求对方补偿在工程实施中所付出的额外费用及工期损失。

目前工程界一般都将承包商向业主提出的索赔称为"索赔"，而将业主向承包商提出的索赔称为"反索赔"。

综上所述，理解索赔应从以下几方面进行：

（1）索赔是一种合法的正当的权利要求，它是依据合同的规定，向承担责任方索回不应该由自己承担的损失，是合理合法的。

（2）索赔是双向的，合同的双方都可向对方提出索赔要求。

（3）被索赔方可以对索赔方提出异议，阻止对方的不合理的索赔要求。

（4）索赔的依据是签订的合同。索赔的成功主要是依据合同及有关的证据。没有合同依据，没有各种证据，索赔不能成立。

（5）在工程实施中，索赔的目的是补偿索赔方在工期和经济上的损失。

2.索赔和变更的关系

对索赔和变更的处理都是由于承包商完成了工程量表中没有规定的工作，或在施工过程中发生了意外事件，监理工程师按照合同的有关规定给予承包商一定费用补偿或批准延长工期。索赔和变更的区别在于：变更是监理工程师发布变更指令后，主动与业主和承包商协商确定一个补偿额付给承包商；而索赔是指承包商根据法律和合同对认为他有权得到的权益主动向业主索要的过程，其中可能包括他应得的利益未予支付情况，也可能是虽已支付但他认为仍不足以补偿他的损失情况，例如他认为所完成的变更工作与批准给他的补偿不相称。由此可以看出，索赔和变更是既有联系又有区别的两类处理权益的方式，因此处理的程序也完全不同。

3.索赔的作用

（1）合理分担风险

项目实施过程中，可能会面临各种各样的风险，其中有些风险是可以防范避免的，有些风险虽不可避免但却可以降至最低限度。因此，在工程实施和合同执行过程中，就有风险合理分摊问题。一般来说，施工合同中双方对应承担的责任都作出了合理的分摊，但即使一个编制得十分完善的合同文件，也不可能对工程实施过程中可能遇到的风险都作出正确的预测和合理的规定，当这种风险在实际上给一方带来损失时，遭受损失的一方就可以向另一方提出索赔要求。

承包商的目的是获取利润，如果合同中不允许索赔，承包商将会在投标时普遍抬高标价，以应付可能发生的风险，允许索赔对双方都是有益的。严格来说，索赔是项目实施阶段承包商和业主之间承担工程风险比例的合理再分配。FIDIC合同条件把索赔视为正常的、公正的、合理的，并写明了索赔的程序，制定了涉及索赔事项的具体条款与规定，使索赔成为承包商与业主双方维护自身权益、解决不可预见的分歧和风险的途径，体现了合理分担风险的原则。

（2）约束双方的经济行为

在工程建设项目实施过程中，任何一方遇到损失，提出索赔都是合情合理的。索赔对保证合同的实施，落实和调整合同双方经济责任和权利关系十分有利。在合同规定下，索赔能约束双方的经济行为。首先，业主的随意性受到约束，业主不能认为钱是自己的，想怎么给就怎么给；对自己的工程，想怎么改就怎么改；对应给承包商的条件，想怎么变就怎么变。工程变更一次，就给承包商一次索赔的借口，变更越多，索赔量越大。其次，承包商的随意性也同样受到约束，拖延工期、偷工减料及由此而造成的损失，业主都可以向承包商提出索赔。任何一方违约都要被索赔，他们的经济行为在索赔的"压力"下，都要受到约束。因此，要求双方在项目建设中，从条款谈判、合同签订、具体实施直至最后工程决算，各个环节都严格约束自己，因为任何索赔都会使工程投资增加，或承包商利润减少甚至亏本。

（二）施工索赔的类型

1.按涉及当事各方分类

（1）业主与承包商之间的索赔

这类索赔大都是有关工程变更、工期、质量、工程量和价格方面的索赔，也有关于国家政策、法规、外界不利因素、对方违约、暂停施工和终止合同等的索赔。

（2）承包商同分包商之间的索赔

其内容范围与前一种大致相似，形式为分包商向总包商索要付款和赔偿，而总包商则向分包商罚款或扣留支付款等。

（3）业主或总包商与供货商之间的索赔

实施项目的供货若系独立于土建合同或安装合同之外，由业主与招标选定的供货商签订供货合同，涉及当事各方为业主与供货商。若项目施工中所需材料或设备较少，一般由土建总包商物色选定供货商，议定供货价格，签订供货合同，则所涉及当事各方为总包商与供货商。这类索赔的内容多为货品质量问题、数量短缺、交货拖延、运输损坏等。

（4）承包商向保险公司提出的损害赔偿索赔

风险是客观存在的，再好的合同也不可能把未来风险都事先划分、规定好，有的风险即使预测到了，但由于种种原因，双方承担此风险的责任也不好确定。因此，采用保险是一种可靠的选择。

2.按索赔依据划分

（1）合同内索赔

索赔所涉及的内容可以在合同内找到依据。例如，工程量的计量、变更工程的计量和价格、不同原因引起的拖期等都属于此类。

（2）合同外索赔

索赔内容或权利虽然难以在合同条款中找到依据，但可能来自于民法、经济法或政府有关部门颁布的法规等中。通常这种合同外索赔表现为违约造成的损害或违反担保造成的损失，有时可以在民事侵权行为中找到依据。例如，由于业主原因终止合同，虽然根据合同规定已支付给承包商全部已完成工程款和人员设备撤离工地所需费用，但承包商却认为补偿过少，还要求偿付利润损失和失去其他工程承包机会所造成的损失等。

（3）额外支付（或称道义索赔）

有些情况下，并不是因业主违约或触犯民法事件，承包商受到的经济损失在合同中找不到明文规定，也难以从合同含义中找到依据，因此从法律角度讲没有要求索赔的基础。

但是承包商确实赔了钱，他在满足业主要求方面也确实尽了最大努力，因而他认为自己有要求业主予以一定补偿的道义基础，而对其损失寻求某种优惠性质的付款。

例如，承包商在投标时对标价估计不足，实施过程中发现工程比他原来预计的困难要大得多，致使投入成本远远大于他的工程收入。尽管承包商在合同和法律中找不到依据，但某些工程业主可能察及实际情况，为了使工程获得良好进展，出于同情和对承包商的信任而慷慨予以补偿。但如果是承包商在施工过程中由于管理不善或质量事故等本身失误造成成本超支或工期延误，则不会得到业主同情。

3.按索赔目的分类

按索赔目的分类，索赔可分为工期索赔和经济索赔。

（1）工期索赔

由于非承包商责任，要求业主和监理工程师批准延长施工期限，这种索赔称为延长工期索赔。例如，遇到特殊风险、变更工程量或工程内容等，使得承包商不可能按照合同预定工期完成施工任务，为了避免到期不能完工而追究承包商的违约责任，承包商在事件发生后提出延长工期的要求。在一般的合同条件中，都列有延长工期的条款，并具体指出在哪些情况下承包商有权获得工期延长。

由于承包商的责任，导致工期拖延，业主也会向承包商进行误期索赔，要求承包商自费加速施工，误期时承包商应向业主支付误期损害赔偿费。

（2）经济索赔

经济索赔是指要求补偿经济损失或额外费用。如承包商由于实施中遇到不可预见的施工条件，产生了额外费用，向业主要求补偿。或者由于业主违约、业主应承担的风险而使承包商产生了经济损失，承包商可以向业主提出索赔。同样，由于承包商的质量缺陷误期、违约，业主也可以向承包商索取赔偿。

4.按索赔的方式分类

（1）单项索赔

单项索赔是采用一事一索的方式，即在单一的索赔事件发生后，马上进行索赔，要求单项解决补偿。单项索赔涉及的事件较为单一，责任分析及合同依据都较为明确，索赔额也显得不大，较易获得成功。

（2）综合索赔

综合索赔又称为总索赔，或一揽子索赔，指对整个工程（或某项工程）中所发生的数起索赔事项，综合在一起进行索赔。发生综合索赔，是因为施工过程中出现了较多的变更，以致难以区分变更前后的情况，不得不采用总索赔的方式，即对实施工程的实际总成本与原预算成本的差额提出索赔。在总索赔中，由于许多事件交织在一起，影响因素复杂，责任难以划清，加之索赔额度较大，索赔难以获得成功。

（三）索赔产生的原因

工程施工中常见的索赔，其原因可从以下几个方面分析。

1.合同文件引起的索赔

（1）合同文件的组成问题引起索赔

有些合同文件是在投标后通过讨论修改拟定的，如果在修改时已将投标前后承包商与业主的往来函件澄清后写入合同补遗文件中并签字，则应说明正式合同签字以前的各种往来文件均已不再有效。有时业主因疏忽，未宣布其来往的信件是否有效，此时，如果信件内容与合同内容发生矛盾，就容易引起双方争执并导致索赔。例如，一业主发出的中标函写明："接受承包商的投标书和标价"，而该承包商的投标书中附有说明，"钢材投标价是采用当地生产供应的钢材的价格"。在工程施工中，由于当地钢材质量不好而为工程师拒绝，承包商不得不采用进口钢材，从而增加了工程成本。由于业主已明确表示了接受其投标书，承包商可就此提出索赔。

（2）合同缺陷引起的索赔

合同缺陷是指合同文件的规定不严谨甚至前后有矛盾、合同中有遗漏或错误。它不仅包括条款中的缺陷，也包括技术规程和图纸中的缺陷。监理工程师有权对此作出解释，但如果承包商执行监理工程师的解释后引起成本增加或工期延误，则有权提出索赔。

2.不可抗力和不可预见因素引起的索赔

（1）不可抗力的自然灾害

这是指飓风、超标准的洪水等自然灾害。一般条款规定，由于这类自然灾害引起的损失应由业主承担。但是条款也指出，承包商在这种情况下应采取措施，尽力减小损失。对由于承包商未尽努力而使损失扩大的那部分，业主不承担赔偿的责任。

（2）不可抗力的社会因素

风险一般划归由业主承担，承包商不对由，此造成的工程损失或人身伤亡负责，应得到损害前已完成的永久工程的付款和合理利润，以及一切修复费用和重建费用。这些费用还包括由于特殊风险而引起的费用增加。如果由于特殊风险而导致合同中止，承包商除可以获得应付的一切工程款和上述的损失费用外，还有权获得施工机具、设备的撤离费和人员的遣返费用等。

（3）不可预见的外界条件

这是指即使是有经验的承包商，在招标阶段根据招标文件中提供的资料和现场勘察，都无法合理预见到的外界条件，如地下水、地质断层、溶洞等，但其中不包括气候条件（异常恶劣天气条件除外）。遇到此类条件，承包商受到损失或增加额外支出，经过监理工程师确认，可获得经济补偿和工期顺延。但如监理工程师认为在提交投标书前根据介绍的现场情况、地质勘探资料应能预见到的情况，承包商在做标时理应予以考虑，可不同意索赔。

（4）施工中遇到地下文物或构筑物

在挖方工程中，如发现图纸中未注明的文物（不管是否有考古价值）或人工障碍（如公共设施、隧道、旧建筑物等），承包商应立即报告监理工程师到现场检查，共同讨论处理方案。如果新施工方案导致工程费用增加，如原计划的机械开挖改为人工开挖等，承包商都有权提出经济索赔和工期索赔。

3.业主方原因引起的索赔

（1）拖延提供施工场地及通道

因自然灾害影响或施工现场的搬迁工作进展不顺利等原因，业主没能如期向承包商移交合格的、可以直接进行施工的现场，会导致承包商提出误工经济索赔和工期索赔。

（2）拖延支付工程款

合同中均有支付工程款的时间限制，如果业主不能按时支付工程进度款，承包商可按合同规定向业主索付利息。严重拖欠工程款而使得承包商资金周转困难时，承包商除向业主提出索赔要求外，还有权放慢施工进度，甚至可以因业主违约而解除合同。

（3）指定分包商违约

指定分包商违约常常表现为未能按分包合同规定完成应承担的工作而影响了总承包商的施工，业主对指定分包商的不当行为也应承担一定责任。例如，某地下电厂的通风竖井由指定分包商负责施工，因其管理不善而拖延了工程进度，影响到总承包商的施工。总承包商除根据与指定分包商签订的合同索赔窝工损失外，还有权向业主提出延长工期的索赔要求。

（4）业主提前占有部分永久工程

工程实践中，往往会出现业主从经济效益方面考虑使部分单项工程提前投入使用，或从其他方面考虑提前占有部分工程。一方面，如果合同未规定可提前占用部分工程，则提前使用永久工程的单项工程或部分工程所造成的后果，责任应由业主承担；另一方面，提前占有工程影响了承包商的后续工程施工，影响了承包商的施工组织计划，增加了施工困难，则承包商有权提出索赔。

（5）业主要求加速施工

一项工程遇到不属于承包商责任的各种情况，或业主改变了部分工程的施工内容而必须延长工期，但是业主又坚持要按原工期完工，这就迫使承包商赶工，并投入更多的机械、人力来完成工程，从而导致成本增加。承包商可以要求赔偿赶工措施费用，例如加班工资、新增设备租赁费和使用费、增加的管理费用、分包的额外成本等。

（6）业主提供的原始资料和数据有差错

业主提供的原始资料和数据有差错，由此而引起的损失或费用增加，承包商可要求索赔。如果数据无误，而是承包商解释不周和运用失当所引起的损失，则应由承包商自己承担责任。

4.监理方原因引起的索赔

（1）延误提供图纸或拖延审批图纸

如果监理工程师延误向承包商提供施工图纸，或者拖延审批承包商负责设计的施工图纸，而使施工进度受到影响，承包商可以索赔延长工期，还可对延误导致的损失要求经济赔偿。

（2）其他承包商的干扰

大型水利水电工程往往有多个承包商同时在现场施工。各承包商之间没有合同关系，他们各自与业主签订合同，因此监理工程师有责任协调好各承包商之间的工作，以免彼此干扰、影响施工而引起承包商的索赔。如一承包商不能按期完成他的那份工作，其他承包商的相应工作也将会因此而推迟。在这种情况下，被迫延迟的承包商就有权提出索赔。在其他方面，如场地使用、现场交通等，各承包商之间都有可能发生相互间的干扰问题。

（3）重新检验和检查

监理工程师为了对工程的施工质量进行严格控制，除要进行合同中规定的检查试验外，还有权要求重新检验和检查。例如，对承包商的材料进行多次抽样试验，或对已施工的工程进行部分拆卸或挖开检查，以及监理工程师要求的在现场进行工艺试验等。如果这些检查或检验表明其质量未达到技术规程所要求的标准，则试验费用由承包商承担；如检查或检验证明符合合同要求，则承包商除可向业主提出偿付这些检查费用和修复费用外，还可以对由此引起的其他损失，如工期延误、工人窝工等要求赔偿。

（4）工程质量要求过高

合同中的技术规程对工程质量，包括材料质量、设备性能和工艺要求等，均作了明确规定。但在施工过程中，监理工程师有时可能不认可某种材料，而迫使承包商使用比合同文件规定的标准更高的材料，或者提出更高的工艺要求，则承包商可就此要求对其损失进行补偿或重新核定单价。

（5）对承包商的施工进行不合理干预

合同条款规定，承包商有权采取任何可以满足合同规定的进度和质量要求的施工顺序和方法。如果监理工程师不是采取建议的方式，而是对承包商的施工顺序及施工方法进行不合理的干预，甚至正式下达指令要承包商执行，则承包商可以就这种干预所引起的费用增加和工期延长提出索赔。

（6）暂停施工

项目实施过程中，监理工程师有权根据承包商违约或破坏合同的情况，或者因现场气候条件不利于施工，以及为了工程的合理进行（如某分项工程或工程任何部位的安全）而有必要停工时，下达暂停施工的指令。如果这种暂停施工的命令并非因承包商的责任或原因所引起，则承包商有权要求工期赔偿，同时可以就其停工损失获得合理的额外费用补偿。

（7）提供的测量基准有差错

监理工程师提供的测量基准有差错，由此而引起的损失或费用增加，承包商可要求索赔。如果数据无误，而是承包商解释不周和运用失当所引起的损失，则应由承包商自己承担责任。

5.价格调整引起的索赔

对于有调价条款的合同，在物资、劳务价格上涨时，业主应对承包商所受到的损失给予补偿。它的计算不仅涉及价格变动的依据，还存在着对不同时期已购买材料的数量和涨价后所购材料数量的核算，以及未及早订购材料的责任等问题的处理。

6.法规变化引起的索赔

如果在工程递交投标书截止日之前的28天内，本工程所在国的国家和地方的法令、法规或规章发生了变化，由此引起了承包商施工费用的额外增加，例如，车辆养路费的提高、水电费涨价、工作日的减少（6天工作制改为5天工作制）、国家税率增加或提高等，承包商有权提出索赔，监理工程师应与业主协商后，对所增加费用予以补偿。

（四）索赔的程序

索赔事件发生后，承包商从提出索赔意向通知开始，至索赔事项的最终解决，大致可分为以下几个阶段。

1.承包商提出索赔要求

（1）索赔意向通知书

由于非承包商责任的事件发生，导致工期拖延或施工成本增加时，承包商一方面要遵照监理工程师指令进行施工，另一方面应在索赔事件发生后28天内，以书面形式向业主和监理工程师发出索赔意向通知。索赔意向通知并不是正式的索赔报告，只是通报业主和监理工程师某一不应由他承担责任事件的发生，对他的权益造成了损害，提出索赔要求。如果承包商没有在规定的时间内提出索赔意向通知，就失去了就该项事件请求补偿的索赔权利。

（2）现场同期记录

索赔要取得成功，必须具备一个十分重要的条件，即保持同期记录。这些记录不是几个典型的例证，而是该索赔事件直接的、系统的证据。从索赔事件发生之日起，承包商应做好现场条件和施工情况的同期记录，内容包括：事件发生的时间，持续时间内的气象记录，每天投入的人工、设备和物料情况，以及每天完成的施工任务等。

（3）索赔申请报告

发出索赔意向通知书后28天内，承包商应抓紧准备索赔证据资料，向监理工程师提出补偿经济损失和（或）延长工期的索赔申请报告，详细说明索赔理由和索赔费用计算依据，并应附有必要的当时记录和证明材料。

承包商提供的证据资料可包括：

（1）合同文件；

（2）监理工程师批准的施工进度计划；

（3）来往信件；

（4）施工备忘录；

（5）会议记录；

（6）工程照片及其拍摄日期、部位；

（7）工程记录表、施工人员、气候、施工人员计划及人工日报表；

（8）中期支付工程进度款的单据；

（9）工程检查及验收报告；

（10）与业主、监理人员的谈话记录，施工用材料、机械设备的试验报告等。

索赔申请报告的内容应包括：

（1）索赔名称。

（2）索赔事件的简述及索赔要求（发生索赔事件的起因、时间、经过，索赔意向书的提交时间，以及承包人为减轻损失所采取的措施；索赔金额、索赔工期）。

（3）索赔依据（合同约定、法律法规规定等）。

（4）索赔计算（计算依据、计算方法、取费标准、计算过程等详细说明）。

（5）索赔证明材料（记录、指示、签证、确认等相关文件，支持索赔计量的票据、凭证，以及其他证据和说明）。

（6）其他按施工合同文件约定或监理机构要求应提交的，或承包人认为应报送的文件和资料。

如果索赔事件的影响持续存在，28天内还不能算出索赔额和工期延长天数，承包商应按监理工程师要求的合理时间间隔，列出索赔累计金额和提出中期索赔申请报告，并在该项索赔事件影响结束后的28天内，向业主和监理工程师提交包括最终索赔金额、延续记录、证明材料在内的最终索赔申请报告。

2.监理机构审查索赔申请报告

（1）监理机构审核承包商的索赔申请报告

监理机构接到承包商的索赔意向通知后，应收集一切与索赔处理有关的资料，包括会议记录、来往信函、招标文件、合同条件、技术规范、施工图纸等。从收集的资料中了解索赔事件的来龙去脉，为以后的索赔工期分析与费用计算准备基础数据和评估依据。在接到索赔申请报告后，监理人员应认真研究承包商报送的索赔资料，必要时可要求承包商进一步补充索赔理由和证据，并结合自己收集的资料，公正、客观地分析事件发生的原因。

监理机构在收到承包人的中期索赔申请报告或最终索赔申请报告后，应进行以下工作：

1）依据施工合同约定，对索赔的有效性进行审核。

2）对索赔支持性资料的真实性进行审查。

3）对索赔的计算依据、计算方法、计算结果及其合理性逐项进行审核。

4）对由施工合同双方共同责任造成的经济损失或工期延误，应通过协商，公平合理地确定双方分担的比例。

5）必要时要求承包人提供进一步的支持性资料。

责任划分以后，监理人员应根据已收集的完整的、有效的（经合同双方签字）同期记录，对索赔事件发生的工程量进行计算。最后审查承包商提出的索赔补偿要求，主要是审查和分析承包商的计算原则、计算方法，剔除其中不合理部分，计算合理的工期延长天数和索赔金额。

（2）索赔成立条件

1）该项索赔事件真正造成了承包商的损失，已具备合同依据；

2）索赔事件的原因非承包商的责任；

3）承包商的索赔程序符合要求。

3.协商补偿

监理人员审核承包商的索赔申请报告后，提出自己的意见，初步确定应予补偿的工期和索赔额，这与承包商计算的往往不一致，有时甚至相差较大。主要原因大多是对承担事件损害责任的界限划分不一致，承包商索赔证据不充分，索赔计算的依据和方法有较大分歧等。在承包商提交索赔申请报告和最终索赔申请报告后的42天内，监理工程师与业主和承包商充分协商后作出决定，在上述时限内将索赔处理决定通知承包商，并抄送业主。

4.合同双方对索赔处理确认

业主和承包商应在收到监理工程师的索赔处理决定后14天内，将其是否同意索赔处理决定的意见通知监理工程师。若双方均接受监理工程师的决定，则监理工程师应在收到上述通知后的14天内，将确定的索赔金额列入付款证书中支付；若双方或其中任何一方不接受监理工程师的决定，则双方均可按规定提请争议评审组评审。在争议尚未按规定解决之前，承包商仍应继续按监理工程师的指示认真施工。

（五）索赔工期计算

1.工程延期分析

形成工程延期的原因是多方面的，在工程实践中，将工程延期分为不可原谅的延期和可原谅的延期，以此作为承包商工期索赔是否成立的前提。

监理工程师进行延期批准时应注意，任何额外延期都可能造成业主投资增加，但是拒绝承包商的合理要求，会引起承包商费用索赔，而且监理工程师必须在合理的时间内作出决定，否则，承包商可声称被迫加快工程施工而提出索赔。

（1）不可原谅的延期

不可原谅的延期是由于承包商本身的责任造成的工期延误，如施工组织协调不好，人力不足，承包商提供的设备进场晚，劳动生产率低，工程质量不符合施工规程的要求而造成返工等。出现不可原谅的延期，按照合同规定，承包商将付违约罚金。

（2）可原谅的延期

由于非承包商责任的原因而导致工程延期，属于可原谅的延期。引起可原谅延期的因素很多，主要有两部分，一是客观原因，二是业主原因。如：天气异常，不可抗拒的自然灾害，业主改变设计，业主未及时提供施工进场道路，地质条件恶劣，施工条件变化等。

业主原因造成的延期，应给予费用补偿；客观因素原因造成的延期，承包商只能提出延长工期的要求，不能提出费用索赔要求。

只有非承包商责任的进度延误，才能满足其工期索赔的要求，但要注意索赔成立事件所造成的工程延期是否发生在关键工作（序）。

1）工期延误发生在关键工作（序）上。由于关键工作（序）的持续时间决定了整个施工的工期，发生在其上的工期延误会造成整个工期的延误，应据实给予承包商相应的工期补偿。

2）工期延误发生在非关键工作（序）上。若该非关键工作（序）的延误时间不超过总时差，则网络进度计划的关键路线未发生变化，总工期不变，承包商在工期上没有损失，工期索赔不成立，但此时仍然可能存在费用索赔的问题。若该非关键工作（序）的延误时间已超出了其总时差的范围，则关键路线就发生了变化，非关键路线转化为了关键路线，从而总工期延长，此时承包商应得到工期的补偿。根据网络进度计划原理，其补偿的工期应等于延误时间与总时差的差额。

2.索赔工期计算方法

（1）干扰事件影响关键工作

关键路线上的工作为关键工作，关键路线上任何一项工作延误了，都会影响总工期，影响的天数，就是工期索赔的天数。

（2）干扰事件影响几项工作

干扰事件影响了好几项工作，有的工作是关键工作，有的工作是非关键工作，影响天数一下算不出来，则按以下步骤求索赔工期：先计算事件对工作的影响天数，然后将变化后的各工作时间放入网络进度计划中，计算受影响后的总工期，受影响后的总工期减去原工期，即为工期索赔的天数。

（3）干扰事件影响重叠

同时发生几件干扰事件，并都引起了工期延误，在具体日期上出现重叠情况。这时分析的原则是：当不可原谅与可原谅的延误重叠时，以不可原谅的工期延误计；当可原谅延误互相重叠时，工期延长只计一次。

（六）索赔费用计算

1.不可索赔的费用

（1）承包商的索赔准备费用

每项索赔，从预测索赔机会、保持同期记录、提交索赔意向通知、进行成本索赔费用和时间分析，到提交正式索赔申请报告、进行索赔谈判，直至达成索赔处理协议，承包商需要做大量认真细致的准备工作。有时，这个索赔的准备和处理过程还会比较长，而且业主和监理工程师也可能提出许多这样那样的问题，承包商可能需要聘请专门的索赔专家来进行索赔的咨询工作。所以，索赔准备费用可能是承包商的一项不小的开支。通常都不允许承包商对这种费用进行索赔。从理论上说，索赔准备费用是作为现场管理费的一个组成部分得到补偿的。

（2）索赔的金额在处理期间的利息

通常索赔处理有一个过程，一般情况下，不允许对索赔处理期间的利息进行索赔。实际工作中，还有从索赔事项的发生至承包商提出索赔期间的利息问题，索赔处理发生争议并提交仲裁期间的利息问题，这些利息是否可以索赔，是业主、监理工程师和承包商之间非常容易发生分歧的领域，要根据适用法律和仲裁规则等来确定。

（3）因承包商不适当的行为而扩大的损失

如果发生了索赔事件，承包商负有采取措施尽量减少损失的义务，若承包商不采取任何措施致使损失扩大，扩大部分的损失无权要求索赔。承包商采取的措施可能是保护未完工程、合理及时地重新采购器材、及时取消订货单、重新分配施工力量（人员和材料、设备）等，承包商的措施费用，可以要求业主给予补偿。比如，某单位工程暂时停工，承包商可以将施工人员和设备调往其他工作项目，如果承包商能够做到而没有做，则他就不能对因此而闲置的人员和设备的费用进行索赔。

2.索赔费用的计算方法

（1）分项计算法

分项计算法是将索赔费用分项进行计算，即以承包商为某项索赔事件所支付的实际开支为依据，分别计算人工费、材料费、施工机械费、现场管理费和总部管理费索赔值的方法。这种方法能客观地反映承包商的费用损失，比较合理、科学，被国际工程界广泛采用。

（2）总费用法

总费用法又称总成本法，就是计算出该工程项目实际的总费用，再从这个实际总费用中减去投标报价时估算的总费用，即为要补偿的索赔金额。

索赔金额=实际总费用-投标报价估算总费用

只有在分项计算法难以采用时，才使用总费用法，因为有些索赔事件难以分出单项来计算。采用总费用法时，一般要满足以下条件：

1）实际总费用经过审核，认为是比较合理的；

2）承包商的原始报价是比较合理的；

3）费用的增加是由于对方原因造成的，其中没有承包商自己的责任；

4）由于该项索赔事件复杂以及现场记录不足等，难以采用更精确的计算方法。

（3）修正总费用法

修正总费用法是对总费用法的改进，即通过对总费用法进行相应的修改和调整，使其更加合理。所进行的主要调整如下：

1）计算索赔款的时段限制为只是受影响的时段，而不是整个施工期。

2）索赔损失只计算这一时段内受影响的某项工作的损失，而不是计算该时段内所有施工工作的损失。

3）与该项工作无关的费用，不计入总费用中。

4）在受影响时段内受影响的某项施工工作中，使用的人工、材料、设备等均有可靠的记录资料。

5）核算投标报价估算的总费用，使其尽可能正确、合理。

修正总费用法能够较准确地反映实际增加的费用，其公式为：

索赔金额=某项工作调整后的实际总费用-该项工作的报价总费用

第三节　争议及争议的解决

水利工程施工合同实施过程中，监理机构根据业主的授权负责现场合同管理，监理机构在客观上处于第三方的地位，按业主和承包商签订的合同，处理双方的争议，但由于监理工程师受聘于业主，其行为常常受制于业主。虽然在合同条件中以专门的条款规定了监理工程师必须公正地履行职责，但在实际运作中，监理工程师的公正性常受到承包商的质疑，而削弱了监理工程师在处理合同争议中的权威性。为此，水利工程施工合同示范文本吸取国际工程经验，引入了合同争议的调解机制，通过一个完全独立于合同双方的专家组对合同争议的评审和调解，求得争议的公正解决。争议调解组由3（或5）名有合同管理和工程实践经验的专家组成，专家的聘请方法可由业主和承包商共同协商确定，亦可由政府主管部门推荐或通过行业合同争议调解机构聘请，并经双方认同，争议调解组成员应与合同双方均无利害关系。

争议的解决可通过和解、调解、仲裁或诉讼进行。

一、和解

和解是指双方当事人通过直接谈判，在双方均可接受的基础上，消除争议，达到和解。这是一种最好的解决争议的方式，既节省费用和时间，又有利于双方合作关系的发展。

二、调解

所谓调解，是指当事人双方在第三者即调解人的主持下，在查明事实、分清是非、明确责任的基础上，对纠纷双方进行斡旋、劝说，促使他们相互谅解，进行协商，以自愿达成协议，消除纷争的活动。

它有三个特征：

（1）有第三方（国家机关、社会组织、个人等）主持协商，与无人从中主持，完全是当事人双方自行协商的和解不同；

（2）第三方即调解人只是斡旋、劝说，而不作裁决，与仲裁不同；

（3）纠纷当事人共同以国家法律、法规为依据，自愿达成协议，消除纷争，不是行使仲裁、司法权力进行强制解决。

实践证明，用调解方式解决纠纷，程序简便，当事人易于接受，解决纠纷迅速及时，不至于久拖不决，从而避免经济损失的扩大。也有利于消除当事人双方之间的隔阂和对立，调整和改善当事人之间的关系，促进了解，加强协作。还由于调解协议是在分清是非、明确责任、当事人双方共同提高认识的基础上自愿达成的，所以可以使纠纷得到比较彻底的解决，协议的内容也比较容易全面履行。

合同纠纷的调解，可以分为社会调解、行政调解、仲裁调解和司法调解。这里讲的调解主要是社会调解、行政调解。

（1）社会调解。社会调解是指根据当事人的请求，由社会组织或个人主持进行的调解。

（2）行政调解。行政调解是指根据一方或双方当事人申请，当事人双方在其上级机关或业务主管部门主持下，通过说服教育、相互协商、自愿达成协议，从而解决合同纠纷的一种方式。

无论采用何种调解方法，都应遵守自愿和合法两项原则。

自愿原则具体包括两个方面的内容：

一是纠纷的调解必须出于当事人双方自愿。合同纠纷发生后能否进行调解，完全取决于当事人双方的意愿。如果纠纷当事人双方或一方根本不愿用调解方式解决纠纷，就不能进行调解。

二是调解协议的达成也必须出于当事人双方的自愿。达成协议，平息纠纷，是进行调解的目的。因此，调解人在调解过程中要竭尽全力，促使当事人双方互谅互让，达成协议。其中包括对当事人双方进行说服教育，耐心疏导，晓之以理、动之以情，还包括向当事人双方提出建议方案等。但是，进行这些工作不能带有强制性。调解人既不能代替当事人达成协议，也不能把自己的意志强加于人。纠纷当事人不论是对协议的全部内容有意见，还是对协议部分内容有意见而坚持不下的协议均不能成立。

合法原则是合同纠纷调解活动的主要原则。国家现行的法律、法规是调解纠纷的唯一依据，当事人双方达成的协议内容，不得同法律和法规相违背。

调解成功，制作调解书，由双方当事人和参加调解的人员签字盖章。重要纠纷的调解书，要加盖参加调解单位的公章。调解书具有法律效力。但是，社会调解和行政调解达成的调解协议或制作的调解书没有强制执行的法律效力，如果当事人一方或双方反悔，不能申请法院予以强制执行，而只能再通过其他方式解决纠纷。

仲裁调解是将合同双方的争议提交争议调解组，争议调解组在不受任何干扰的情况下，进行独立和公正的评审，提出由全体专家签名的评审意见，若业主和承包商接受争议调解组的评审意见，则应由监理工程师按争议调解组的评审意见拟订争议解决议定书，经争议双方签字后作为合同的补充文件，并遵照执行。若业主和承包商或其中任一方不接受争议调解组的评审意见，并要求提交仲裁，任一方均可在收到上述评审意见后的28天内将仲裁意向通知另一方，并抄送监理工程师。若在上述28天期限内双方均未提出仲裁意向，则争议调解组的评审意见为最终决定，双方均应遵照执行。

为了更好地解决合同纠纷，建设工程施工合同的双方当事人可以共同协商成立争议调解组，当发包人和承包人或其中任一方对监理机构作出的决定持有异议，又未能在监理人的协调下取得一致意见而形成争议时，任一方均可以书面形式提请争议调解组解决。在争议尚未按合同规定获得解决之前，承包人仍应继续按监理机构的指示认真施工。

一般情况下，发包人和承包人应在签订协议书后的84天内，按合同规定共同协商成立争议调解组，并由双方与争议调解组签订协议。争议调解组由3（或5）名有合同管理和工程实践经验的专家组成，专家的聘请方法可由发包人和承包人共同协商确定，亦可请政府主管部门推荐或通过行业合同争议调解机构聘请，并经双方认同。争议调解组成员应与合同双方均无利害关系。争议调解组的各项费用由发包人和承包人平均分担。

争议调解组一般按下列程序进行评审：

（1）合同双方的争议，应首先由主诉方向争议调解组提交一份详细的申诉报告，并附有必要的文件图纸和证明材料，主诉方还应将上述报告的一份副本同时提交给被诉方。

（2）争议的被诉方收到主诉方申诉报告副本后的28天内，亦应向争议调解组提交一份申辩报告，并附有必要的文件图纸和证明材料。被诉方亦应将其报告的一份副本同时提交给主诉方。

（3）争议调解组收到双方报告后的28天内，邀请双方代表和有关人员举行听证会，向双方调查和质询争议细节；若需要时，争议调解组可要求双方提供进一步的补充材料，并邀请监理机构代表参加听证会。

（4）在听证会结束后的28天内，争议调解组应在不受任何干扰的情况下，进行独立和公正的评审，提出由全体专家签名的评审意见提交发包人和承包人，并抄送监理机构。

（5）若发包人和承包人接受争议调解组的评审意见，则应由监理机构按争议调解组的评审意见拟定争议解决议定书，经争议双方签字后作为合同的补充文件，并遵照执行。

（6）若发包人和承包人或其中任一方不接受争议调解组的评审意见，则任一方均可在收到上述评审意见后的28天内将仲裁意向通知另一方，并抄送监理机构。若在上述28天期限内双方均未提出仲裁意向，则争议调解组的意见为最终决定，双方均应遵照执行。

三、仲裁

仲裁是指纠纷当事人在自愿基础上达成协议，将纠纷提交非司法机构的第三者审理，由第三者作出对争议各方均有约束力的裁决的一种解决纠纷的制度和方式。仲裁在性质上是兼具契约性、自治性、民间性和准司法性的一种争议解决方式。仲裁裁决是终局性的，对双方都有约束力，双方必须执行。

仲裁协议是指当事人把合同纠纷提交仲裁解决的书面形式意思表示，包括共同商定仲裁机构及仲裁地点。当事人申请仲裁，应向仲裁委员会递交仲裁协议。仲裁协议有两种形式：一种是在争议发生之前订立的，它通常作为合同中的一项仲裁条款出现；另一种是在争议之后订立的，它是把已经发生的争议提交给仲裁的协议。这两种形式的仲裁协议，其法律效力是相同的。《仲裁法》的第2条规定：平等主体的公民、法人和其他组织之间发生的合同纠纷和其他财产权益纠纷，可以仲裁。这里明确了三条原则：一是发生纠纷的双方当事人必须是民事主体，包括国内外法人、自然人和其他合法的具有独立主体资格的组织；二是仲裁的争议事项应当是当事人有权处分的；三是仲裁范围必须是合同纠纷和其他财产权益纠纷。

根据《仲裁法》的规定，有两类纠纷不能仲裁：

（1）婚姻、收养、监护、扶养、继承纠纷不能仲裁。这类纠纷虽然属于民事纠纷，也不同程度涉及财产权益争议，但这类纠纷往往涉及当事人本人不能自由处分的身份关系，需要由法院作出判决或由政府机关作出决定，不属仲裁机构的管辖范围。

（2）行政争议不能仲裁。行政争议，亦称行政纠纷，是指国家行政机关之间，或者国家行政机关与企事业单位、社会团体及公民之间，由于行政管理而引起的争议。

外国法律规定这类纠纷应当依法通过行政复议或行政诉讼解决。

《仲裁法》还规定，劳动争议和农业集体经济组织内部的农业承包合同纠纷的仲裁，由国家另行规定，也就是说，解决这类纠纷不适用《仲裁法》。

业主和承包商在签订协议书的同时，应共同协商确定合同的仲裁范围和仲裁机构，并签订仲裁协议。若在仲裁意向通知发出后42天内仍未能解决争议，则任何一方均有权将争议提交仲裁协议中规定的仲裁机构仲裁。

业主和承包商因合同发生争议，未达成书面仲裁协议的，任一方均有权向人民法院起诉。即若合同双方已有书面仲裁协议，一方向人民法院起诉时，人民法院不予受理；而没有书面仲裁协议的，仲裁机构不予受理，只能向人民法院起诉。

仲裁还有另一个显著的特点，即仲裁实行一裁终局制。仲裁委员会作出裁决后，当事人就同一纠纷再申请仲裁或向人民法院提起诉讼的，仲裁委员会或人民法院依法不予受理。

当事人对仲裁协议的效力有异议，应当向该仲裁协议所选定的仲裁委员会提出，或者向该仲裁协议所选定的仲裁委员会所在地的中级人民法院提出。人民法院既对仲裁裁决予以执行，又对仲裁进行必要的监督。法院监督表现在对不合法的仲裁裁决进行撤销或强制当事人执行合法的仲裁裁决。

四、诉讼

诉讼是指当事人对双方之间发生的争议交由法院作出判决。诉讼所遵循的是司法程序，较之仲裁有很大的不同。诉讼有如下特点：

（1）人民法院受理案件，任何一方当事人都有权起诉，而无须征得对方当事人同意。

（2）向人民法院提起诉讼，应当遵循地域管辖、级别管辖和专属管辖的原则。

（3）当事人在不违反级别管辖和专属管辖原则的前提下，可以选择管辖法院。当事人协议选择由法院管辖的，仲裁机构不予受理。

（4）人民法院审理案件，实行两审终审制度。当事人对人民法院作出的一审判决、裁定不服的，有权上诉。对生效判决、裁定不服的，可向人民法院申请再审。

诉讼时效有如下一般规定：

（1）一般民事诉讼时效：期限为2年。

（2）特别诉讼时效：短时时效为1年，如身体受到伤害要求赔偿，出售质量不合格商品未声明，延付或拒付租金，寄存财物被丢失或者损毁；长时时效：环境污染损害赔偿为3年，国际货物买卖、技术进口为4年；最长诉讼时效为20年，超过20年的人民法院不予保护。

第八章 水利工程建设项目信息管理应用

第一节 信息管理基本知识

随着科学技术的发展，信息化已成为一种世界性的大趋势。信息技术的高速发展和相互融合，正在改变着我们周围的一切。当今世界，信息化水平已成为衡量一个国家综合实力、国际竞争力和现代化程度的重要标志，信息化已成为推动社会生产力发展和人类文明进步的强大动力。工程管理信息系统，就是充分利用"3S"（GIS，GPS，RS）技术，开发和利用水利信息资源，包括对水利信息进行采集、传输、存储、处理和利用，提高水利信息资源的应用水平和共享程度，从而全面提高工程管理的效能效益和规范化程度的信息系统。

水利水电工程"个性"较强，不同工程之间的条件千差万别，工期较长，季节性强，技术复杂、设计变更一般较多，需要协调的关系多，规模和投资一般都比较大，且涉及征地、移民、环境保护、水土保持等诸多环节。因此，水利水电工程管理难度大，问题多。如何通过推行科学化、现代化的管理，提高管理水平，控制投资和质量，缩短工期，达到既定的质量和安全目标，成为水电开发投资企业和有关方面关注的重要问题。项目法人（工程单位）作为整个工程的责任主体，已越来越认识到信息化工程的重要性，许多水利水电工程在准备阶段，就开始着手构建工程管理信息系统。信息技术已在工程活动中展露其无限的生机，工程的工程管理模式也随之发生了重大变化，很多传统的方式已被信息技术所代替。工程管理信息系统除了常用的文档管理等办公自动化功能外，一般应集成项目管理模块。

我国从工业发达国家引进项目管理的概念、理论、组织、方法和手段，在工程实践中取得了不少成绩。各级管理单位高度重视水利信息化工作，把水利信息化作为实现水利现代化的基础和重要标志，尤其在洪水预警报系统、防汛指挥决策支持系统、水土保持监测系统和水文传统产业信息化改造等方面取得了重大进展。但是，至今多数施工方的信息管理水平还相当落后，表现在尚未正确理解信息管理的内涵和意义，以及现行的信息管理的组织、方法和手段基本还停留在传统的方式和模式上。应指出，当前我国在工程项目管理中最薄弱的工作领域是信息管理。

应用信息技术提高建筑业生产率，以及应用信息技术提升建筑行业管理和项目管理水平和能力，是21世纪建筑业发展的重要课题。作为重要的物质生产部门，中国建筑业的信息化程度一直低于其他行业，也远低于发达国家的先进水平。因此，我国工程管理信息化任重而道远。

一、项目中的信息流

在项目的实施过程中产生如下几种主要流动过程：

（一）工作流

由项目的结构分解到项目的所有工作，任务书（委托书或合同书）确定了这些工作的实施者，再通过项目计划具体安排他们的实施方法、实施顺序、实施时间及实施过程。这些工作在一定时间和空间上实施，便形成项目的工作流。工作流即构成项目的实施过程和管理过程，主题是劳动力和管理者。

（二）物流

工作的实施需要各种材料、设备、能源，一般由外界输入，经过处理转换成工程实体，最终得到项目产品。由工作流引起的物流，表现出项目的物资生产过程。

（三）资金流

资金流是工程实施过程中价值的运动。例如从资金变为库存的材料和设备，支付工资和工程款，再转变为已完工程，投入运营后作为固定资产，通过项目的运营取得收益。

（四）信息流

工程的实施过程需要不断产生大量信息，这些信息伴随着上述几种流动过程按一定的规律产生、转换、变化和被使用，并被传送到相关部门（单位），形成项目实施过程中的信息流。项目管理者设置目标，做决策，做各种计划，组织资源供应，领导、指导、激励、协调各项参加者的工作，控制项目的实施过程都是靠信息来实施的。即依靠信息了解项目实施情况，发布各种指令，计划并协调各方面的工作。

这四种流动过程之间相互联系、相互依赖又相互影响，共同构成了项目实施和管理的总过程。

在这四种流动过程中，信息流对项目管理有特别重要的意义。信息流将项目的工作流、物流、资金流，以及各个管理职能、项目组织，将项目与环境结合在一起。它不仅反映而且控制并指挥着工作流、物流和资金流。例如，在项目实施过程中，各种工程文件、报告、报表反映了工程项目的实施情况，反映了工程实际进度、费用、工期状况，以及各种指令、计划、协调方案，又控制和指挥着项目的实施。只有项目神经系统的信息流通畅，才会有顺利的项目实施过程。

项目中的信息流包括两个主要的信息交换过程：

1.项目与外界的信息交换

项目作为一个开放系统，与外界有大量的信息交换。这里包括：

（1）由外界输入的信息。例如环境信息、物价变动的信息、市场状况信息，以及外部系统（如企业、政府机关）给项目的指令、对项目的干预等。

（2）项目向外界输出的信息，如项目状况的报告、请示、要求等。

2.项目内部的信息交换

即项目实施过程中项目组织者因进行沟通而产生的大量信息。项目内部的信息交换主要包括：

（1）正式的信息渠道。信息通常在组织机构内按组织程序流通，属于正式的沟通。一般有三种信息流：

①自上而下的信息流。通常决策、指令、通知、计划是由上向下传递，这个传递过程是逐渐细化、具体化，一直细化、具体到基层成为可以执行的操作指令。

②由下而上的信息流。通常各种实际工程的情况信息，由下逐渐向上传递，这个传递不是一般的叠合（装订），而是经过归纳整理形成的逐渐浓缩的报告。而项目管理者就是做这个浓缩工作，以保证信息浓缩而不失真。通常信息太详细会造成处理量大、没有重点，且容易遗漏重要说明；而太浓缩又会存在对信息的曲解或解释出错的问题。在实际工程中常会有这种情况，上级管理人员如业主、项目经理，一方面抱怨信息太多，桌子上一大堆报告没时间看；另一方面又不了解情况，决策时缺乏应有的可用信息。这就是信息浓缩存在的问题。

③横向或网络状信息流。按照项目管理工作流程设计的各个职能部门之间存在大量的信息交换，例如技术人员与成本员、成本员与计划师、财务部门与计划部门、合同部门等之间存在的信息流。在矩阵式组织中以及在现代高科技状态下，人们已越来越多地通过横向或网络状的沟通渠道获得信息。

（2）非正式的信息渠道，例如闲谈、小道消息、非组织渠道的了解情况等，属于非正式的沟通。

二、项目中的信息

（一）信息的种类

项目中的信息很多，一个稍大的项目结束后，作为信息载体的资料汗牛充栋，许多项目管理人员整天就是与纸张及电子文件打交道。项目中的信息大致有如下几种：

（1）项目基本状况的信息。它主要在项目的目标设计文件、项目手册、各种合同、设计文件、计划文件中。

（2）现场实际工程信息。例如实际工期、成本、质量信息等，它主要在各种报告，如日报、月报、重大事件报告、设备、劳动力、材料使用报告及质量报告中。

（3）各种指令、决策方面的信息。

（4）其他信息。外部进入项目的环境信息，如市场情况、气候、外汇波动、政治动态等。

（二）信息的基本要求

信息必须符合管理的需要，要有助于项目系统和管理系统的运行，不能造成信息泛滥和污染。一般而言，它必须符合如下要求：

1.专业对口

不同的项目管理职能人员、不同专业的项目参加者，在不同的时间，对不同的事件，就有不同的信息要求。因此，信息首先要专业对口，按专业的需要提供和流动。

2.反映实际情况

信息必须符合实际应用的需要，符合目标，而且简单有效。这是正确有效管理的前提，否则会产生一个无用的废纸堆。这里有两个方面的含义。

（1）各种工程文件、报表、报告要实事求是，反映客观。

（2）各种计划、指令、决策要以实际情况为基础。不反映实际情况的信息容易造成决策、计划、控制的失误，进而损害项目成果。

3.及时提供

只有及时提供信息，才能有及时的反馈，管理者才能及时地控制项目的实施过程。信息一旦过时，会使决策失去时机，造成不应有的损失。

4.简单，便于理解

信息要让使用者不费气力地了解情况，分析问题。信息的表达形式应符合人们日常接受信息的习惯，而且对于不同人应有不同的表达形式。例如，对于不懂专业和项目管理的业主，宜采用更直观明了的表达形式，如模型、表格、图形、文字描述等。

（三）信息的基本特征

项目管理过程中的信息量大，形式丰富多彩。它们通常有如下基本特征：

1.信息载体包括

纸张，如各种图纸、说明书、合同、信件、表格等；磁盘、磁带以及其他电子文件；照片、微型胶卷、X光片；其他，如录像带、电视唱片、光盘等。

2.选用信息载体

（1）随着科学技术的发展，不断提供新的信息载体，不同的载体有不同的介质技术和信息存储技术要求。

（2）项目信息系统运行成本的限制。不同的信息载体需要不同的投资，有不同的运行成本。在符合管理要求的前提下，尽可能降低信息系统运行成本，是信息系统设计的目标之一。

（3）信息系统运行速度的要求。例如，气象、地震预防、国防、宇航之类的工程项目要求信息系统运行速度加快，则必须采取相应的信息载体和处理、传输手段。

（4）特殊要求。例如，合同、备忘录、工程工程项目变更指令、会谈纪要等必须以书面形式，由双方或一方签署才有法律证明效力。

（5）信息处理、传递技术和费用的限制。

3.信息的使用有如下说明：

（1）有效期：暂时有效、整个项目期有效、无效信息。

（2）使用的目的：

a.决策，各种计划、批准文件、修改指令、运行执行指令等；

b.证明，表示质量、工期、成本实际情况的各种信息。

（3）信息的权限：对不同的项目参加者和项目管理职能人员规定不同的信息使用和修改权限，混淆权限容易造成混乱。通常需具体规定，有某一方面（事业）的信息权限和综合（全部）信息权限以及查询权、使用权、修改权等。

（4）信息的存档方式：

a.文档组织形式分为集中管理和分散管理。

b.监督要求分为封闭和公开。

c.保存期分为长期保存和非长期保存。

三、项目信息管理的任务

项目管理者承担着项目信息管理的任务，是整个项目的信息中心，负责收集项目实施情况的信息，做各种信息处理工作，并向上级、向外界提供各种信息。其信息管理任务主要包括：

（1）编制项目手册。项目管理的任务之一是按照项目的任务、实施要求设计项目实施和项目管理中的信息流，确定它们的基本要求和特征，并保证在实施过程中信息畅通。

（2）项目报告及各种资料的规定，例如资料的格式、内容、数据结构要求。

（3）按照项目实施、项目组织、项目管理工作过程建立项目管理信息系统流程，在实际工作中保证这个系统正常运行，并控制信息流。

（4）文档管理工作。有效的项目管理需要更多地依靠信息系统的结构和维护。信息管理影响项目组织和整个项目管理系统的运行效率，是人们沟通的桥梁，项目管理者应对它有足够的重视。

第二节　信息报告的方式和途径

一、工程项目报告的种类

工程报告的形式和内容丰富多彩，它是工程项目相关人员沟通的主要工具。报告的种类很多，例如：按时间划分为日报、周报、月报、年报；针对项目结构的报告，如工作包、单位工程、单项工程、整个项目报告；专门内容的报告，如质量报告、成本报告、工期报告；特殊情况的报告，如风险分析报告、总结报告、特别事件报告；状态报告、比较报告等。

二、报告的作用

（1）作为决策的依据。通过报告可以使人们对项目计划和实施状况、目标完成程度十分清楚，便于预见未来，使决策简单化且准确。报告首先是为决策服务的，特别是上层的决策，但报告的内容仅反映过去的情况，滞后很多。

（2）用来评价项目，评价过去的工作以及阶段成果。

（3）总结经验，分析项目中的问题，特别在每个项目结束时都应有一个内容详细的分析报告。

（4）通过报告激励每个参加者，让大家了解项目成就。

（5）提出问题，解决问题。安排后期的计划。

（6）预测将来情况，提供预警信息。

（7）作为证据和工程资料。报告便于保存，因而能提供工程的永久记录。

不同的参加者需要不同的信息内容、频率、描述和浓缩程度。必须确定报告的形式、结构、内容，为项目的后期工作服务。

三、报告的要求

为了达到项目组织之间沟通顺利，起到报告的作用，报告必须符合如下要求：

（1）与目标一致。报告的内容和描述必须与项目目标一致，主要说明目标的完成程度和围绕目标存在的问题。

（2）符合特定的要求。包括各个层次的管理人员对项目信息需要了解的程度，以及各个职能人员对专业技术工作和管理工作的需要。

（3）规范化、系统化。即在管理信息系统中应完整地定义报告系统结构和内容，对报告的格式、数据结构实行标准化。在项目中要求各参加者采用统一形式的报告。

（4）处理简单化，内容清楚，各种人都能理解，避免造成理解和传输过程中的错误。

（5）报告的侧重点要求。报告通常包括概况说明和重大差异说明、主要活动和事件的说明，而不是面面俱到。它的内容较多的是考虑到实际效用，如何行动、方便理解，而较少地考虑到信息的完整性。

四、报告系统

项目初期，在建立项目管理系统中必须包括项目的报告系统。这要解决两个问题：

（1）罗列项目过程中应有的各种报告并系统化。

（2）确定各种报告的形式、结构、内容、数据、采集处理方式并标准化。

在设计报告之前，应给各层次的人列表提问：需要什么信息，应从何来，怎样传递，怎样标出它的内容。

在编制工程计划时，应当考虑需要各种报告及其性质、范围和频次，可以在合同或项目手册中确定。

原始资料应一次性收集，以保证相同的信息和相同的来源。资料在纳入报告前应进行可信度检查，并将计划值引入以便对比。

原则上，报告从最底层开始，资料最基础的来源是工程活动，包括工程活动的完成进度、工期、质量、人力、材料消耗、费用等情况的记录，以及实验验收记录。上层的报告应由上述职能部门总结归纳，按照项目结构和组织结构层层归纳、浓缩，做出分析和比较，形成金字塔式的报告系统。

第三节　信息管理组织程序与流程及组织系统

一、信息管理组织程序

（一）信息管理机构

现代工程项目管理为了对信息有效地管理控制，应该有专门的信息管理机构负责信息资源的开发和利用，提供给各个部门用于信息咨询。从而高效地完成信息管理，为整个项目管理服务。

1.信息职能部门

信息管理贯穿于整个工程项目管理，是全方位的管理，因此信息管理的职能部门可以划分如下：

（1）信息使用部门。这是使用信息的部门或管理人员，对信息的内容、范围、时限有具体的要求。这些部门将所咨询的信息用于工程管理的分析研究，为决策提供依据。

（2）信息供应部门。由于工程项目中信息源很多，分布于项目内部和外部环境中，而对于信息使用的管理人员来说，从内部获取信息较为容易，从外部获取较为困难。信息供应部门就是专门用于信息获取，特别是对于一般项目参与人员不易获得的外部信息。

（3）信息处理部门。主要是使用各种技术和方法对收集的信息进行处理的部门。按照信息使用部门的要求，对信息进行分析，为信息使用者决策提供依据。

（4）信息咨询部门。主要是为使用部门提供咨询意见，帮助他们向信息供应部门、信息处理部门提出要求，帮助管理者研究信息和使用信息。

（5）信息管理部门。在信息管理职能中处于核心地位、负责协调的各部门，要合理有效地开发和利用信息资源。

虽然这种划分很明晰，但在实际工程项目信息管理中，这种明晰的职能划分是少有的，甚至是不实际的。比如对业主而言，为了目标控制的实现，对于信息管理，他必定会完成上述五种职能。但这些职能在实际操作中之所以没有很明显的划分是因为：其一，过分的明晰划分，虽然组织结构明确，但会使管理成本增加。例如为了获取材料或某项工种的信息而奔波于各个职能部门，会使简单的管理工作复杂化，降低效率，增加成本。其二，实际工程管理中，由于其管理的需要，一个信息职能部门所具有的职能，往往是上述一种或多种甚至是全部职能。因此，工程项目信息职能部门划分的目的，主要是符合项目实际需要，便于管理。

2.信息管理组织体系

信息管理是一项复杂的系统管理工作。建立项目信息管理部门，要明确与其他部门的关系，从而发挥其作用。这在大型工程项目中尤为重要，如三峡工程、上海悬浮磁等，都有专门的信息管理部门，而且处于非常重要的地位。

信息管理部门在工程项目信息管理中处于领导地位，对整个信息管理起着宏观控制的作用。但由于工程规模和管理经验的影响，在中小型项目中没有独立的信息管理部门，甚至根本就不存在，其信息管理工作往往分散在各部门，这就可能导致信息管理工作不畅。例如某一承包商需要工程变更的资料，他会去找业主的工程部，如果工程部资料不够完整，他会去找设计部门。最后的结果很可能是他找业主代表或负责人，而后者再找相关部门加以解决，因此导致工作延缓。而业主负责人往往陷入类似琐碎工作中，其履行本职工作受到限制（这是一个典型的信息处理例子，而且是处于比较悲观的情况。实际管理过程中，这些不畅可以通过通信技术的优越性得到改善，这里只是为了分析需要而假定如此）。因此，对于中小型项目而言，无论采取何种形式，独立或者挂靠，都应该有负责信息管理的部门或小组。对于挂靠形式，一般采取挂靠在对项目有着宏观管理的部门为佳，比如项目经理部。这样可以和项目经理部一起，对工程项目管理全过程进行信息管理，可以实时对项目进行控制，并且在最短时间内给决策部门提供信息咨询，有利于决策顺利做出。

对于独立的信息管理部门，与其他部门的关系，一般有两种模式。一种是把信息部门与其他部门并列置于工程项目最高管理层领导之下，可称之为水平式；另外一种是把信息部门置于整个管理层的顶层，可称之为垂直式。前一种是现在普遍采用的模式，后一种是比较理想的模式，因为可以最大限度地发挥信息管理部门的职能作用。

随着工程项目管理水平的提高，信息管理部门应该从所挂靠的部门中独立出来，与工程部、财务部、策划部等一级部门并列。信息管理部门不仅仅是技术服务部门，还应该具有开发和管理职能，和高层管理部门一起，对整个项目进行控制。既从施工、财务、材料等职能部门获取原始数据并进行分析，又将信息处理意见反馈给相关部门，使管理工作随着信息的流动顺利地进行。例如武汉光谷创业街项目，就有着独立的信息管理部，主要从事针对与本项目的PMIS开发，网上信息发布，内部信息交流，自始至终参与对项目进行全程管理，这样做不仅利于内部各管理人员和部门获取项目有关信息，从而合理安排各自工作，实现对项目目标的控制，更有利于外部对本项目的了解，从而为项目树立良好的形象，起到扩大宣传的作用。

（二）信息主管

在信息管理部门中，信息主管（CIO）全面负责信息工作管理。信息主管不仅仅懂得信息管理技术，还对工程项目管理有着深入了解，是居于行政管理职位的复合型人物。信息主管往往从战略高度统筹项目的信息管理。作为整个项目信息管理最高负责人，应该根据项目控制目标需要，及时将信息进行分析，传递到各相关部门，促进对管理工作的调整。作为信息主管，他应该具有下列特征：

（1）具有很高的管理能力，能从项目管理角度宏观考虑信息管理。

（2）熟悉工程项目管理，特别对本工程有着深入了解。有着实际工程管理的经验。能够协调各部门的信息工作。

（3）熟悉信息管理过程，对信息管理方法技巧运用自如，能够统筹管理。

信息组织机构的设立，标志着工程项目管理过渡到科学的信息管理阶段，充分运用信息管理的优势，结合合同管理等手段，使工程项目目标得到有效控制。

（4）工程项目信息管理过程。信息管理的实质在于管理过程。信息管理过程没有统一固定的模式。可以通过对信息管理全过程，特别是其中的信息需求和信息收集进行讨论，以建立一个基本的信息管理方法。

二、信息管理的流程

（一）信息需求

要对工程项目中信息需求进行分析，就需要对工程项目深入分析。其中，主要是项目管理的特征和工程项目信息流。

1.工程项目管理特征

一般，在工程项目管理中所处理的问题可以按照信息需求特征分为三类：

（1）结构化问题。是指在工程项目管理活动过程中，经常重复发生的问题。对这类问题，通常有固定的处理方法。例如例会的召开，有其固定的模式，且经常重复发生。面对结构化问题做出的决策，称之为程序化决策。

（2）半结构化问题。较之结构化问题，半结构化问题并无固定的解决方法可遵循。虽然决策者通常了解解决半结构化问题的大致程序，但在解决的过程中或多或少与个人的经验有关，对应的半结构化问题的决策活动为半程序化决策。实际上，工程项目管理中，大部分问题都属于半结构化问题。由于项目的复杂性和单件性，决定了对任何一个项目管理都只有大致适合的方法，而无绝对的通法。因此，对同一问题，决策者不同，采取的方法也会有所不同。

（3）非结构化问题。是指独一无二非重复性决策的问题。这类问题，往往给决策者带来很大难度。这类问题最典型的例子就是项目立项。对解决这类结构化问题，要更多地依靠决策者的直觉，称之为非程序化决策。

由于决策者在项目管理中的地位不同，面对的问题也不同，因而表现出不同的信息需求特征。程序化决策大多由基层管理人员完成。对于非程序化的决策，高层管理人员较少涉及这类决策活动。半程序化决策大多由中层或高层管理人员完成。对于非程序化的决策，主要由高层管理人员完成。

由于信息是为管理决策服务的，从工程项目管理角度来看，作为项目管理的高层领导关心的是项目的可行性、带来的收益、投资回收期等，处于项目管理的战略位置，所需要的信息是大量的综合信息，即战略信息。作为项目的执行管理部门决策者要考虑如何在项目整体规划指导下，采用行之有效的措施手段，对项目三大目标进行控制。对其所需要的信息成为战术级信息。而各现场管理部门的决策者所关心的是如何加快工程进度、保证工程质量，其决策的依据大多是日常工作信息即作业级信息。

工程项目各部门的主要信息需求，由于每一个管理者的职责各不相同，他们的信息需求也有差异。部门信息需求与个人信息需求有很大区别：部门信息需求相对比较集中和单调；个人信息需求相对突出个性化和多样性。在具体的信息管理过程中，更强调信息使用人员对信息需求的共性而不是个性，换言之，工程项目信息需求分析应该以部门信息需求分析为主而以个人信息需求分析为辅。

2.工程项目信息流程

工程项目信息流程反映了各参加部门、各单位之间、各施工阶段之间的关系。为了工程的顺利完成，使工程项目信息在上下级之间、内部组织之间与外部环境之间流动。

工程项目信息管理中信息流主要包括：

（1）自上而下的信息流

自上而下的信息流就是指主管单位、主管部门、业主、项目负责人、检察员、班组工人之间由上级向其下级逐级流动的信息，即信息源在上，信息宿是其下级。这些信息主要是指工程目标、工程条例、命令、办法及规定、业务指导意见等。

（2）自下而上的信息流

自下而上的信息流，是指下级向上级流动的信息。信息源在下，信息宿在上。主要指项目实施中有关目标的完成量、进度、成本、质量、安全、消耗、效率等情况，此外，还包括上级部门关注的意见和建议等。

（3）横向间的信息流

横向间流动的信息指工程项目管理中，同一层次的工作部门或工作人员之间相互提供和接受的信息。这种信息一般是由于分工不同而各自产生的，但为了共同的目标又需要相互协作互通或相互补充，以及在特殊紧急情况下，为了节省信息流动时间而需要横向提供的信息。

（4）以信息管理部门为集散中心的信息流

信息管理部门为项目决策做准备，因此，既需要大量信息，又可以作为有关信息的提供者。它是汇总信息、分析信息、分散信息的部门，帮助工作部门进行规划、任务检查、对有关专业技术问题进行咨询。因此，各项工作部门不仅要向上级汇报，而且应当将信息传递给信息管理部门，以有利于信息管理部门为决策做好充分准备。

（5）工程项目内部与外部环境之间的信息流

工程项目的业主、承建商、设计单位、工程银行、质量监督主管部门、有关国家管理部门和业务部门，都不同程度地需要信息交流，既要满足自身的要求，又要满足环境的协作要求，或按国家规定的要求相互提供信息。

上述几种信息流都应有明晰的流程，并都要畅通。实际工作中，自上而下的信息比较畅通，自下而上的信息流一般情况下渠道补偿或者流量不够。因此，工程项目主管应当采取措施防止信息流通的障碍，发挥信息流应有的作用，特别是对横向间的信息流动以及自上而下的信息流动，应给予足够的重视，增加流量，以利于合理决策，提高工作效率和经济效益。

对于大多数工程项目来讲，从信息源和信息宿的角度描述其信息流程是比较合适的。

（二）信息收集

信息收集是一项繁琐的过程，由于它是后期信息加工、使用的基础，因此应该值得特别注意。

1.信息收集的重要性

信息是工程项目信息管理的基础。信息收集是为了更好地使用信息而对工程管理过程中所涉及的信息进行吸收和集中。信息收集这一环节工作的好坏，将对整个项目信息管理工作的成败产生决定性的影响。

具体而言：

（1）信息收集是信息使用的前提。工程项目管理中，每天都产生数不胜数的信息，但属于没有经过加工、处理的信息（原始信息）杂乱无章，无法为项目管理人员所用。只有将收集到的信息进行加工整理，变为二次信息才能为人所用。

（2）信息收集是信息加工的基础。信息收集的数量和质量，直接影响到后续工作。一些项目信息管理工作没有做好，往往是因为信息收集工作没有做好。

（3）信息收集占整个信息管理的比重较大。其工作量大、费用较高。据统计，在很多情况下，花费在信息收集上的费用占整个信息管理费用的50%。主要原因是虽然有着先进的辅助技术，信息收集仍然以人工处理为主。

2.信息收集的原则

信息收集的最终目的是为了项目管理者能够从信息管理中对项目目标进行有效控制。根据信息的特点，信息收集需要遵循以下原则。

（1）信息收集要及时。这是由信息的时效性所决定的。在工程管理事件发生后及时收集有关信息，这样可以及时做出总结并为下一步决策做保证。例如对于索赔而言，根据有关合同文件，有着严格的时间限制。在索赔事件发生后，应立即将信息收集，可以避免最后的综合索赔。

（2）信息收集要准确。这是信息被用来作为决策依据的基本条件。错误的信息或者不尽正确的信息往往给项目管理人员以误导。这就要求信息管理人员对项目有着深入的了解，有着科学的收集方法。

（3）信息收集要全面。工程项目中，其复杂性决定了任何决策都是和其他方面相联系的，因此，其信息也是相互关联的。在信息收集中，不能只看见眼前，应该注重和其他方面的联系，注意其连续性和整体性。

（4）信息收集要合理规划。信息管理是贯穿整个工程项目过程的，信息收集也是长期的。信息收集不能头重脚轻，前期大量投入，后期将信息收集置于一旁。例如项目的后评价是对信息收集最多的阶段，对项目中所有发生过的信息都需要重新整理。

3.信息收集的方法

信息收集方法很多，主要有实地观察法、统计资料法、利用计算机及网络收集等。对于项目前期策划多用统计资料法，将与项目有关的数据进行统计分析，计算各个参数，为项目可行性研究奠定基础。在工程施工过程中，事件常以实物表现出来，因此常采用实地观察法，对工程过程中产生的各种事件进行量化，然后加工。随着计算机应用的普及，网络对于信息收集有着重要的作用。例如现在很多工程招投标信息都在网上发布，利用网络信息收集，有着迅速、便于反馈等优点。在项目中，施工阶段的信息是比较繁琐的，工程项目信息管理工作也主要集中于此。

收集内容：

（1）收集业主提供的信息，业主下达的指令，文件等。当业主负责某些材料的供应时，需收集材料的品种、数量、质量、价格、提货地点、提货方式等信息。同时应收集业主有关项目进度、质量、投资、合同等方面的意见和看法。

（2）收集承建商的信息。承建商在项目中向上级部门、设计单位、业主及其他方面发出某些文件及主要内容，如施工组织设计、各种计划、单项工程施工措施、月支付申请表、各种项目自检报告、质量问题报告等。

（3）工程项目的施工现场记录。此记录是驻地工程师的记录，主要包括工程施工历史记录、工程质量记录、工程计量、工程款记录和竣工记录等。

现场管理人员的报表：当天的施工内容；当天参加施工的人员（工程数量等）；当天施工用的机械（名称、数量等）；当天发生的施工质量问题；当天施工进度与计划进度的比较（若发生工程拖延，应说明原因）；当天的综合评论；其他说明（应注意事项）等。

工地日记现场管理人员日报表：现场每天天气；管理工作改变；其他有关情况。

驻施工现场管理负责人的日记：记录当天所做重大决定；对施工单位所做的主要指示；发生的纠纷及可能的解决方法；工程项目负责人（或其他代表）来施工现场谈及的问题；对现场工程师的指示；与其他项目有关人员达成的协议及指示。

驻施工现场管理负责人的周报、月报：每周向工程项目管理人负责人（总工程师）汇报一周内发生的重大事件；每月向总负责人及业主汇报工地施工进度状况；工程款支付情况；工程进度及拖延原因；工程质量情况；工程进展中主要问题；重大索赔事件、材料供应、组织协调方面的问题等。

（4）收集工地会议记录。工地会议是工程项目管理一种重要方法，会议中包含大量的信息。会议制度包括会议的名称、主持人、参加人、举行时间地点等。每次会议都应有专人记录，有会议纪要。

第一次工地会议纪要：介绍业主、工程师、承建商人员；澄清制度；检查承建商的动员情况（履约保证金、进度计划、保险、组织、人员、工料等）；检查业主对合同的履行情况（资金、投保、图纸等）；管理工程师动员阶段的工作情况（提交水准点、图纸、职责分工等）；下达有关表样，明确上报时间。

经常性工地会议确定上次会议纪要：当月进度总结；进度预测；技术事宜；变更事宜；管理事宜；索赔和延期；下次工地会议等。

（三）信息加工

信息加工是将收集的信息由一次信息转变为二次信息的过程，这也是项目管理者对信息管理所直接接触的地方。信息加工往往由信息管理人员和项目管理人员共同完成。信息管理人员按照项目管理人员的要求和本工程的特点，对收集的信息进行分析、归纳、分类、比较、选择，建立信息之间的联系，将工程信息和工程实质对应起来，给项目管理人员以最直接的依据。

信息加工有人工加工和计算机加工两种方式。人工加工是传统的方式，对项目中产生的数据人工进行整理分析，然后传递给主管人员或部门进行决策，传统信息管理中的资料核对就是人工信息加工。手工加工不仅繁琐，而且容易出错。特别是对于较为复杂的工程管理，往往失误频频。随着计算机在工程中的应用，计算机对信息的处理成为信息加工的主要的手段。计算机加工准确、迅速，特别善于处理复杂的信息。在大型工程管理中发挥着巨大的效用。在PMIS系统中，信息管理人员将项目事件输入系统中，就可以得到相关的处理方案，减轻管理人员的负担。特别是大型工程中的信息数据异常繁多，靠人工加工几乎不可能完成，各种电化方法成为解决问题的主要手段。在小型工程管理中，往往还是以人工加工为主，这与项目规模有关。

（四）信息储存与检索

信息储存与检索是互为一体的。信息储存是检索的基础。项目管理中信息储存主要包括物理储存、逻辑组织两个方面。物理储存是指考虑的内容有储存的内容、储存的介质、储存的时限等；逻辑组织储存的信息间的结构。

对于工程项目而言，储存的内容是与项目有关的信息，包括各种图纸、文档、纪要、图片、文件等。储存的介质主要有文本、磁盘、服务器等；储存的时限是指信息保留的时间。对于不同阶段的信息，储存时限是不同的。主要是以项目后评价为依据，按照对工程影响的大小排序。对于一般大型工程而言，信息的储存过程，也是建立信息库的过程。信息库是工程的实物与信息之间的映射，是关系模型的反映。根据工程特点，建立一个信息库，将相关信息分类储存。各管理人员就可以直接从信息库随时检索到需要的信息，从而为决策服务。这样有利于信息畅通，利于信息共享。

信息检索是与信息储存相关的。有什么样的信息储存，就有什么样的信息检索。对于文本储存方式，信息的检索主要是靠人工完成。信息检索的使用者主要是项目管理人员，而信息储存主要是由信息管理人员完成。两者之间对信息的处理带有主观性，往往不协调，这就使管理者对信息检索有着不利影响。而对于磁盘、服务器等基于计算机的储存方式，其信息检索储存有着固定的规则，因此对于管理者信息检索较为有利。

（五）信息传递与反馈

信息传递是指信息在工程与管理人员或管理人员之间的发送、接收。信息传递是信息管理的中间环节，即信息的流通环节。信息只有从信息源传递到使用者那里，才能起到应有的作用。信息能否及时传递，取决于信息的传输渠道。只有建立了合理的信息传输渠道，才能保证信息流畅流通，发挥信息在项目管理中的作用。信息不畅往往是工程项目信息管理中最大障碍。各方由于信息交流不畅而导致工程未达到预期目标，主要原因有：

（1）信息的准确性：它可以通过冲突信息出现的频率、缺少协调和其他有关的因为缺少交流而表现出来的现象来衡量信息的准确性。

（2）项目本身的制度：表现为项目正式的工作程序、方法和工作范围。这是在所有关键因素种类中最难以改进的一类，是项目管理者的能力所不能解决的。

（3）一些人际因素和信息可获取性之类的信息交流障碍。

（4）项目参与者对所接收信息的理解能力。

（5）设计和计划变更信息发布和接收的及时性。

（6）有关信息的完整性。

因此，信息传递要遵循下列原则：

（1）快速原则。力求在最短时间内，将项目事件的信息传递到相关人员和部门。

（2）高质量原则。指对于一次信息传递，尽量传递较多的信息。这样防止信息的多次传递，以免过得的传递而使其紊乱。并且，所传递的信息要能完整地反映所描述的工程实物内容。

（3）适用原则。保证信息的传递符合信息源和项目的信息使用者的使用习惯、专业特性。

信息反馈与信息交流的方向相反。对于项目管理人员而言，其接收的信息往往不能一次性达到其意愿，或对于信息有着特殊的要求，这就需要对信息进行反馈。由信息接收者反馈给信息源，将所需要的工程信息进行重新组织，根据其特殊要求进行调整。信息反馈同样要符合上述几条原则。

（六）信息的维护

信息的维护是保证项目信息处于准确、及时、安全和保密的合用状态，能为管理决策提供实用服务。准确是要保持数据是最新、最完整的状态，数据是在合理的误差范围以内。信息的及时性是要在工程过程中，实时对有关信息进行更新，保证管理者使用时，所用信息是最新的。安全保密是要防止信息受到破坏和信息失窃。

通过对工程项目信息管理的全过程分析，可以大体上形成对工程项目中的信息有效的管理方法。对于信息管理还有很多方法，例如逻辑顺序法、物理过程法、系统规划法等。都需要与工程项目的特点结合才能发挥作用。

三、信息管理的组织系统

（一）信息管理的组织系统概述

在项目管理中，信息、信息流通和信息处理各方面的总和成为项目管理信息系统。管理信息系统是将各种管理职能和管理组织沟通起来并协调一致的神经系统。建立管理系统并使之顺利地运行，是项目管理者的责任，也是完成项目管理任务的前提。项目管理者作为一个信息中心，他不仅与每个参加者有信息交流，而且他自己也有复杂的信息处理过程。不正常的信息管理系统常常会使项目管理者得不到有用的信息，同时又被大量无效信息所纠缠而损失大量的精力和时间，也容易使工作出现错误，损失时间和费用。

项目管理信息系统必须经过专门的策划和设计，在项目实施中控制它的运行。

（二）信息系统

1.信息的需要

项目管理者为了决策、计划和控制需要哪些信息？以什么形式？何时以什么渠道供应？上层系统和周边组织在项目过程中需要什么信息？

这是调查确定信息系统的输出。不同层次的管理者对信息的内容、精度、综合性有不同的要求。

管理者的信息需求是按照他在组织系统中的职责、权利、任务、目标设计的，即他要完成工作、行使权力应需要哪些信息，当然他的职责还包括对其他方面提供信息。

2.信息的收集和加工

（1）信息的收集。在项目实施过程中，每天都要产生大量的数据，如记工单、领料单、任务单、图纸、报告、指令、信件等。必须确定，由谁负责这些原始数据的收集，这些资料、数据的内容、结构、准确程度怎样，由什么渠道获得这些原始数据、资料，并具体落实到责任人。由责任人进行原始资料的收集、整理，并对他们的正确性和及时性负责。通常由专业班组长、记工员、核算员、材料管理员、分包商、秘书等承担这个任务。

（2）信息的加工。这些原始资料面广、量大，形式丰富多彩，必须经过信息加工才能得到符合管理需要的信息，符合不同层次项目管理的不同要求。信息加工的概念很广，包括：

1）一般的信息处理方法，如排序、分类、合并、插入、删除等。

2）数学处理方法，如数学计算、数值分析、数理统计等。

3）逻辑判断方法，包括评价原始资料的置信度、来源的可靠性、数值的准确性、进行项目诊断和风险分析等。

3.编制索引和存贮

为了查询、调用的方便，建立项目文档系统，将所有信息分解、编目。许多信息作为工程工程项目的历史资料和实施情况证明，它们必须被妥善保存。一般的工程资料要保存到项目结束，而有些则要长期保存。按照不同的使用和储存要求，数据和资料储存于一定的信息载体上，这样既安全可靠又使用方便。

4.信息的使用和传递渠道

信息的传递（流通）是信息系统的最主要特征之一，即指信息流通到需要的地方，或由使用者享用的过程。信息传递的特点是仅仅传输信息的内容，而信息结构保持不变。在项目管理中，要设计好信息的传递路径，按不同的要求选择快速的、误差小的、成本低的传输方式。

（三）项目管理信息系统总体描述

项目管理信息系统是在项目管理组织、项目工作流程和项目管理工作流程的基础上设计的信息流。所以，对项目管理组织、项目工作流程和项目管理工作流程的研究是建立管理信息系统的基础，而信息标准化、工作程序化、规范化是前提。项目管理信息系统可以从如下几个角度总体描述。

1.项目参加者之间的信息流通

项目的信息流就是信息在项目参加者之间的流通，通常与项目的组织模式相似。在信息系统中，每个参加者都是信息系统网络上的一个节点，负责信息的收集（输入）、传递（输出）和信息处理工作。

项目管理者具体设计这些信息的内容、结构、传递时间、精确程序和其他要求。例如，在项目实施过程中，业主需要如下信息：

（1）项目情况月报，包括工程质量、成本、进度报告；

（2）项目成本和支出报表，一般按分部工程和承包商制作报表；

（3）供审批用的各种设计方案、计划、施工方案、施工图纸、建筑模型等；

（4）决策前所需要的专门信息、建议等；

（5）各种法律、规定以及其他与项目实施有关的资料等。

业主做出：

（1）各种指令，如变更工程、修改设计、变更施工顺序、选择分包商等；

（2）审批各种计划、设计方案、施工方案等；

（3）向董事会提交工程工程项目实施情况报告。

项目经理通常需要：

（1）各项目管理职能人员的工作情况报表、汇报、报告、工程问题请示；

（2）业主的各种口头和书面的指令，各种批准文件；

（3）项目环境的各种信息；

（4）工程各承包商、监理人员的各种工程情况报告、汇报、工程问题请示；

项目经理通常做出：

（1）向业主提交各种工程报表、报告；

（2）向业主提出决策用的信息和建议；

（3）向社会其他方面提交工程文件。这些通常是法律必须提供的，或为审批用的；

（4）向项目管理职能人员和专业承包商下达各种指令，答复各种请示，落实项目计划等。

2.项目管理职能之间的信息流通

项目管理系统是一个非常复杂的系统，它由许多子系统构成，可以建立各个项目管理信息子系统。例如成本管理信息系统、合同管理信息系统、质量管理信息系统、材料管理信息系统等。它们是为专门的职能工作服务的，用来解决专门信息的流通问题，共同构成项目管理系统。

3.项目实施过程中的信息流通

项目实施过程中的工作程序即可表示项目的工作流，又可以从一个侧面表示项目的信息流。可以设计在各工作阶段的信息输入、输出和处理过程及信息的内容、结构、要求、负责人等。按照过程，项目可以划分为可行性研究子系统、计划管理信息子系统、控制管理信息子系统。

第四节　水利水电工程管理信息系统应用情况

一、项目管理方式

（一）文档管理系统＋独立的项目管理软件方式

有些工程不使用专门的管理信息系统，只针对迫切需要的文档管理购买相应的管理系统或自行开发文档管理系统。同时，借助于当前流行的项目管理软件，主要是Microsoft Project和Primavera Project Planner（简称P3）。有的工程甚至只进行简单的进度管理，使用Microsoft Excel绘制横道图，使用Auto CAD绘制网络图。

1. Microsoft Project

Microsoft Project是一种功能强大而灵活的项目管理工具，可用于控制简单或复杂的项目。它能够帮助用户建立项目计划、对项目进行管理，并在执行过程中追踪所有活动，使用户实时掌握项目进度的完成情况、实际成本与预算的差异、资源的使用情况等信息。

Microsoft Project的界面标准，易于使用，上有项目管理所需的各种功能，包括项目计划、资源的定义和分配、实时的项目跟踪、多种直观易懂的表格及图形，用Web页面方式发出项目信息，通过Excel、Access或各种ODBC兼容数据库存取项目文件等。

2. Primavera Project Planner

Primavera Project Planner（简称P3）工程项目管理软件是美国Primavera公司的产品，国际上流行的高档项目管理软件，已成为项目管理的行业标准。

P3软件适用于任何工程项目，能有效地控制大型复杂项目，并可以同时管理多个工程。P3软件提供各种资源平衡技术，可模拟实际资源消耗曲线、延时；支持工程各个部门之间通过局域网或Internet进行信息交换，使项目管理者可以随时掌握工程进度。P3还支持ODBC，可以与Windows程序交换数据，通过与其他系列产品的结合支持数据采集、数据存储和风险分析。

（二）购买集成的管理信息系统软件加以改造

购买在水电工程中应用较成熟的工程项目管理系统，这种方式可以快速使用管理信息系统，并可根据项目的实际情况加以改造，系统中也可集成第三方项目管理软件或是系统本身自带的项目管理模块。缺点是水利水电工程的个性差异大，现有软件往往满足不了要求，需要进行大量的改造工作，有时甚至需要推倒重来。

（三）自行组织编制本项目专用的管理信息系统

组织相关工程技术人员参与，利用自有的软件开发人员或委托有实力的软件公司，针对本工程特点，借鉴现有的信息系统经验，编制本项目的专用管理信息系统。优点是能针对具体工程特点进行信息系统的构建，容易满足实际需要；缺点是开发周期可能较长，开发难度较大，有时编制出来的软件通用性、可操作性不强，对工作效率的提高不明显。

二、水电工程中应用较多的管理信息系统

（一）三峡工程管理信息系统

三峡工程管理信息系统（TGPMS）是由三峡总公司与加拿大AMI公司合作开发的大型集成化工程项目管理系统。TGPMS以数据为核心，功能包括编码结构管理、岗位管理、资金与成本控制、计划与进度管理、合同管理、质量管理、工程设计管理、物资与设备管理、工程财务与会计管理、坝区管理、文档管理等13个子系统。支持各项工程管理业务，为工程各阶段决策服务。TGPMS在项目管理领域具有一定程度的通用性和较强的拓展性，系统可以集成办公自动化和P3等专业软件。作为一个原型系统，目前已在新疆的吉林台、贵州的洪家渡、清江水布垭、溪落渡工程等水电工程建设中得到应用，而且还跨行业应用于北京市政工程、京沪高铁工程等。

据了解，该系统前后耗资1亿多元开发，功能上比较全面，也可进行扩展，能够满足工程需要，在质量、成本模块的数据融合上很有特色。但该系统比较庞大，购买费用较高，在操作界面的简易性、友好性和系统的实用性方面还有提高的空间。

（二）化科软件PMS工程建设管理系统

由北京化科软科技有限公司开发，包括：施工管理、概算管理、计划管理、合同管理、结算管理、统计管理、进度管理、质量管理、安全管理、物资管理、机电安装管理、监理日志、移民搬迁管理等模块。该管理系统针对不同的工程，进行适应性的开发，在水利系统已经得到了广泛应用，已开发了几套在水利工程工地使用的工程项目信息管理系统，包括黄河公伯峡工程、广西百色工程、黑龙江尼尔基工程、泰安抽水蓄能电站工程、广蓄惠州抽水蓄能电站工程建设管理系统等。该系统数据整合方面还有进一步提高的空间；系统操作界面不太统一，几乎每个工程都不一样。如果能够对界面进一步规范统一，用户使用起来会更简便。

（三）梦龙管理系统

梦龙开发有LinkWorks协同工作平台，在此平台上可以根据需要随意增减模块，功能比较全面，尤其是进度管理方面具有很大优势，可以很方便地绘制和修改进度图、网络图，网络计划技术方面领先于国内其他同类软件。在项目管理方面，PERT项目管理软件经过在三峡工程一期围堰、茅坪溪泄水建筑物、导流明渠和大江截流等

重点施工项目中结合生产深入研究并投入实际应用，已充分展示了它先进、科学、灵活、高效、功能强大等优势，为三峡一期工程加快施工进度，提前10个月浇筑混凝土和安全、正点实现大江截流起到了重要作用。但总的来说，该系统在水利行业应用还不是很多。

第五节 信息平台在工程项目信息管理上的应用

一、国际上工程项目计算机辅助管理的发展趋势

（一）工程项目管理信息系统PMIS

工程项目管理信息系统（PMIS）是通过对项目管理专业业务的流程电子化、格式标准化及记录和文档信息的集中化管理，提高工程管理团队的工作质量和效率。

PMIS与一般的MIS不同在于它的业务处理模式依照PMBOK的技术思路展开。既有相应的功能模块满足范围、进度、投资、质量、采购、人力资源、风险、文档等方面的管理以及沟通协调的业务需求，又蕴含"以计划为龙头、以合同为中心，以投资控制为重点的"的现代项目管理理念。优秀的PMIS既突出进度、合同和投资三个中心点，又明确它们的内在联系，为在新环境下如何进行整个工程管理业务确立了原则和方法。这种务实地利用信息技术的策略方法不仅提高了工作效率，实现良好的大型项目群管理，而且将信息优势转化为决策优势，将知识转化为智慧，切实提升了工程项目管理水平。

（二）工程项目管理控信息系统（PCIS）

工程项目总控制信息系统是通过信息分析与处理技术，对项目各阶段的信息进行了收集、整理、汇总与加工，提供宏观的、高度综合的概要性工程进度报告，为项目的决策提供决策支持。常见的情况是，当项目特别大，或者面临的是项目群的管理时，管理组织的层次会比较多。此时，往往采用PMIS供一般管理层进行工程项目管理，而通过PCIS让最高决策层对由众多子项目组成的复杂系统工程进行宏观检查、跟踪控制。

（三）工程项目管理信息门户（PIP）

项目信息门户是在对工程项目全过程中产生的各类项目信息如合同、图纸、文档等进行集中管理的基础上，为工程项目各参与方提供信息交流和协同工作的环境的一种工程项目计算机辅助管理方式。PIP不同于传统意义上的文档管理，它可以实现多项目之间的数据关联，强调项目团队的合作性并为之提供多种工具。在美国纽约的自由塔等大型工程项目中，项目信息门户使项目团队及参与方出现空前的可见性、控制性和协作性。

二、工程项目管理软件的分类

（一）从项目管理软件使用的各个阶段划分

1.适用于某个阶段的特殊用途的项目管理软件

例如用于项目前期工作的评估与分析软件、房地产开发评估软件，用于设计和招标投标阶段的概预算软件，招投标管理软件、快速报价软件等。

2.普遍适用于各个阶段的项目管理软件

例如进度计划管理软件，费用控制软件及合同与办公事务管理软件等。

3.对各个阶段进行集成管理的软件

例如一些高水平费用管理软件能清晰地体现投标价（概预算）形成→合同价核算与确定→工程结算、费用比较分析与控制→工程决算的整个过程，并可自动将这一过程的各个阶段关联在一起。

（二）从项目管理软件提供的基本功能划分

1.进度计划管理

基于网络技术的进度计划管理功能是工程项目管理中开发最早、应用最普遍、技术上最成熟的功能，也是目前绝大多数面向工程项目管理的信息系统的核心部分。具备该类功能的软件至少应能做到：定义作业（也称为任务、活动），并将这些作业用一系列的逻辑关系连接起来；计算关键路径；时间进度分析；资源平衡；实际的计划执行状况，输出报告，包括甘特图和网络图等。

2.费用管理

进度计划管理系统建立项目时间进度计划，成本（或费用）管理系统确定项目的价格，这是现在大部分项目管理软件功能的布局方式。最简单的费用管理是用于增强时间计划性能的费用跟踪功能，这类功能往往与时间进度计划功能集成在一起，但难以完成复杂的费用管理工作。高水平的费用管理功能应能够胜任项目寿命周期内的所有费用单元的分析和管理工作，包括从项目开始阶段的预算、报价及其分析、管理，到中期结算、管理，再到最后的决算和项目完成后的费用分析，这类软件有些是独立使用的系统，有些是与合同事务管理功能集成在一起的。

费用管理应提供的功能包括：投标报价、预算管理、费用预测、费用控制、绩效检测和差异分析。

3.资源管理

项目管理软件中涉及的资源有狭义和广义资源之分。狭义资源一般是指在项目实施过程中实际投入的资源，如人力资源、施工机械、材料和设备等；广义资源除了包括狭义资源外，还包括其他诸如工程量、影响因素等有助于提高项目管理效率的因素。资源管理功能应包括：拥有完善的资源库、能自动调配所有可行的资源、能通过与其他功能的配合提供资源需求、能对资源需求和供给的差异进行分析、能自动或协助用户通过不同途径解决资源冲突问题。

4.分线管理

变化和不确定性的存在使项目总是处在风险的包围中，这些风险包括时间上的风险（如零时差或负时差）、费用上的风险（如过低估价）、技术上的风险（如设计错误）等等。这些风险管理技术已经发展得比较完善，从简单的风险范围估计方法到复杂的风险模拟分析都在工程上得到一定程度的应用。

5.交流管理

交流是任何项目组织的核心，也是项目管理的核心。事实上，项目管理就是从项目有关各方之间及各方内部的交流开始的。大型项目的各个参与方经常分布在跨地域的多个地点上，大多采用矩阵化组织结构形式，这种情况对交流管理提出了很高的要求；信息技术，特别是近些年 Intetnet、Intranet 和 Extranet 技术的发展为这些要求的实现提供了可能。

目前流行的大部分项目管理软件都集成了交流管理的功能，所提供的功能包括进度报告发布、需求文档编制、项目文档管理、项目组成员间及其与外界的通讯交流、公报板和消息触发式的管理交流机制等。

（三）按照项目管理软件适用的工程对象来划分

1.面向大型、复杂工程项目的项目管理软件

这类软件锁定的目标市场一般是那些规模大、复杂程度高的大型工程项目。其典型特征是专业性强，具有完善的功能，提供了丰富的视图和报表，可以为大型项目的管理提供项目支持。但购置费用较高，使用上较为复杂，使用人员必须经过专门培训。

2.面向中小型项目和企业事务管理的项目管理

这类软件的目标市场一般是中小型项目或企业内部的事务管理过程。典型特点是：提供了项目管理所需要的最基本的功能，包括时间管理、资源管理和费用管理等；内置或附加了二次开发工具；有很强的易学易用性，使人员一般只要具备项目管理方面的知识，经过简单的引导就可以使用；购置费用低。

三、Primavera 专业软件介绍

由于 Primavera 公司的专业软件是国际上比较成熟的而且用户很广的一系列软件，不少国际金融组织贷款项目和一些国家的工程项目指定采用此类软件，因此，这里专门介绍该公司的进度与投资动态控制软件 P3e／c。

（一）主要的管理思想

1.广义网络计划技术

P3e／c 的核心技术为广义的网络计划技术，不但能给出作业的时间进度安排，还能给出要完成这一时间进度所需的投资需求，很好地解决了长期困扰大家的工期进

度和投资／成本情况无法进行整体性的动态管理问题。此外，根据管理学思维，将上述进度／投资动态过程与目标管理的方法有机地联系在一起，从而使项目管理办法变为一种可操作性很强的、切实可行的手段。

2.项目管理知识体系

P3e／c软件符合美国项目管理协会（PMI）指定的《项目管理知识体系》（PM－BOK）是工具化的项目管理知识体系。PMBOK将项目管理分为九大业务范围：范围管理、综合管理、时间管理、成本管理、质量管理、人力资源管理、沟通管理风险管理和采购管理。P3e／c软件根据PMBOK的思维方式，首先定义项目的工作范围，并形成WBS（工作分解结构），然后根据资源、成本，外部条件等约束，编制综合管理计划，并以计划为龙头，统筹各项工作，各职能部门协同工作。因此，可以说P3e／c是一本活生生的项目管理教科书。

3.企业级项目管理（EPM）

P3e／c与P3相比较，最大的区别在于它将项目管理架构提升到企业管理高度，称为企业项目管理（EPM）。P3e／c利用现代的通讯和网络工具，能够对大型项目群（Program）或分布在世界各地的众多项目进行统一协调和管理。P3e／c软件将企业多个管理层次的管理责任落实到项目分解结构中，自上而下可视化跟踪和监督；并将企业资源、成本等作为全局数据，所有项目采用一套统一体系，自下而上进行数据过滤和汇总，便于企业整体分析和调控，实现全局利益最大化。

4.项目组合管理（PPM）

P3e／c利用源于金融投资分析的组合管理（Portfolio Management）思想，演绎项目组合管理（Project Protfolio Management，简称PPM）。P3e／c在项目群内引进一个连贯统一的项目评估与选择机制，对具体项目的特性以及成本、资源、风险等项目要素（选择一项或多项因素）按照统一的计分评定标准进行优先级别评定，协助企业选择符合战略目标的方案。

5.知识管理

计划是"事前之举，事中之措，事后之标准"。P3e／c不仅能够在事前协助企业编制精良的计划，事中进行计划跟踪、分析和监控，而且可以进行项目经验和项目流程的提炼。企业利用P3e／c进行项目经验总结，将诸如一些施工工艺和工法、施工消耗的时间、资源和成本数据、规范的管理流程等，形成可重复利用的企业的项目模板，实现企业的"Best Practice"（最佳实践），并能够利用项目构造功能快速进行项目初始化。同时还能够逐步积累建立企业的内部定额。企业在利用P3e／c取得经济效益的同时，逐步提高项目管理的成熟度。

（二）重要功能特点

1.角色化设计模块

P3e／c由基于C／S（客户端／服务器端）和B／S（浏览器／服务器端）结构的

六个模块组成，通过它的各个组件为企业的各个管理层次以及外部的有关人员提供简单易用、个性化界面、协调一致的工作环境。

2.多级计划管理

（1）强大的计划分析能力

P3e／c为从大体量信息中提取精选的分析资讯，提供强大分析能力，能够协助将信息和知识转化为决策智慧。P3e／c中的目标对比分析、净值分析、模拟分析、组合分析等，协助用户挖掘数据库中的信息，形成专业计划分析报告，指导管理软件协调资源、调控费用、支持领导决策。

（2）强大的报表输出功能

P3e／c具有简单易用的动态报表制作工具，无论是细微的作业进度、资源、投资信息，还是高精度的汇总分析报告，用户自由选取字段和数据组织方式，并通过报表和视图展示。P3e／c将这些信息制作成Offixe软件格式的文档。用户还能够设置定期统计分析报告，软件自动在固定时间点自动触发批量生成机制。为了能及时反映工程施工动态数据信息，P3e／c项目管理软件的管理人员也能进行工程进度计划的查询与分析，可以通过P3e／c项目管理软件所提供的项目信息发布工具生成进度信息网站，不仅可以为独立的网站提供用户访问，而且也可以与公司的网站链接，形成项目进度信息在公司内共享。

（3）开放的数据库结构

P3e／c采用SQL或Oracle数据库，其数据结构完全开放，提供API和SDK等二次开发工具，并与企业进行功能拓展或与已有MIS、OA系统集成。P3e／c软件与SAP等著名的软件已经开发了成熟的数据接口。

（三）应用方法

1.规划建立

企业级项目管理框架要利用P3e／c软件实现多目标、多项目、多专业集约化管理，必须建立一套统一的企业级项目管理框架要。P3e／c软件通过建立企业项目结构，组织分解结构、资源分解结构、费用分解结构等全局框架数据，将庞大复杂的系统有序分解和有机关联，协助将多个标段、多个单位、多个专业统筹在一个大型的网络计划体系中。

2.计划编制

P3e／c在统一的项目管理框架下，为具体项目编制计划，并通过逻辑关联实现项目与项目之间的协同。P3e／c按照项目管理知识体系的综合计划编制方法进行计划编制的管理。首先确定项目的范围分解，建立WPS体系，综合考虑成本、资源、质量等因素。在WPS确定的基础上定义底层WPS（工作包）的工序（作业），根据资源和费用的投入量估算所需工期，并结合工艺系统和组织关系定义工序之间的逻辑关系，经过软件的进度计算得出初始的进度计划。

在初始进度计划的基础上，检查里程碑点、交界点、控制点是否满足要求，关键资源是否超过限量，并进行进度、资源、费用的优化，形成各方认可的相对最优计划，并存储为基准目标计划，作为今后行动的纲领性文件。最后利用 WPS 软件绘制计划报告中的视图，包括工作范围分解机构、责任矩阵、工作产品和文档、里程碑计划、关键线路计划、资源需求计划、资金需求计划等。

3.计划反馈、监控、分析、纠偏和更新

可用 P3e／c 编制的工程进度计划并非一成不变，需要根据实际进展情况不断调整。由于大型工程项目在施工过程中经常遇到诸如土建交安状况、设备和图纸交付情况等多种变化因素的影响，使得原有的工程项目计划不能及时反映施工的实际情况，因此必须定期检查、盘点实际进展情况，并将其与目标进度计划进行比较。P3e／c 能够检查进度是否出现偏差，出现偏差是否在受控范围之内，对目标里程碑有无影响。分析产生偏差的原因，并找出必要的调整措施，以便更好地指导今后的工程进展。

P3e／c 有方便的计划反馈工具，设置了灵活的进展监控机制，具有强大的进展分析功能。项目组成员不仅能够反馈计划执行的进度、资源消耗和费用情况，而且还能够反馈每人（小组）每天的工作量。这对于精度要求高、协同复杂的项目是非常重要的。在反馈完进度执行情况后，P3e／c 首先进行反馈周期内的计划执行情况的分析，与基准计划进行对比。如果偏差较大，首先寻找就偏措施，进行纠偏处理。此外，P3e／c 具有灵活的进展监控和预警功能，能够对计划与实际进度、资源、费用的偏差，以及挣值的各项指标设置临界值。当超出此临界值时，自动触发警示提醒，将问题通过 E－mail 的方式发到相关人员。

4.多项目计划分析

面对复杂的大型项目群管理，P3e／c 项目管理软件提供了优秀的多项目、多标段计划控制管理功能及分析工具。管理人员能够利用挣值、组合分析、目标对比分析等方法，将工程执行消耗的人力、机械、设置、资源等众多信息按照不同角度过滤、浓缩和汇总，使不同管理层次都能得到实时的数据支持。除此之外，利用 P3e／c 软件中的组合分析和模拟分析核心资源和企业资金流量是否满足要求，进而发现高价值区域，指导项目取舍，调整资源配置和权衡投标策略。

第九章 水利工程建设项目管理创新

第一节 小型农田项目管理模式与项目管理绩效考核

一、小型农田水利工程建设项目管理探索

(一) 农村小型农田水利项目建设特点

(1) 工程单体规模小，分布广，覆盖面大。农村水利项目全部分布在县级以下乡村的广阔田野里，主要作用是为了满足某一区域排涝与灌溉需求。

(2) 单体投资小，项目投资大。农村面上水利项目单体投资不大，大多在几万到十几万元不等，但是项目总体投资规模较大，往往多部门多渠道投资，主要来源为中央和地方财政资金。

(3) 工程数量多，相似度较高，施工工艺简单，技术要求低。

(4) 工期短，季节性强。工程项目的建设工期大部分为几个月不等，而且多集中在去冬今春时节，确保不影响夏收后的农田灌溉与排涝。

(二) 做好农村农田水利工程建设和管理的措施与建议

1.加强组织领导

各级政府和涉农部门应高度重视农田水利基本建设工作，建立资金管理账户，实行资金统筹管理，按照"分级负责"的原则，把农田水利基本建设作为农村工作的中心任务紧抓不放。由熟悉水利工程施工质量控制程序的相关部门和专业人员进行管理，促使农田水利工程质量得到有效提升。

2.科学规划水利建设

科学合理地规划农村农田水利建设，使之符合现代农业需求。统筹项目开工建设，确保工程建设资金充裕。强化设计管理，加强建设单位和设计人员重视程度。建设单位应配合，督促设计部门深入实地搜集设计基础资料、认真研究方案、细化内容

设计，从而保证农田水利工程顺利实施，达到经济、安全目的。

3.强化人才队伍建设

高素质的管理队伍是农田水利建设水平及管理质量的根本保障，要通过各种形式加强队伍建设：一方面是通过内部培训，调动内部水利人员对新科技，新知识、新技术的学习积极性，增强业务能力及专业水平，提高实践中解决问题的能力；另一方面是建立合理的人才引进机制，让文化素质高、业务能力强、技术水平高的水利人才充实到建设管理队伍中来。地方水利部门可以采取"派出去，请进来"，实行短期培训等方法，抓好管理人员的业务培训，提高管理人员的业务水平。

4.规范建设质量管理

在工程建设管理中，应规范建设管理，坚持效能优先，狠抓工程质量。明确质量标准，全面落实项目法人制、建设监理制、合同管理制和招标投标制等水利工程基本建设管理规定。建立质量管理责任制，对施工各个流程制定严格的规定，并建立工程质量责任追究制度，在主要工地统一树立工程建设责任牌，明示工程建设相关责任人。加强对农田水利工程的技术指导，对"优质工程"兑现一定的奖励。同时加强宣传，形成一种狠抓工程建设质量的良好社会风气，对未按有关规范施工造成施工质量不合格的豆腐渣工程进行严厉查处。

5.完善运行维护制度

《中共中央、国务院关于加快水利改革发展的决定》要求"深化小型水利工程产权制度改革，明确所有权和使用权，落实管护主体和责任，对公益性小型水利工程管护经费给予补助，探索社会化和专业化的多种水利工程管理模式"。对于由乡镇或集体管理的小型水利工程，关键在于尽快制定符合本地发展实际的管理办法。如：小型农田水利工程不能仅仅依赖镇村统筹，建议出台加大管护经费的投入政策；由于农村青壮年大多时间外出打工，劳力较少，建议提高水利工程的智能化管理水平，并将智能管理纳入项目前期一并设计、同步实施；将工程管护与农民群众的经济利益挂钩，增强其责任感。

二、对水利工程建设项目管理开展绩效考核的思考

（一）注重项目的寿命周期管理

在项目管理理念方面，不仅要注重项目建设实施过程中质量、进度和投资的三大目标，更要注重项目的寿命周期管理。水利工程项目的寿命周期从项目建议书到竣工验收的各个阶段，工作性质、作用和内容都不相同，相互之间是相互联系、相互制约的关系。实践证明：如果遵循项目建设的程序，整个项目的建设活动就顺利，效果就好；反之，违背了建设程序，往往欲速则不达，甚至造成很大的浪费。因此为了确保项目目标的实现，必须要更新项目管理理念，对项目的质量、进度、投资三大目标从项目决策、设计到实施各阶段进行全过程的控制。

（二）建立项目管理绩效考核机制

借鉴其他行业项目管理的一些做法，在水利行业建立项目管理绩效考核机制，制定绩效考核办法，按照分级管理的原则，对在建项目定期进行绩效考核，以此来督促工程各参建单位在优化设计，采用新工艺、新材料，提高质量，缩短工期，以及科学管理等方面，进行严格的控制，并且以控制成功的实例和业绩争取得到社会的公认，树立良好的声誉，赢得市场；反之，如果控制不好，出现工期拖延、质量目标没有达到、成本加大，超出既定的投资额而又没有充足的理由，项目的管理单位就要承担相应的经济责任。

各级水行政主管部门对辖区内的绩效考核工作进行监督、指导和检查，将管理较好和较差的项目及相关单位定期予以公布。

（三）绩效考核的内容

绩效考核的内容建议可以围绕项目的三大目标，从综合管理、质量管理、进度管理、资金管理、安全管理等方面，对工程建设的参建各方进行如下内容的考核：

（1）项目法人单位考核内容。基本建设程序及三项制度、国家相关法律法规的执行情况招标投标工作、工程质量管理、进度管理、资金管理、安全文明施工、资料管理、廉政建设等。

（2）勘察、设计单位考核内容。单位资质及从业范围、合同履行、设计方案及质量、设计服务、设计变更和廉政建设等。

（3）监理单位考核内容。企业资质及从业范围、现场监理机构与人员、平行检测、质量控制、进度控制、计量与支付、监理资料管理和廉政建设等。

（4）施工单位考核内容。企业资质及从业范围、合同履行、施工质量、施工进度，试验检测、安全文明施工，施工资料整理和廉政建设等。

（四）制定绩效考核标准，开展考核工作

1.制定绩效考核标准

明确了绩效考核的内容后，组织相关部门和专家，根据国家现行项目建设管理方面的法规、规章、规程规范、技术标准等制定出绩效考核的标准及评价的标准。

2.确定考核工作程序

可以对具备考核专家条件的建设管理和技术人员建立绩效考核专家库，根据工作的需要，抽取相应的专家参加考核工作。由各级水行政主管部门负责组织成立考核组开展绩效考核工作，考核组成员由主管部门的代表和勘察设计、监理、施工等方面的专家组成。考核可以采取听取自查情况汇报，检查工程现场（必要时可以进行抽查检测），查阅从项目前期、招标投标到建设实施等各个阶段的工程有关文件资料等方式进行。

3.形成绩效考核报告

考核组根据工程项目的实际管理情况，经过讨论后，分别对项目法人、勘察设计、监理、施工等单位的项目管理情况、绩效给出评价意见，提出绩效考核成果报告。考核成果报告的内容建议包括：项目管理绩效考核工作情况、考核结果、经验与体会、存在的主要问题及原因分析、整改措施情况等。考核报告及时予以公布，以形成水利工程建设项目管理争先创优的良好氛围，提高项目建设管理水平。

水利工程的特点决定了水利建设项目的管理没有完全一样的经验可以借鉴，因此，我们说水利工程建设项目管理是一项非常复杂和重要的系统工程，特别是我国加入WTO以后，国内市场国际化，国内外市场全面融合，项目管理的国际化将成为趋势。因此，开展项目绩效考核对规范工程参建各方建设项目的管理行为、提高项目建设管理水平将会起到积极的推动作用。

第二节　灌区水利工程项目与维修项目建设管理

一、灌区水利工程项目建设管理

（一）完成灌区建设与管理的体制改革

促进灌区管理体制的升级应围绕以下三方面开展：

（1）创新建设单位内部人事制度，结合政策实现"定编定岗"；

（2）创新水费收缴制度。当前灌区归集体所有，因水费过低导致长期的保本或亏本经营，对灌区工程除险加固、维护维修工作产生限制，需要科学调整当前水费，改革收缴制度，提升水价，转变收费方式，以满足灌区"以水养水"的目标；

（3）加大产权制度改革力度，将经营权与所有权分离，例如小型基础水利工程可以借助拍卖、承包、租赁、股份等方式完成改革，吸收民间资本，保证水利工程建设资金渠道的多样化，克服工程建设或维护的资金不足问题，促进农业可持续发展与产业的良性循环。

（二）参与灌区制度管理

（1）落实法人责任制度。推行项目法人责任制度是完成工程制度建设的基础，以法人项目组建角度分析，当前工程投资体系与建设项目多元化，并需要进行分类分组，最晚应在项目建议书阶段确立法人，同时加强其资质审查工作，不满足要求的不予审批。另外，法人项目责任追究过程中，应依据情节轻重与破坏程度给予处罚。

（2）构建项目管理的目标责任制。工程建设中关于设计、规划、施工、验收等工作需要结合国家相关技术标准与规程进行。灌区通过组建节水改造工程机构作为项目法人，下设招标组、办公室、技术组、财务组、设代组、监理组、物质组等系列职能部门，制定施工合同制度与监理制度，将责任分层落实。

（3）落实招投标承包责任制度。在工程建设完成前，施工项目中各个环节均需要工程认证程序。同时构建全面包干责任制度，结合商定工程质量、建设期限、责任划分签订合同，实现"一同承担经济责任"的工程项目管理制度。

（4）构建罚劣奖优的制度，对于新工艺、新材料、优质工程给予奖励，并对质量不满足国家规程、技术规范的项目不予验收，责令其重建或限期补建，同时追究工程负责人的责任。

（5）落实管理和项目建设交接手续。管理设施与竣工项目需要及时办理资产交接手续，划定工程管护区域，积极落实管理责任制。

（三）项目施工管理

项目工程建设中施工管理属于重点，因此，灌区水利工程建设需要具有经验和资质的专业队伍完成。专业建设队伍具备的丰富经验可以从容应对现场意外情况，其拥有的资质能够保证建设过程的可控性。招投标承包责任制不仅能够审查投标单位的资质，同时可以利用择优原则对承包权限进行发包。因此，承包方应结合实际情况，按照项目制定切实可行的建设计划，同时上报到发包单位，依据工程进度调整施工环节。如果在建设中需要修改施工设计，应及时与设计人员沟通，经过监理单位与设计单位同意后由发包单位完成设计修改，注意调整内容不可与原设计理念和内容相差过大。此外，借助监理质量责任制与具有施工经验的监理企业构建三方委托的质量保证体系，能够把控工程建设质量与工期。

（四）工程计量支付与基础设施建设费用

1.计量支付管理

工程计量支付制度是跨行业支付的管理理念，当前，灌区水利工程建设中一般采取计量支付制度。此方法可以在确保项目工程质量的同时结合建设进度与具体的工作量以工程款支付为依据，通过计算工程量确定工程款项的总额。在实际施工中，建设单位可以通过建立专用的账户实现专款专用，并在工程结束后，立即完成财务决算，同时结合财务制度立账备查。

2.基础设施使用费用管理

水利工程运行与维护的来源是水费，是确保工程基础设施正常运行的基础。在水费收缴中，需要明确灌溉土地面积，进而确定收缴税费。因此，水利工程的水费收缴需要降低管理与征收的中间步骤，克服用水矛盾，将收缴的水费结余部分用于水利设施建设与更新工作。

（五）加强灌区信息化管理

1.构建灌区水利信息数据库

数据库构建是灌区水利的信息化建设的核心，项目信息化建设在数据传输、处理、应用中具有较大的优势，通过建立水利数据库对信息进行处理和存储是完成水利管理现代化的主要方法。因此，在构建水利信息库时，需要注意方面：在分析数据库结构时，应充分了解灌区详情，科学分类水利信息，将数据库理论作为依据，设计出满足应用需求的物理数据库与逻辑数据库；在填充数据库内容时，应结合区域实际情况，通过数据库管理系统中的录入功能将水利资料输入其中，以此构建数据仓库，满足水利管理决策与工作需求。

2.灌区水利信息数据库分类

灌区数据库大部分按照灌溉水资源的调配过程进行分类，此方法方便规划、十分专业。将灌区的属性信息存入基础数据库中，可以依据其物理属性构建多种类型的数据库，并分成若干数据表，用于存放各种数据，实现数据的分层应用与管理。一般灌区数据库需构建六大模块，包含输水数据库、取水数据库、分水数据库、测控数据库、用水数据库、管理数据库等。其中分水数据库与输水数据库负责排水与供水模块；取水数据库负责管理存储水源的水资源和灌区建设信息；测控数据库管理与存储反馈控制点、信息采集点与监测信息；管理数据库负责管理、存储项目建设行政办公信息。

3.实现基础资料数字化

目前我国许多灌区建设资料未完成数字化，大部分以照片、纸张等形式完成存储，信息化建设水平较低。由于灌区信息化建设属于系统工程，因此应保证信息采集、数据库建立、数据存储与应用的自动化过程。例如某市通过建设数字水利中心，存储抗旱防汛的灌区水利工程建设数据存储、视频监控、分析演示、精准管理、视频会商等资料，进一步提升了区域水利建设的信息化管理工作。

4.建设数据采集系统

灌区的水利信息采集系统主要是对区域气象情况、渠道水情、作物的生长情况等数据进行收集。灌区水利信息包含三种：实时数据、动态数据、静态数据。其中，静态数据是基本固定不变的资料，包含灌区工程建设资料、行政规划、管理机构；动态数据变化是随时更新的资料，如灌区的作物结构与种植面积，通过实时信息进行不定期或定期采集，并将其存入灌区水利数据库中；在灌区水利建设中经常会遇到灌水水位增长、降雨、雨情资料等实时内容的更新，此类数据更新时间较短，因此通过人工采集方式无法实现数据库的信息化建设，需要结合计算机技术与自动化技术，实时、自动采集数据，构建灌区水利的信息采集系统。此外，建立灌区水利的通信系统至关重要，能够保证项目管理部门的相互交流协调，因此可结合管理需要，构建短波通信系统、电话拨号系统、集群短信系统、数字网络系统、光纤通信系统、卫星通信、蜂窝电话系统等结构，从而实现灌区水利项目管理的现代化与自动化。

灌区水利工程项目是工程管理的主要内容，在实际工作中构建权利与责任一致的管理体系极为关键。因此需要管理目标责任制、招投标承包责任制、奖惩制度的构建与推行突出农业发展的积极作用，同时应结合区域优势实现灌区网络化管理，加强信息化建设，借助先进管理方式突出灌区水利工程建设的高效性。

二、水利工程维修项目建设管理

（一）培养专业水利维修人才，提高水利工程控制力度

我国高校可与建设工程机构进行合作，不断输送专业化的水利维修管理人员。同时企业需要定期开展针对性的水利工程维修知识培训，从实际出发综合提高水利工程人员的能力。除此之外，需要重视水利工程维修过程中问题的积累和分析，为管理人员创造更多的实践工作经验。

（二）制定严格统一的流程化水利工程维修标准

针对水利工程的复杂性，需要制定严格统一的流程化水利工程维修管理标准，比如：安排专业的水利维修工作指导人员，提高水利管理全过程的有效性；积极研发水利工程维修的核心技术，结合实际工作经验，制定统一的如水利工程维修设备登记标准、水利工程维修方案网络图标准、水利工程仪表参数标准等；明确水利工程维修管理工作分工，具体工作具体落实，严格执行。

（三）普及自动化水利工程维修

自动化水利工程维修能够大大提高水利工程维修管理工作开展效率，降低人工水利维修的人力成本和经济投入，避免产生由于人的主观能动性造成的水利维修误差，帮助水利建设企业开展精细化管理和考核。

（四）建立完善水利工程维修管理法制标准

根据时代发展需要，建立健全水利工程维修管理法制标准。比如水利工程设备制造标准、水利工程质量监督标准、水利工程管理检查制度、水利工程包装监督管理标准等。通过制度帮助建设企业确立水利工程节能经济投入标准，提高掌控力度。

（五）科学、严格的水利工程维修预算管理标准

针对目前水利工程维修预算管理中出现的问题，企业相关部门可以制定严格的执行标准，逐渐形成完整的制度管理体系，这样能够使预算人员在实际水利维修管理工作过程中落实更加有效。比如水利工程量化标准、水利工程维修设计图纸修改标准、水利工程维修施工标准、水利工程维修评价标准等。同时，也可以对各项水利工程环节进行编码，加强对整体维修工作的把控力度。水利工程维修预算管理相关标准的建设不是一朝一夕可以实现的，需要企业相关部门根据实际的预算过程，将制度一项项落实后，不断优化和调整，保障标准与实际维修工作的匹配性。

（六）完善信息化维修管理平台

利用信息化管理技术能够建立较为完整的水利工程维修管理平台，对管理过程中的信息和数据进行专业化的采集和分析，提高信息传递的有效性，帮助水利维修问题的解决。建立完整的信息化维修管理平台，符合水利工程现代化发展的需要，能够促

进管理工作的有效落实。需要注意的是，在信息化管理平台构建的过程中，水利企业要关注平台的立体化、结构化和多层次的特点，将不同的水利工程维修项目管理目标进行有机结合，从而大幅度提高维修管理效果。

综上所述，水利工程维修管理对于水利工程的整体质量和效果意义重大，相关水利企业需要加强对水利维修项目管理的重视程度，深入分析控制要点，增强对整体维修项目的把控力度。在现代化过程中，凭借先进科学技术水平，不断调整和优化，为水利工程企业节约经济成本，提升市场竞争力。

第三节　水利工程基本建设项目财务与法人管理

一、基层水利工程基本建设项目财务管理

（一）建立完善水利工程基本建设财务管理体系的必要性

1.水利基建财务管理体系的概念

基本建设项目财务管理的主要内容包括：建立健全水利基本建设内部财务管理体制，明确单位负责人在财务管理中的权责；做好内部财务管理工作的基础，明确编制财务预算管理的要求及财务风险；加强资金管理，明确资金拨付、工程价款结算。在成本管理方面明确成本构成及开支项目，做好费用的控制。加强资产管理，做好竣工结余资金管理，反映水利基本建设项目的财务报告及财务分析；单位还应建立内部财务监督与检查制度。

2.水利基建财务管理体系的必要性

（1）水利基本建设单位或项目法人必须适应新的形势要求，建立起规范的、完整的内部水利基本建设财务管理办法，才能保证国家法律的贯彻执行，才能确保新的财务管理体系的完整性。

（2）依据国家有关项目法人责任制的相关规定，项目法人必须保障项目资金的安全和效率。为此，需要建立水利基本建设资金管理办法，把水利建设资金按资金渠道和管理阶段，实行分级管理，分级负责。对于批准的水利基本建设项目资金专款专用，不可以截留、挤占和挪用，必须厉行节约，降低工程成本，防止损失浪费，提高资金使用效率，需要健全对单位水利建设工程进行全面监督制约的内部货币资金控制制度，规范会计行为。明确资金使用的原则、范围和程序，使项目资金的管理更加制度化、规范化。

（3）财务管理是建设单位内部管理的中心工作之一。制定一套规范完整的内部财务管理办法，充分利用价值形式参与管理，实现社会效益的最大化。

（4）制定水利基本建设单位财务管理办法，规范单位各方面的财务管理行为，预防错误，降低项目建设风险，保证资产安全。根据项目计划、项目预算财务预算，进

行成本与费用控制与核算，合理使用各项资产，使国家的建设资金发挥投资效益。

（二）完善水利基本建设财务管理的建议

1. 建设完善的单位管理体系

建设单位应设置适应工程建设需要的组织机构，如设置综合、计划财务、工程技术、质量安全等部门，并建立完善的工程质量、安全、进度、合同、档案、信息管理等方面的规章制度。加强资产管理制定、财务报告与财务评价制定、内部财务监督检查制定。做到财务管理有章可依、管理规范、运行有序；加强对水利基本建设项目投资及概算执行情况管理、水利基本建设项目建设支出监管、水利基本建设项目交付使用资产情况管理、水利基本建设项目未完工程及所需资金管理、水利基本建设项目结余资金管理、水利基本建设项目工程和物资招投标执行情况管理，按照不相容岗位相互分离的原则，建立健全内部控制制度。

2. 财务人员在会计核算中对工程财务决算编制的重要性

鉴于水利基建项目工程内容复杂、多样的特征，加强基层水利建设单位财务管理中财务会计人员队伍建设，提高财务人员核算及管理能力，是顺利完成各项水利基本建设项目的重要保证。决定了财务管理人员必须拥有过硬的基本建设财务管理与会计核算知识。建设管理单位也要为基本建设项目的财务人员提供必要的学习条件，进行一定的人、财、物的投入，让水利基本建设项目财务核算管理具有真实性、准确性及完整性。所以必须加强基层水利建设单位财务管理对工程资金按基本建设财务规则核算，但由于财务人员业务水平不足，会计核算不细，在建工程相关的会计科目只设到三级，竣工财务决算概算执行清理时发现，会计核算的深度达不到反映概算执行情况的深度。会计核算不准确，将部分临时工程没有记入待摊投资科目，而是计入建筑安装工程投资，导致竣工财务决算交付使用资产清理不准确，核算时不能全面反映工程投资成本。不能为领导决策提供真实、有效的财务信息，造成决策的随意性和盲目性，增加了财务风险。

3. 加强水利基本建设单位资金管理

加强水利基本建设货币资金管理，依照财经法规的规定，建立最大财务事项的集体决策制度，依法筹集、拨付、使用水利基本建设资金，保证工程项目建设的顺利进行；加强水利基本建设资金的预算、决算、监督和考核分析工作；加强工程概预（结）算、决算管理，努力降低工程造价，提高投资效益。严格遵守工程价款结算纪律和建设资金管理的有关规定，建设单位财务部门支付水利基本建设资金时，必须符合规定的程序，单位经办人对支付凭证的合法性、手续的完备性和金额的真实性进行审查。实行工程监理制的项目须监理工程师签字；在经办人审查没有问题后，送建设单位有关业务部门和财务部门负责人审核，对不符合合同条款规定的；不符合批准的水利基本建设内容的；结算手续不完备，支付审批程序不规范；不合理的负担和摊派财务部门不予支付。加强水利基本建设资金管理监督，避免财务风险。

4.加强水利工程价款结算的管理

加强水利基本建设项目工程价款结算的监督，重点审查工程招投标文件、工程量及各项费用的计提、合同协议、概算调整、估算增加的费用及设计变更签证等，以最后一次工程进度款的结算作为工程完工结算，检查工程预付款是否扣完，并对施工合同执行过程中的遗留问题达成一致。按照水利基本建设项目财务管理的有关规定，在水利工程建设项目完工后，项目建设管理单位应及时办理工程价款结算和清理水利工程项目结余资金，财务部门在工程管理部门等相关业务部门的配合下及时编制水利基本建设项目竣工财务决算，由财政投资审核中心和审计部门对完工的水利工程项目进行决算审核和审计。建设管理单位拿有关部门出具的水利基本建设项目竣工财务决算审核报告，报财政部门批复后，建设管理单位应及时把水利基本建设项目工程的结余资金上缴财政。并对水利建设项目全部完成并满足运行条件的完工工程及时组织竣工验收，在办理验收手续前，财务人员会同工程管理人员，逐项清点实物，实地查验建设工地，建设单位编制"交付使用资产明细表"，同时应当及时办理工程建设项目的资产和档案等的移交工作，办理验收和交接手续，工程管理单位根据项目竣工财务决算所反映的资产价值，登记入账。

总之，为保证国家政策和制度的贯彻落实，提高水利资金安全、效用程度，建设管理单位应高度重视财务管理。水利基本建设单位财务管理的形式和内容的繁简程度，应依据项目的规模、管理模式、管理要求的不同而有所区别，只有建设单位充分认识财务管理在水利基本建设发展中的重要性，努力完善各项水利工程基本建设管理制度，以确保财务管理体系的全面、完整，才能使水利基本建设项目财务管理越来越规范。

二、中小型水利工程建设项目法人管理

（一）完善相关的法律法规

一套完善的建设管理体系绝不是一朝一夕能完成的。这一点，虽然可以成为我们在法律法规建设道路中放慢脚步的理由，却绝对不能成为在水利建设工程管理过程中对其中操作不规范行为保持着一种懈怠或者视而不见的借口。大型的水利工程建设法律法规目前已经不断完善，这说明，国家对水利工程建设市场监管是有决心的，详尽完备的法律法规也给出了一个有力的证明。但是，必须要承认，在中小规模的水利工程建设中，至少从国家层面讲，还未形成一个卓有成效的监管体系。有很多只有在中小型水库建设中才会出现的难题，并没有得到明确的规范。一旦出现了问题，有人违规操作时，也找不到一个合理的有效的惩治办法。这样的结果就是，不单单这一次的问题无法解决，也为今后面对类似问题时的手足无措埋下了隐患。甚至可能成为一颗定时炸弹，让一些居心不良者有计划、有目的的利用这些漏洞从中获利。因此，希望制定管理体系法律法规的相关部门可以更多地关注中小型水利的建设事业，为这些相

关的管理人员创造公平的、规范的工作环境，同时也保障他们的合法利益。

（二）规范项目法人体制

中小型水利工程建设项目实行项目法人责任制，项目法人是项目建设的责任主体，具有独立承担民事责任的能力，对项目建设的全过程负责，对项目的质量、安全、进度和资金管理负总责，按照精简、高效、统一、规范和实行专业化管理，落实项目法人机构设置、职能职责、人员配备等。全面履行工程建设期项目法人职责。法定代表人应为专职人员，熟悉有关水利工程建设的方针、政策和法规，具有组织水利工程建设管理的经历，有比较丰富的建设管理经验和较强的组织协调能力，并参加过相应培训；技术负责人应为专职人员，具有水利专业中级以上技术职称，有比较丰富的技术管理经验和扎实的专业理论知识，参与过类似规模水利工程建设的技术管理工作，具有处理工程建设中重大技术问题的能力；财务负责人应为专职人员，熟悉有关水利工程建设经济财务管理的政策法规，具有专业技术职称和相应的从业资格，有比较丰富的经济财务管理经验，具有处理工程建设中财务审计问题的能力；人员结构合理，应有满足工程建设需要的技术、经济、财务、招标、合同管理等方面的管理人员，项目法人应有适应工程建设需要的组织机构，一般应设置综合计划财务、工程技术、质量安全等部门，并建立完善的工程质量、安全、进度、投资、合同、档案、信息管理等方面的规章制度。

（三）加强对项目法人的监督管理

建立和完善对项目法人的考核制度，建立健全激励约束机制，加强对项目法人的监督管理。对项目法人单位的管理人员进行考核，考核工作由其项目主管部门或上一级水行政主管部门负责。考核工作要遵循客观公正、民主公开、注重实绩的原则，实行结果考核与过程评价相结合、考核结果与奖惩准，重点考核工作业绩，并建立业绩档案。首先应建立一个以评价为基础，业绩为重点的评价体系，建立公平、竞争、选择优秀人员的评价机制。

（四）做好精细化管理

精细化管理主要是以现代化的管理理念和管理技术为主要依据，对一些程序化、标准化、数据化和信息化的手段加以运用，对企业生产经营实行有效管控的现代管理方式，它是提高企业经济效益的根本举措，精细化管理也是企业管理和项目管理的最高境界。企业应把推进工程项目精细化管理作为提升项目管理水平和增强项目盈利能力的有效途径，要重点加强对精细化管理总体工作的统筹规划、协调推进和督导落实。

（五）提高项目经理的综合素质

工程建设项目管理中所存在的一个关键人员就是工程的项目经理，由此可见，一个优秀的项目经理在工程建设的全过程中占据着举足轻重的地位，因此要想推进全过程的项目管理，就必须保证项目管理人员的素质水平。通过加强相关的技术培训，严格聘用要求等手段提高项目经理的综合素质，使项目经理能够适应不同的环境要求，做到随机应变。

（六）加强物力方面的管理

在机械设备方面，需采用先进的机械设备，并聘请专业的技术人员对设备进行定期维护和检修，进而确保工程施工的顺利进行。在施工材料方面，相关部门在采购时，必须选购符合相关标准的材料；在材料进入现场时，对其进行分类保存和管理，进而保证施工材料的安全，避免因材料不达标而造成工程质量发生问题；同时相关部门还应做好施工材料的存放和管理工作，施工材料的质量好坏直接影响着工程质量的好坏。

（七）做好施工阶段的质量控制

在对水利工程建设进行顺利开展的阶段中，主要应该加强对自身动态性的建设和管理，提高其在工程施工阶段的监督检查工作。对现场的施工的检查很重要。尤其是一些关键技术和关键地点的施工，应该重点的监督，并且隐蔽性项目的建设，应该在现场监督检查完一个环节后，在进行下一个环节，保证每个环节的工程的质量都是可以达到相应的标准的。

（八）规范工程项目负责人的行为

在招标能够承包中小型水利工程建设的企业时，招标文件要在承包企业利润空间的基础上进行制定，避免资质过低、施工水平过低的企业因低价而中标，这就需要通过建立科学合理的评标体系，对承包企业利润空间、工程风险及其他因素进行综合考虑，选择最优秀的承包企业，进而做好招标工作，从根本上把控好工程质量。在工程的具体施工过程中相关部门需严格审查工程施工中质量监督与管理的各方面手续，明确工程负责人的职责。

（九）加强资金管理体系

在工程建设中过多地去加强管控承包方投资管控，而忽视了项目法人的资金管理和投资，没有一个合理高效的资金管理制度，项目法人管理是无法管理好一个项目投资，因此我们要加强对资金管理重要性的认识。在中小型水利建设工程中，可能会存在因为地方财政执行力不足导致的资金不到位，监管力度不足，资金来源过于分散等原因。这些问题要政府机构根据自身情况，具体问题具体解决，首先要建立一个明晰的权责分离机制，可操作性的资金管理体系；其次要聘请专业的财务人员来管理项目资金，专项专户，专人负责；最后要让资金的使用渠道更公开、更透明，确保项目资金安全。

第四节　水利工程建设项目管理的环境保护

一、水利工程建设项目环境保护要求

（一）环境保护法律法规体系

1.法律

（1）宪法。环境保护法律法规体系以《中华人民共和国宪法》中对环境保护的规定为基础，规定国家保障资源的合理利用，保护珍贵的动物和植物。禁止任何组织或者个人用任何手段侵占或者破坏自然资源。第二十六条第一款规定：国家保护和改善生活环境和生态环境，防治污染和其他公害。《中华人民共和国宪法》中的这些规定是环境保护立法的依据和指导原则。

（2）环境保护法律。包括环境保护综合法、环境保护单行法和环境保护相关法。环境保护综合法是指《中华人民共和国环境保护法》，该法共有六章四十七条，第一章"总则"规定了环境保护的任务、对象、适用领域、基本原则以及环境监督管理体制；第二章"环境监督管理"规定了环境标准制订的权限、程序和实施要求、环境监测的管理和状况公报的发布、环境保护规划的拟订及建设项目环境影响评价制度、现场检查制度及跨地区环境问题的解决原则；第三章"保护和改善环境"，对环境保护责任制、资源保护区、自然资源开发利用、农业环境保护、海洋环境保护做出规定；第四章"防治环境污染和其他公害"规定了排污单位防治污染的基本要求、"三同时"制度、排污申报制度、排污收费制度、限期治理制度以及禁止污染转嫁和环境应急的规定；第五章"法律责任"规定了违反本法有关规定的法律责任；第六章"附则"规定了国内法与国际法的关系。

环境保护单行法包括污染防治法：《中华人民共和国水污染防治法》《中华人民共和国大气污染防治法》《中华人民共和国固体废物污染环境防治法》《中华人民共和国环境噪声污染防治法》《中华人民共和国放射性污染防治法》等；生态保护法：《中华人民共和国水土保持法》《中华人民共和国野生动物保护法》《中华人民共和国防沙治沙法》等；《中华人民共和国海洋环境保护法》和《中华人民共和国环境影响评价法》。

环境保护相关法是指一些有关自然资源保护的其他有关部门法律，如《中华人民共和国森林法》《中华人民共和国草原法》《中华人民共和国渔业法》《中华人民共和国矿产资源法》《中华人民共和国水法》《中华人民共和国清洁生产促进法》和《中华人民共和国节约能源法》等。这些都涉及环境保护的有关要求，也是环境保护法律法规体系的一部分。

2.环境保护行政法规

环境保护行政法规是由国务院制定并公布或经国务院批准有关主管部门公布的环境保护规范性文件。一是根据法律授权制定的环境保护法的实施细则或条例，如《中华人民共和国水污染防治法实施细则》；二是针对环境保护的某个领域而制定的条例、规定和办法，如《建设项目环境保护管理条例》等。

3.政府部门规章

政府部门规章是指国务院环境保护行政主管部门单独发布或与国务院有关部门联合发布的环境保护规范性文件，以及政府其他有关行政主管部门依法制定的环境保护规范性文件。政府部门规章是以环境保护法律和行政法规为依据而制定的，或者是针对某些尚未有相应法律和行政法规调整的领域做出相应规定。

4.环境保护地方性法规和地方性规章

环境保护地方性法规和地方性规章是享有立法权的地方权力机关和地方政府机关依据《宪法》和相关法律制定的环境保护规范性文件。这些规范性文件是根据本地实际情况和特定环境问题制定的，并在本地区实施，有较强的可操作性。环境保护地方性法规和地方性规章不能和法律、国务院行政规章相抵触，如《山东省环境保护条例》等。

5.环境标准

环境标准是环境保护法律法规体系的一个组成部分，是环境执法和环境管理工作的技术依据。我国的环境标准分为国家环境标准和地方环境标准，如《建筑施工场界噪声限制标准》等。

6.环境保护国际公约

环境保护国际公约是指我国缔结和参加的环境保护国际公约、条约和议定书。国际公约与我国环境法有不同规定时，优先适用国际公约的规定，但我国声明保留的条款除外。

7.环境保护法律法规体系中各层次间的关系

《宪法》是环境保护法律法规体系建立的依据和基础，法律层次不管是环境保护的综合法、单行法还是相关法，其中对环境保护的要求，法律效力是一样的。如果法律规定中有不一致的地方，应遵循后法大于先法。

国务院环境保护行政法规的法律地位仅次于法律。部门行政规章、地方环境法规和地方政府规章均不得违背法律和行政法规的规定。地方法规和地方政府规章只在制定法规、规章的辖区内有效。

我国的环境保护法律法规如与参加和签署的国际公约有不同规定时，应优先适用国际公约的规定。但我国声明保留的条款除外。

(二)《中华人民共和国环境保护法》的要求

（1）建设污染环境的项目，必须遵守国家有关建设项目环境保护管理的规定。建设项目的环境影响报告书，必须对建设项目产生的污染和对环境的影响做出评价，规定防治措施，经项目主管部门预审并依照规定的程序报环境保护行政主管部门批准。环境影响报告书经批准后，计划部门方可批准建立项目设计书。

（2）开发利用自然资源，必须采取措施保护生态环境。

（3）建设项目中防治污染的措施，必须与主体工程同时设计、同时施工、同时投产使用。防治污染的设施必须经原审批环境影响报告书的环境保护行政主管部门验收合格后，该建设项目方可投入生产或者使用。

不得擅自拆除或者闲置防治污染的设施，确有必要拆除或者闲置的，必须征得所在地环境保护行政主管部门的同意。

新建、改建、扩建直接或者间接向水体排放污染物的建设项目和其他水上设施，应当依法进行环境影响评价。

建设单位在江河、湖泊新建、改建、扩建排污口的，应当取得水行政主管部门或者流域管理机构同意；涉及通航、渔业水域的，环境保护主管部门在审批环境影响评价文件时，应当征求交通、渔业主管部门的意见。

建设项目的水污染防治设施，应当与主体工程同时设计、同时施工、同时投入使用。水污染防治设施应当经过环境保护主管部门验收，验收不合格的，该建设项目不得投入生产或者使用。

建设项目的环境影响报告书，必须对建设项目可能产生的水污染和对生态环境的影响做出评价，规定防治的措施，按照规定的程序报经有关环境保护部门审查批准。在运河、渠道、水库等水利工程内设置排污口，应当经过有关水利工程管理部门同意。环境影响报告书中，应当有该建设项目所在地单位和居民的意见。

（三）建设项目环境保护规定

1.环境影响评价

（1）环境影响评价编制资质

国家对从事建设项目环境影响评价工作的单位实行资格审查制度。从事建设项目环境影响评价工作的单位，必须取得国务院环境保护行政主管部门颁发的资格证书，按照资格证书规定的等级和范围，从事建设项目环境影响评价工作，并对评价结论负责。

国务院环境保护行政主管部门对已经颁发资格证书的从事建设项目环境影响评价工作的单位名单，应当定期予以公布。

从事建设项目环境影响评价工作的单位，必须严格执行国家规定的收费标准。建设单位可以采取公开招标的方式，选择从事环境影响评价工作的单位，对建设项目进行环境影响评价。任何行政机关不得为建设单位指定从事环境影响评价工作的单位，进行环境影响评价。

（2）分类管理

国家根据建设项目对环境的影响程度，按照相关规定对建设项目的环境保护实行分类管理：

①建设项目对环境可能造成重大影响的，应当编制环境影响报告书，对建设项目产生的污染和对环境的影响进行全面、详细的评价。

②建设项目对环境可能造成轻度影响的，应当编制环境影响报告表，对建设项目产生的污染和对环境的影响进行分析或者专项评价。

③建设项目对环境影响很小，不需要进行环境影响评价的，应当填报环境影响登记表。

建设项目环境保护分类管理名录，由国务院环境保护行政主管部门制订并公布。

（3）环境影响报告书的内容

建设项目环境影响报告书，应当包括：

①建设项目概况；

②建设项目周围环境现状；

③建设项目对环境可能造成影响的分析和预测；

④环境保护措施及其经济、技术论证；

⑤环境影响经济损益分析；

⑥对建设项目实施环境监测的建议；

⑦环境影响评价结论。

涉及水土保持的建设项目，还必须有经水行政主管部门审查同意的水土保持方案。

（4）环境影响报告要求

①建设项目的环境影响评价工作，由取得相应资质证书的单位承担。

②建设单位应当在建设项目可行性研究阶段报批建设项目环境影响报告书、环境影响报告表或者环境影响登记表。按照国家有关规定，不需要进行可行性研究的建设项目，建设单位应当在建设项目开工前报批建设项目环境影响报告书、环境影响报告表或者环境影响登记表；其中，需要办理营业执照的，建设单位应当在办理营业执照前报批建设项目环境影响报告书、环境影响报告表或者环境影响登记表。

③建设项目环境影响报告书、环境影响报告表或者环境影响登记表，由建设单位报有审批权的环境保护行政主管部门进行审批；建设项目有行业主管部门的，其环境影响报告书或者环境影响报告表应当经行业主管部门预审后，报有审批权的环境保护行政主管部门审批。

④海岸工程建设项目环境影响报告书或者环境影响报告表，经海洋行政主管部门审核并签署意见后，报环境保护行政主管部门审批；环境保护行政主管部门应当自收到建设项目环境影响报告书之日起60日内、收到环境影响报告表之日起30日内、收到环境影响登记表之日起15日内，分别做出审批决定并书面通知建设单位；预审、审核、审批建设项目环境影响报告书、环境影响报告表或者环境影响登记表，不得收取

任何费用。

⑤建设项目环境影响报告书、环境影响报告表或者环境影响登记表经批准后，建设项目的性质、规模、地点或者采用的生产工艺发生重大变化的，建设单位应当重新报批建设项目环境影响报告书、环境影响报告表或者环境影响登记表；建设项目环境影响报告书、环境影响报告表或者环境影响登记表自批准之日起满5年，建设项目方开工建设的，其环境影响报告书、环境影响报告表或者环境影响登记表应当报原审批机关重新审核。原审批机关应当自收到建设项目环境影响报告书、环境影响报告表或者环境影响登记表之日起10日内，将审核意见书面通知建设单位；逾期未通知的，视为审核同意。

⑥环境影响报告的审批权限。国家环境保护总局负责审批下列建设项目环境影响报告书、环境影响报告表或者环境影响登记表：跨越省、自治区、直辖市界区的建设项目。特殊性质的建设项目（如核设施、绝密工程等）。特大型的建设项目（报国务院审批），即总投资2亿元以上，由国家发改委批准，或计划任务书由国家发改委报国务院批准的建设项目。由省级环境保护部门提交上报，对环境问题有争议的建设项目。

以上规定以外的建设项目环境影响报告书、环境影响报告表或者环境影响登记表的审批权限，由省、自治区、直辖市人民政府规定。

建设项目造成跨行政区域环境影响，有关环境保护行政主管部门对环境影响评价结论有争议的，其环境影响报告书或者环境影响报告表由共同上一级环境保护行政主管部门审批。

2.环境保护设施建设

（1）建设项目需要配套建设的环境保护设施，必须与主体工程同时设计、同时施工、同时投产使用。

（2）建设项目的初步设计，应当按照环境保护设计规范的要求，编制环境保护篇章，并依据经批准的建设项目环境影响报告书或者环境影响报告表，在环境保护篇章中写明防治环境污染和生态破坏的措施以及环境保护设施投资概算。

（3）建设项目的主体工程完工后，需要进行试生产的，其配套建设的环境保护设施必须与主体工程同时投入试运行。

（4）建设项目试生产期间，建设单位应当对环境保护设施运行情况和建设项目对环境的影响进行监测。

（5）建设项目竣工后，建设单位应当向审批该建设项目环境影响报告书、环境影响报告表或者环境影响登记表的环境保护行政主管部门，申请对该建设项目需要配套建设的环境保护设施竣工验收。环境保护设施竣工验收，应当与主体工程竣工验收同时进行。需要进行试生产的建设项目，建设单位应当自建设项目投入试生产之日起3个月内，向审批该建设项目环境影响报告书、环境影响报告表或者环境影响登记表的环境保护行政主管部门，申请该建设项目需要配套建设的环境保护设施竣工验收。

（6）分期建设、分期投入生产或者使用的建设项目，对其相应的环境保护设施应当分期验收。

（7）环境保护行政主管部门应当自收到环境保护设施竣工验收申请之日起30日内，完成验收。

（8）建设项目需要配套建设的环境保护设施经验收合格，该建设项目方可正式投入生产或者使用。

3.法律责任

（1）违反规定，有以下行为之一的，由负责审批建设项目环境影响报告书、环境影响报告表或者环境影响登记表的环境保护行政主管部门责令限期补办手续；逾期不补办手续，擅自开工建设的，责令其停止建设，并可以处10万元以下的罚款：

①未报批建设项目环境影响报告书、环境影响报告表或者环境影响登记表的。

②建设项目的性质、规模、地点或者采用的生产工艺发生重大变化，未重新报批建设项目环境影响报告书、环境影响报告表或者环境影响登记表的。

③建设项目环境影响报告书、环境影响报告表或者环境影响登记表自批准之日起满5年，建设项目方开工建设，其环境影响报告书、环境影响报告表或者环境影响登记表未报原审批机关重新审核的。

（2）建设项目环境影响报告书、环境影响报告表或者环境影响登记表未经批准或者未经原审批机关重新审核同意，擅自开工建设的，由负责审批该建设项目环境影响报告书、环境影响报告表或者环境影响登记表的环境保护行政主管部门责令停止建设，限期恢复原状，可以处10万元以下的罚款。

（3）违反本条例规定，试生产建设项目配套建设的环境保护设施未与主体工程同时投入试运行的，由审批该建设项目环境影响报告书、环境影响报告表或者环境影响登记表的环境保护行政主管部门责令限期改正；逾期不改正的，责令停止试生产，可以处5万元以下的罚款。

（4）违反本条例规定，建设项目投入试生产超过3个月，建设单位未申请环境保护设施竣工验收的，由审批该建设项目环境影响报告书、环境影响报告表或者环境影响登记表的环境保护行政主管部门责令限期办理环境保护设施竣工验收手续；逾期未办理的，责令停止试生产，可以处5万元以下的罚款。

（5）违反本条例规定，建设项目需要配套建设的环境保护设施未建成、未经验收或者经验收不合格，主体工程正式投入生产或者使用的，由审批该建设项目环境影响报告书、环境影响报告表或者环境影响登记表的环境保护行政主管部门责令停止生产或者使用，可以处10万元以下的罚款。

（6）从事建设项目环境影响评价工作的单位，在环境影响评价工作中弄虚作假的，由国务院环境保护行政主管部门吊销资格证书，并处所收费用1倍以上3倍以下的罚款。

（7）环境保护行政主管部门的工作人员徇私舞弊、滥用职权、玩忽职守，构成犯罪的，依法追究刑事责任；尚不构成犯罪的，依法给予行政处分。

二、水利工程建设项目水土保持管理

（一）水土流失

1.水土流失的概念界定

水土流失是指在水力、风力、重力等外力作用下，山丘区及风沙区水土资源和土地生产力的破坏和损失。水土流失包括土壤侵蚀及水的损失，也称水土损失。土壤侵蚀的形式除雨滴溅蚀、片蚀、细沟侵蚀、浅沟侵蚀、切沟侵蚀等典型的形式外，还包括山洪侵蚀、泥石流侵蚀以及滑坡等形式。水的损失一般是指植物截留损失、地面及水面蒸发损失、植物蒸腾损失、深层渗漏损失、坡地径流损失。在我国水土流失概念中水的损失主要指坡地径流损失。

我国水土流失具有自身特点：一是分布范围广，面积大。我国水土流失面积约为356万km²，占国土面积的37%。二是侵蚀形式多样，类型复杂。水力侵蚀、风力侵蚀、冻融侵蚀及滑坡、泥石流等重力侵蚀特点各异，相互交错，成因复杂。如西北黄土高原区、东北黑土漫岗区、南方红壤丘陵区、北方土石山区、南方石质山区以水力侵蚀为主，伴随有大量的重力侵蚀；青藏高原以冻融侵蚀为主；西部干旱地区风沙区和草原区风蚀非常严重；西北半干旱农牧交错带则为风蚀水蚀共同作用区。三是我国土壤流失严重。

2.水土流失的具体危害

水土流失在我国的危害已达到十分严重的程度，它不仅对土地资源造成破坏，导致农业生产环境恶化，生态平衡失调，水旱灾害频繁，而且影响各业生产的发展。具体危害如下：

第一，破坏土地资源，蚕食农田，威胁群众生存。土壤是人类赖以生存的物质基础，是环境的基本要素，是农业生产的最基本资源。年复一年的水土流失，使有限的土地资源遭受严重的破坏，土层变薄，地表物质"沙化""石化"。据初步估计，由于水土流失，全国每年损失土地约13.3万km²，已直接威胁到水土流失区群众的生存，其价值是不能单用货币计算的。

第二，削弱地力，加剧干旱发展。由于水土流失，使坡耕地成为跑水、跑土、跑肥的"三跑田"，致使土地日益贫瘠，而且土壤侵蚀造成的土壤理化性状的恶化，土壤透水性、持水力的下降，加剧了干旱的发展，使农业生产量低而不稳，甚至绝产。

第三，泥沙淤积河床，洪涝灾害加剧。水土流失使大量泥沙下泄，淤积下游河道，削弱行洪能力，一旦上游来洪量增大，则会引起洪涝灾害。近几十年来，特别是最近几年，长江、松花江、嫩江、黄河、珠江、淮河等发生的洪涝灾害，所造成的损失令人触目惊心。这都与水土流失使河床淤高有非常重要的关系。

第四，泥沙淤积水库湖泊，降低河流水域综合利用功能。水土流失不仅使洪涝灾害频繁，而且产生的泥沙大量淤积水库、湖泊，严重威胁到水利设施和效益的发挥。

第五，影响航运，破坏交通安全。由于水土流失造成河道、港口的淤积，致使航运里程和泊船吨位急剧降低，而且每年汛期由于水土流失形成的山体塌方、泥石流等造成交通中断，在全国各地时有发生。

（二）水土保持

1.我国水土保持的成功做法

我国水土保持经过半个世纪的发展，走出了一条具有中国特色综合防治水土流失的路子。主要做法有：

（1）预防为主，依法防治水土流失。加强执法监督，加强项目管理，控制人为水土流失。

（2）以小流域为单元，科学规划，综合治理。

（3）治理与开发利用相结合，实现三大效益的统一。

（4）优化配置水资源，合理安排生态用水，处理好生产、生活和生态用水的关系。同时在水土保持和生态建设中，充分考虑水资源的承载能力，因地制宜，因水制宜，适地适树，宜林则林，宜灌则灌，宜草则草。

（5）依靠科技，提高治理的水平和效益。

（6）建立政府行为和市场经济相结合的运行机制。

（7）广泛宣传，提高全民的水土保持意识。

2.水土保持的治理原则

水土保持必须贯彻预防为主，全面规划，综合防治，因地制宜，加强管理。要贯彻好注重效益的方针，必须遵循以下治理原则：

（1）因地制宜，因害设防，综合治理开发。

（2）防治结合。

（3）治理开发一体化。

（4）突出重点，选好突破口。

（5）规模化治理，区域化布局。

（6）治管结合。

3.水土保持的治理措施

为实现水土保持战略目标和任务，应采取以下措施：

（1）依法行政，不断完善水土保持法律法规体系，强化监督执法。严格执行《水土保持法》的规定，通过宣传教育，不断增强群众的水土保持意识和法制观念，坚决遏制人为因素导致水土流失，保护好现有植被。重点抓好开发建设项目水土保持管理。把水土流失的防治纳入法制化轨道。

（2）实行分区治理，分类指导。西北黄土高原区以建设稳产高产基本农田为突破口，突出沟道治理，退耕还林还草。东北黑土区大力推行保土耕作，保护和恢复植被。南方红壤丘陵区采取封禁治理，提高植物覆盖率，通过以电代柴解决农村能源问题。北方土石山区改造坡耕地，发展水土保持林和水源涵养林。西南石灰岩地区陡坡退耕，大力改造坡耕地，蓄水保土，控制石漠化。风沙区营造防风固沙林带，实施封育保护，防止沙漠扩展，草原区实行围栏、封育、轮牧、休牧、建设人工草场。

（3）加强封育保护，依靠生态的自我修复能力，促进大范围的生态环境改善。按照人与自然和谐相处的要求控制人类活动对自然的过度索取和侵害。大力调整农牧业生产方式，在生态脆弱地区，封山禁牧，舍饲圈养，依靠大自然的力量，特别是生态的自我修复能力，增加植被，减轻水土流失，改善生态环境。

（4）大规模地开展生态建设工程。继续开展以长江上游、黄河中游地区以及环京津地区的一系列重点生态工程建设，加大退耕还林力度。搞好天然林保护。加快跨流域调水和水资源、工程建设，尽快实施南水北调工程，缓解北方地区水资源短缺的矛盾，改善生态环境。在内陆河流域合理安排生态用水，恢复绿洲和遏制沙漠化。

（5）科学规划，综合治理。实行以小流域为单元的山、水、田、林、路统一规划，尊重群众的意愿，综合运用工程、生物和农业技术三大措施，有效控制水土流失，合理利用水土资源。通过经济结构、产业结构和种植结构的调整，提高农业综合生产能力和农民收入，减轻治理区的水土流失程度，使经济得到发展，人居环境得到改善，实现人口、资源、环境和社会的协调发展。

（6）加强水土保持科学研究，促进科技进步。不断探索有效控制土壤侵蚀，提高土地综合生产能力的措施，加强对治理区群众的培训，搞好水土保持科学普及和技术推广工作。积极开展水土保持监测预报，大力应用"3S"等高新技术，建立全国水土保持监测网络和信息系统，努力提高科技在水土保持中的贡献率。

（7）制定和完善优惠政策，建立适应市场经济要求的水土保持发展机制，明晰治理成果的所有权，保护治理者的合法权益，鼓励和支持广大农民和社会各界人士，积极参与治理水土流失。

（8）加强水土保持方面的国际合作和对外交流，增进相互了解，不断学习、借鉴和吸收国外的先进技术、先进理念和先进管理经验，不断提高我国水土保持的水平。

（三）《中华人民共和国水土保持法》的有关规定

1.水利工程建设项目水土保持要求

（1）从事可能引起水土流失的生产建设活动的单位和个人，必须采取措施保护水土资源，并负责治理因生产建设活动造成的水土流失。

（2）修建铁路、公路和水工程，应当尽量减少破坏植被；废弃的砂、石、土必须运至规定的专门存放地堆放，不得向江河、湖泊、水库和专门存放地以外的沟渠倾倒。

（3）在山区、丘陵区、风沙区修建铁路、公路、水工程，开办矿山企业、电力企业和其他大中型工业企业，在建设项目环境影响报告书中，必须有水行政主管部门同意的水土保持方案；建设项目中的水土保持设施，必须与主体工程同时设计、同时施工、同时投产使用。建设工程竣工验收时，应当同时验收水土保持设施，并有水行政主管部门参加。

（4）企业事业单位在建设和生产过程中必须采取水土保持措施，对造成的水土流失负责治理。本单位无力治理的，由水行政主管部门治理，治理费用由造成水土流失的企业事业单位负担；建设过程中发生的水土流失防治费用，从基本建设投资中列支；生产过程中发生的水土流失防治费用，从生产费用中列支。

2.水土保持监督

（1）国务院水行政主管部门建立水土保持监测网络，对全国水土流失动态进行监测预报，并予以公告。

（2）县级以上地方人民政府水行政主管部门的水土保持监督人员，有权对本辖区的水土流失及其防治情况进行现场检查。被检查单位和个人必须如实报告情况，提供必要的工作条件。

（3）地区之间发生的水土流失防治的纠纷，应当协商解决；协商不成的，由上一级人民政府处理。

3.法律责任

（1）在禁止开垦的陡坡地开垦种植农作物的，由县级人民政府水行政主管部门责令停止开垦、采取补救措施，可以处以罚款。

（2）企业事业单位、农业集体经济组织未经县级人民政府水行政主管部门批准，擅自开垦禁止开垦坡度以下、五度以上的荒坡地的，由县级人民政府水行政主管部门责令停止开垦、采取补救措施，可以处以罚款。

（3）在县级以上地方人民政府划定的崩塌滑坡危险区、泥石流易发区范围内取土、挖砂或者采石的，由县级以上地方人民政府水行政主管部门责令停止上述违法行为、采取补救措施，处以罚款。

（4）在林区采伐林木，不采取水土保持措施，造成严重水土流失的，由水行政主管部门报请县级以上人民政府决定责令限期改正、采取补救措施，处以罚款。

（5）企业事业单位在建设和生产过程中造成水土流失，不进行治理的，可以根据所造成的危害后果处以罚款，或者责令其停业治理；对有关责任人员由其所在单位或者上级主管机关给予行政处分。罚款由县级人民政府水行政主管部门报请县级人民政府决定。责令停业治理由市、县人民政府决定；中央或者省级人民政府直接管辖的企业事业单位的停业治理，须报请国务院或者省级人民政府批准。个体采矿造成水土流失，不进行治理的，按照前两款的规定处罚。

（6）以暴力、威胁方法阻碍水土保持监督人员依法执行职务的，依法追究刑事责任；拒绝、阻碍水土保持监督人员执行职务未使用暴力、威胁方法的，由公安机关依照治安管理处罚法的规定处罚。

（7）当事人对行政处罚决定不服的，可以在接到处罚通知之日起十五日内向做出处罚决定的机关的上一级机关申请复议；当事人也可以在接到处罚通知之日起十五日内直接向人民法院起诉。复议机关应当在接到复议申请之日起六十日内做出复议决定。当事人对复议决定不服的，可以在接到复议决定之日起十五日内向人民法院起诉。复议机关逾期不做出复议决定的，当事人可以在复议期满之日起十五日内向人民法院起诉。当事人逾期不申请复议也不向人民法院起诉、又不履行处罚决定的，做出处罚决定的机关可以申请人民法院强制执行。

（8）造成水土流失危害的，有责任排除危害，并对直接受到损害的单位和个人赔偿损失。赔偿责任和赔偿金额的纠纷，可以根据当事人的请求，由水行政主管部门处理；当事人对处理决定不服的，可以向人民法院起诉。当事人也可以直接向人民法院起诉。由于不可抗拒的自然灾害，并经及时采取合理措施，仍然不能避免造成水土流失危害的，免予承担责任。

（9）水土保持监督人员玩忽职守、滥用职权给公共财产、国家和人民利益造成损失的，由其所在单位或者上级主管机关给予行政处分；构成犯罪的，依法追究刑事责任。

（四）水土保持方案编报审批规定

（1）凡从事有可能造成水土流失的开发建设单位和个人，必须在项目可行性研究阶段编报水土保持方案，并根据批准的水土保持方案进行前期勘测设计工作。

（2）水土保持方案分为"水土保持方案报告书"和"水土保持方案报告表"。在山区、丘陵区、风沙区修建铁路、公路、水工程、开办矿山企业、电力企业和其他大中型工业企业，必须编报"水土保持方案报告书"。在山区、丘陵区、风沙区开办乡镇集体矿山企业、开垦荒坡地、申请采矿以及其他生产建设单位和个人，必须填报"水土保持方案报告表"。

（3）水土保持方案的编报工作由生产建设单位负责。具体编制水土保持方案的单位，必须持有水行政主管部门颁发的《编制水土保持方案资格证书》，编制水土保持方案资格证书管理办法由国务院水行政主管部门另行制定。

（4）水土保持方案的编制应当按照《中华人民共和国水土保持法》第十八条规定、"水土保持方案报告书"编制提纲、《水土保持方案报告表》及国家、部门现行有关规范进行。

（5）编制水土保持方案所需费用应当根据编制工作量确定，并纳入项目前期费用。

（6）水土保持方案必须先经水行政主管部门审查批准，项目单位或个人在领取国务院水行政主管部门统一印制的《水土保持方案合格证》后，方能办理其他批准手续。

（7）水行政主管部门审批水土保持方案实行分级审批制度，县级以上地方人民政府水行政主管部门审批的水土保持方案，应报上一级人民政府水行政主管部门备案。中央审批立项的生产建设项目和限额以上技术改造项目水土保持方案，由国务院水行政主管部门审批。地方审批立项的生产建设项目和限额以下技术改造项目水土保持方案，由相应级别的水行政主管部门审批。乡镇、集体、个体及其他项目水土保持方案，由其所在县级水行政主管部门审批。跨地区的项目水土保持方案，报上一级水行政主管部门审批。

（8）县级以上各级水行政主管部门应在接到"水土保持方案报告书"或"水土保持方案报告表"之日起，分别在60天、30天内办理审批手续。逾期未审批或者未予答复的，项目单位可视其编报的水土保持方案已被确认。对特殊性质或特大型生产建设项目水土保持方案的审批时限可适当延长，延长时限最长不得超过半年。

（9）经审批的项目，如性质、规模、建设地点等发生变化时，项目单位或个人应及时修改水土保持方案，并按照本规定的程序报原批准单位审批。

（10）项目单位必须严格按照水行政主管部门批准的水土保持方案进行设计、施工。项目工程竣工验收时，必须由水行政主管部门同时验收水土保持设施。水土保持设施验收不合格的，项目工程不得投产使用。

（11）地方人民政府根据当地实际情况设立的水土保持机构，可行使本规定中水行政主管部门的职权。

参考文献

［1］刘明远.水利水电工程建设项目管理［M］.郑州：黄河水利出版社，2017.11.

［2］陈文江.高等职业教育水利类"教、学、做"理实一体化特色教材·水利工程项目管理［M］.北京：中国水利水电出版社，2017.07.

［3］何俊，韩冬梅，陈文江.水利工程造价［M］.武汉：华中科技大学出版社，2017.09.

［4］苗兴皓.水利水电工程造价与实务［M］.中国环境出版社，2017.01.

［5］张家驹.水利水电工程造价员工作笔记［M］.北京：机械工业出版社，2017.05.

［6］曾光宇，王鸿武.水利·水安全与经济建设保障［M］.昆明：云南大学出版社，2017.05.

［7］黄梦琪，郭明凡，郝红科.工程建设项目水土保持技术［M］.北京：中国水利水电出版社，2017.06.

［8］高占祥.水利水电工程施工项目管理［M］.南昌：江西科学技术出版社，2018.07.

［9］张毅.工程项目建设程序［M］.中国建筑工业出版社d2018.04，2018.04.

［10］侯超普.水利工程建设投资控制及合同管理实务［M］.郑州：黄河水利出版社，2018.12.

［11］邵勇，杭丹，恽文荣.水利工程项目代建制度研究与实践［M］.南京：河海大学出版社，2018.12.

［12］赵宇飞，祝云宪，姜龙.水利工程建设管理信息化技术应用［M］.北京：中国水利水电出版社，2018.10.

［13］鲍宏喆.开发建设项目水利工程水土保持设施竣工验收方法与实务［M］.郑州：黄河水利出版社，2018.12.

［14］邱祥彬.水利水电工程建设征地移民安置社会稳定风险评估［M］.天津：

天津科学技术出版社，2018.04.

[15] 贺骥，张闻笛，吴兆丹.社会资本参与的大中型水利工程资产管理模式及机制研究［M］.南京：河海大学出版社，2018.12.

[16] 刘勤.建筑工程施工组织与管理［M］.阳光出版社，2018.11.

[17] 孙祥鹏，廖华春.大型水利工程建设项目管理系统研究与实践［M］.郑州：黄河水利出版社，2019.12.

[18] 刘明忠，田淼，易柏生.水利工程建设项目施工监理控制管理［M］.北京：中国水利水电出版社，2019.01.

[19] 袁俊周，郭磊，王春艳.水利水电工程与管理研究［M］.郑州：黄河水利出版社，2019.06.

[20] 袁云.水利建设与项目管理研究［M］.沈阳：辽宁大学出版社，2019.11.

[21] 姬志军，邓世顺.水利工程与施工管理［M］.哈尔滨：哈尔滨地图出版社，2019.08.

[22] 刘景才，赵晓光，李璇.水资源开发与水利工程建设［M］.长春：吉林科学技术出版社，2019.05.

[23] 牛广伟.水利工程施工技术与管理技术实践［M］.北京：现代出版社，2019.09.

[24] 马乐，沈建平，冯成志.水利经济与路桥项目投资研究［M］.郑州：黄河水利出版社，2019.06.

[25] 贾志胜，姚洪林.水利工程建设项目管理［M］.长春：吉林科学技术出版社，2020.07.

[26] 刘志强，季耀波，孟健婷.水利水电建设项目环境保护与水土保持管理［M］.昆明：云南大学出版社，2020.11.

[27] 闫文涛，张海东.水利水电工程施工与项目管理［M］.长春：吉林科学技术出版社，2020.09.

[28] 张子贤，王文芬.水利工程经济［M］.北京：中国水利水电出版社，2020.01.

[29] 梁建林，王飞寒，张梦宇.建设工程造价案例分析（水利工程）解题指导［M］.郑州：黄河水利出版社，2020.04.

[30] 束东.水利工程建设项目施工单位安全员业务简明读本［M］.南京：河海大学出版社，2020.01.

[31] 赵永前.水利工程施工质量控制与安全管理［M］.郑州：黄河水利出版社，2020.09.

[32] 赵静，盖海英，杨琳.水利工程施工与生态环境［M］.长春：吉林科学技术出版社，2021.07.

［33］王玉晓，王小远，崔峰.河南黄河信息化建设管理实践与应用［M］.郑州：黄河水利出版社，2021.03.